개는
우리를
어떻게
사랑
하는가

개의 특별한 애정에 대한 과학적 탐구

클라이브 D. L. 윈 지음   전행선 옮김

개는
우리를
어떻게
사랑
하는가

ⓖ현암사

자신의 개와 아버지를 뿌듯하게 해주는
샘에게 바칩니다.

차례

서문

최근에 나는 두 번째 고향이나 다름없는 미국을 떠나 한동안 모국인 영국에 머물렀다. 한겨울 늦은 오후, 태양이 이미 하루의 짧은 임무를 끝마친 시간이었다. 도시에서 일과를 마치고 집으로 돌아가는 수천의 인파와 함께, 나는 런던 외곽의 한 기차역 계단을 내려가고 있었다. 빅토리아 양식의 이 역들은 막 지어졌을 때는 매우 웅장했을 테고, 여름 햇살 속에서라면 부분적으로는 여전히 그렇게 보일 것 같았다. 하지만 춥고 습한 하루가 저물어갈 무렵에는 얘기가 달랐다. 낡은 검붉은 벽돌 벽은 희미한 데다 깜빡이기까지 하는 형광등 빛만을 받고 있었고, 지친 통근자들이 뿜어내는 침울한 분위기가 스며든 역사는 우울함 그 자체였다.

하지만 그런 장면도 울적해 보이려면 한참 멀었다는 듯이, 갑자기 역 안에서 개가 다급히 짖는 소리가 울려 퍼졌다. 계단 맨 아래, 표를 끊지 않고 무임승차하는 사람들을 막는 차단막 바로 뒤쪽에, 한 여자아이가, 정말로 어린 아이 하나가 개 목줄을 온 힘을 다해 붙잡고 서 있었다. 목줄의 다른 쪽 끝에는 작지만 시끄럽고 기운이 펄펄 넘치는 개 한 마리, 아마도 테리어 품종이 분명해 보이는 개가 묶여 있었다. 그 작은 개는 죽기 살기로 짖어대며 한바탕 야단법석을 떨어대고 있었다.

나는 반사적으로 짜증이 났다. 그렇지 않아도 우울한 장면에 성가신 배경음악을 더하는 것이나 마찬가지였기 때문이다. 그러나 그 풍경에 점점 다가가면서 나는 그 개가 얼마나 행복해하는지 알아보았고, 얼굴에 의도하지 않은 미소가 번져가기 시작했다.

그 개는 엄청난 인파 속에서 누군가를 알아봤다. 그 사람이 가까워지면서 개가 짖는 소리는 성난 컹컹거림에서 하울링에 가까운 행복한 소리로 바뀌어갔다. 녀석은 매끄러운 바닥에 네 발을 미끄러트리며 자신의 특별한 인간에게 다가가려고 애썼다. 남자가 개찰구를 통과하자마자 개는 그의 품으로 뛰어들어 얼굴을 마구 핥아댔다. 나는 그들 뒤쪽에 있었기에 남자가 개를 진정시키려고 혀 짧은 소리로 다정히 속삭이는 말을 들을 수 있었다. "알았어, 알았어. 그래, 아빠 이제 왔어."

주위를 둘러본 나는 주변에 있는 모두의 얼굴이 나의 감정 반응을 그대로 반영하고 있음을 알아차렸다. 처음에는 언짢음(안 그래도 피곤한 하루의 끄트머리에 또 하나의 짜증스러운 골칫거리가 없었다고 생각했기에), 그다음에는 보호자를 향한 개의 사랑에 저도 모르게 느끼고 마는 행복감. 군중 사이로 미소가 번져나갔다. 여기저기서 가벼운 웃음소리가 뒤따랐다. 일행과 그곳을 지나치던 사람들이 서로를 쿡쿡 찌르며 몇 마디씩 주고받았다. 혼자 여행 중이던 대다수 사람은 웃음기를 주머니 속에 다시 집어넣었지만, 가볍게 통통거리는 그들의 발걸음은 집으로 돌아가는 길에 역에서 예기치 않게 마주친 작은 기쁨을 상기시켰다.

그 행복한 장면을 바라보는 동안, 나는 30년 전 영국 바닷가를 떠난 뒤 처음 다시 영국을 방문했을 때로 되돌아갔다. 그때는 우리 가족의 개 벤지도 아직 살아 있었다. 그날 어머니는 나를 마중하기 위해 내가 자란 와이트섬의 기차역으로 차를 몰고 나왔다. 벤지는 앞자리 조수석에서 정신을 바짝 차리고 앉아 있었다. 영국에서는 차가 길 왼쪽으로 다니기 때문에 차량의 운전석과 조수석의 위치가 미국과는 반대로 되어 있다. 그러니까 운전자가 있는 모습을 보는 게 익숙하던 자리에 벤지가 앉아 있어서, 당시 피곤함에 시차까지 겪고 있던 내 눈에는 마치 개가 차를 운전하는 것처럼 보였다는 의미다. 차가 멈춰 설 때까지도 나는 혼란스러운 기분에서 벗어나지 못한 채 그대로 조수석 문을 열었고, 나를 다시 만난 벤지가 발작처럼 표현하는 기쁨과 맞닥뜨렸다. 벤지는 나를 보자마자 몇 년 뒤에 내가 기차역에서 볼 그 테리어와 마찬가지로 너무 기뻐서 거의 정신을 차리지 못했다. 벤지보다는 좀 더 엄격하게 감정을 통제하고 있었지만, 그렇다 해도 기쁨에 정신이 나가버린 건 나도 마찬가지였다.

언뜻 보기에 벤지는 딱히 특별할 것이 없었다. 상당히 덩치가 작고 검정과 베이지색 얼룩무늬가 있는, 보호소에서 입양한 개였을 뿐이다. 하지만 우리에게는 매우 특별했다. 눈썹 주위 옅은 갈색 반점은 녀석의 표정이 풍부해 보이게끔 했는데, 벤지가 당황했을 때 유난히 그랬다. 우리는 벤지를 약 올리는 것을 좋아했고 녀석은 우리의 온갖 장난을 기분 좋게 받아들이는 것 같았다. 호기심을 표현할 때면 두 귀를 바짝 세웠다. 꼬리로는 행복과 자신감을 표현할 수 있었고 핥는 행동으로는 애정을 드러내 보였다. 물론 형제들과 나는 벤지의 애정 표현을 영광으로 생각했지만, 녀석의 혀는 축축한 사포 같은 느낌이어서 늘 우리가 밀어내고는 했다.

벤지와 나와 형제들은 잉글랜드 남쪽 해안에 있는 와이트섬에서 1970년대에 함께 자랐다. 동생과 내가 학교를 마치고 돌아와서 늘 그러듯이 소파에 털썩 주저앉으면, 곧 뒤뜰에서 부리나케 달려 들어오는 소리가 들려오고 녀석의 모습이 나타났다. 3미터쯤 떨어진 곳에서, 벤지는 공중으로 몸을 날려 정확히 우리 위에 착륙해서는 꼬리로 우리를 찰싹찰싹 때리면서 번갈아 핥아댔는데, 그동안 그 작은 몸은 재회의 기쁨으로 거의 경련을 일으키다시피 했다. 녀석은 분명히 우리를 사랑했다. 아니, 적어도 당시 우리에게 그것은 논란의 여지가 없는 사실이었다.

그로부터 몇 년이 지나갔다. 벤지의 짧은 생은 끝이 났고, 나는 이 나라 저 나라를 떠도는 삶으로 바빴다. 그러나 어린 시절 키웠던 그 개에 관한 추억은 인간이 아닌 다른 종의 마음을 들여다보고 싶다는 내 욕망만큼이나 오래도록 나를 따라다녔다.

시간이 흐르면서 나는 점차 학계 쪽에 마음이 끌렸고, 다양한 종류의 동물이 어떻게 지식을 습득하고 주변 세계를 추론하는지 연구하게 되었다. 나는 동물의 생각과 인간의 생각이 어떻게 다른지 이해하고 싶었다. 인간의 이성, 사고, 의사소통 능력은 어느 정도까지 우리에게 특별하고, 이 행성의 다른 종들은 어느 정도까지 그 능력을 공유하는 걸까? 사람들은 종종 다른 행성에도 사고하는 생명체가 존재하는지 알고 싶어 하지만, 내가 알고 싶은 것은 우리 행성에 사는 다른 종의 마음이었다.

동물 심리학 교수로서, 내 초기 연구는 이쪽 분야에서 가장 흔히 마주칠 수 있는 연구소 주민인 쥐와 비둘기에 초점이 맞춰져 있었다. 그리고 나는 오스트레일리아에 거주하는 10년 동안 이전에는 아무도 조사하지 않았던 정말 근사한 유대류*에 관해 연구할 수 있었다. 매혹적이고 지적인 퍼즐과 흥미로운 발견으로 가득한 멋진 삶이었다. 하지만 완벽히 만족스럽지는 않았다.

시간이 흐르면서, 나는 내가 고립된 동물의 행동에는 관심이 없다는 사실을 깨달았다. 그보다는 사람과 동물의 관계에 호기심이 일었다. 지구상에 존재하는 수없이 많은 동물 중에서 개만큼이나 인간과 강하고 흥미로운 유대 관계를 맺는 동물은 존재하지 않는다.

돌이켜 보면 개를 연구해야 한다는 사실을 깨닫기까지 너무 오랜 세월이 걸렸다는 게 부끄러울 따름이다. 개의 행동 양식은 매우 풍부하다. 냄새를 맡아 암이나 밀수품을 찾아내는 개가 있는가 하면, 외상 생존자를 위로하는 개도 있고, 시각장애인이 번잡한 도시의 거리를 가로지르도록 돕는 개도 있다. 게다가 개와 인간의 관계는 아주 오래전으로 거슬러 올라간다. 사실상 개보다 더 오래, 혹은 더 깊이 인간과 관계를 이어온 동물은 없다.

인간과 개는 1만 5,000년이 넘는 기간을 함께 살아오고 있다. 이 오래도록 공유해온 역사 덕분에 개의 마음과 인간의 마음은 긴밀히 엮이게 되었지만, 우리는 이제야 겨우 그 엮인 방식을 이해하기 시작했다. 이러한 이해 부족은 부분적으로는 단순히 방치 때문이다. 내가 갯과 동물의 행동을 연구하기 시작했을 때가 과학자들

---

* 캥거루처럼 아기 주머니를 몸 밖에 가지고 있는 포유류의 한 갈래. – 옮긴이

이 막 갯과 동물에게 다시 한번 관심을 보이기 시작하던 시기였다. 자그마치 반세기 동안이나 개의 존재를 무시해온 이후에 말이다. 이러한 관심의 부활로 개에 관한 몇 가지 매력적인 사실이 발견되었는데, 그것이 곧 내가 과학적으로 탐구할 연구 주제이기도 했다.

1990년대 후반 개 연구자들은 새로운 주제에 몰두해 있었는데, 과학자들은 그 연구를 통해 개만의 고유한 지능을 증명해 보이겠다고 주장했다. 그들은, 개가 수천 년 동안 인간 가까이 살면서 인간의 의도를 이해하는 자신들만의 방식을 발전시켰고, 덕분에 두 종 사이에서 풍부하고도 세심한 의사소통이 가능해졌다는 이론을 세웠다. 소위 말하는 개의 천재성[1]이 개가 완벽한 인간의 동반자가 되게끔 이끌어준 특징이라고 예상했고, 개와 인간의 관계를 이해하고 유지하는 열쇠로 여겨졌다.

개가 다른 동물과는 달리 인간을 이해할 수 있는 인지 능력을 갖추고 있다는 이 이론은 개의 행동과 지능을 일에 이용하거나 거기에 열광하는 사람들에게서 여전히 많은 지지를 얻고 있다. 이 이론에 관해 처음 들었을 때, 나는 그것이 인간의 수가 압도적으로 많은 이 행성에서 개들이 놀라운 성공을 거둘 수 있었던 이유를 알려주는 그럴듯한 설명처럼 느껴졌다. 그렇지만 내가 제자들과 함께 개의 행동을 연구하기 시작했을 때, 야심 차고 독특할 거라고 기대되던 이 인지 능력은 우리가 손을 뻗을 때마다 신기루처럼 사라져버렸다.

나는 궁금해지기 시작했다. 개에게 독특한 인지 능력이 아닌 완전히 다른 독특한 능력이 있는 건 아닐까? 그렇다면 그건 어떤 종류의 재능일까? 그리고 만약 개가 지능이 아닌 뭔가 다른 이유로 특별하다면, 그것은 우리가 개와 상호 작용을 하는 방식이나 우리가 그들을 보살피는 방식에 어떤 영향을 미칠까?

내가 이 질문들을 한 번에 다 떠올린 것은 아니었다. 연구에 매진하는 대다수의 과학자처럼, 나도 코앞의 연구에 몰두해 있었다. 전문 지식으로 무장하고 있으면 비전문가라면 곧바로 식별해냈을 내용도 쉽게 파악하지 못할 때가 있다. 그래서 처음에는 나도 지극히 간단한 사실을 알아채지 못했다. 즉, 지금껏 내가 개를 알아온 세월 내내 그들이 자신의 본성을 솔직히 드러내왔다는 것이다. 어린 시절 키웠던 벤지와 몇 년 전 음울한 기차역에서 행복하게 짖어대던 테리어는, 신이 나서 꼬리를 흔들고 혀로 핥는 순간마다 무엇이 개를 특별하게 만드는가에 관한 질문에 답을 하고 있었다. 그러니 진짜 물어야 했던 질문은 이것이었다. "과학자가 그것을 볼 수 있을까?"

개에 관한 연구는 지난 10년간 일종의 혁명을 겪어왔다. 연구원들은 개 과학의 풍부한 전통을 재발견해서, 그것을 신경 과학, 유전학 및 기타 최첨단 과학 분야의 최신 방법과 기술뿐 아니라, 오랜 시간에 걸쳐 실험한 심리학 도구들에 다시 적용하고 있다. 그 결과 개가 어떻게 생각하고 느끼는지를 드러내는 증거 자료가 폭발적으로 늘어났는데, 그것들은 몇 년 전만 해도 나와 같은 과학자가 감히 떠올리지도 않았을 뿐 아니라 수년간의 직업 생활 동안 연구를 시도조차 하지 못했던 질문을 고려하도록 허락해주었다.

내 연구는 물론이고 폭발적으로 성장하는 개 과학 분야에 있는 다른 사람들의 연구로 나온 풍성한 자료를 통해, 개의 지능에 다른 동물과 개를 구분하는 뚜렷한 차이가 없을지라도 우리의 개 친구들에게는 확실히 주목할 만한 무언가가 있다는 사실이 분명하게 밝혀졌다. 이 연구는 개와 인간이 맺는 독특한 유대 관계의 단순하지만 신비로운 근원을 가리키기에, 갯과 동물의 지능을 다루었던 초창기 연구 못지않게 논란의 여지도 크고 충격적이라 할 만하다. 따라서 당황스럽거나 과학자들에게 갈등을 불러일으킬 수도 있지만, 개를 사랑하는 사람이라면 즉시 인정할 만하고 또 지극히 자명해 보일 것이다.

개는 다른 종의 구성원과 애정 어린 관계를 형성하는 데 과장되고 열성적이며 심지어는 지나치다고 느껴질 정도의 능력을 보여준다. 그 능력이 어찌나 대단한지, 만약 인간 중에서 그런 능력을 보이는 존재를 목격한다면 우리는 그를 이상하게 보고 심지어는 병적이라고 여길 것이다. 기술적인 언어를 사용해야 하는 과학 논문에서 이러한 비정상적인 행동을 표현한다면 나는 '초사회성'이라는 말을 쓸 것이다. 하지만 동물과 그들의 복지를 마음 깊이 염려하고 개를 사랑하는 사람의 관점에서 얘기하자면 그것을 '사랑'이라고 부르지 않을 이유가 전혀 없다.

개를 사랑하는 사람은 대개 사랑한다는 말을 아무렇지도 않게 입버릇처럼 해대는데, 나 역시도 집에서는 오랫동안 그렇게 해왔다. 하지만 과학자로서는 그 말을 하기가 쉽지 않다. 내가 몸담은 분야에서 일하는 대부분의 사람이 동물에게도 감정이 있다는 개념을 오랫동안 배척해왔기 때문이다. 특히 사랑이라는 개념은 과학이라는 냉철한 분야에서 쓰기에는 너무도 감상적이고 모호하다. 그 개념을 개에 적용한다면 개를 의인화할 위험이 따른다. 다시 말해 개를 개 자체가 아닌 인간으로 취급하게 된다. 과학적 정확성과 동물의 복지를 위해 과학자들이 오랫동안 멀리해온 상황이다.

그러나 나는 적어도 이 점에서는 약간의 의인화가 허용될 수 있고, 심지어는 적절하기까지 하다고 확신한다. 개의 애정 넘치는 본성을 인정하는 것이야말로 개를 이해하는 유일한 방법이다. 더욱이 사랑을 원하는 그들의 욕구를 무시하는 것(그렇다. 곧 설명하겠지만 개는 사랑을 필요로 한다)은 개에게 건강한 식단과 운동이 필요하다는 사실을 부인하는 것만큼이나 비윤리적이다.

나는 개도 인간처럼 사랑을 느낀다는 사실을 매우 분명하게 보여주는, 전 세계 연구소와 동물 보호소에서 나온 다양한 증거를 통해 이러한 결론으로 나아갔다. 그리고 일단 결론이 나자 인간을 향한 개들의 열정이 얼마나 다양한 방식으로 나타나는지도 깨달았다. 개가 보호자를 보호하기 위해 해낸 놀라운 일에 대한 이야기를 다들 한 번씩은 들어봤을 것이다. 곤경에 처한 사람을 본 개가 어떻게 반응하는지를 다룬 연구를 살펴보면, 비록 도움을 주려는 개의 실제 능력이 할리우드 영화가 신비화해놓은 정도로 극적이지는 않더라도 개가 확실히 인간을 걱정한다는 것을 알 수 있다. 게다가 사랑에 빠진 인간 연인들의 심장이 비슷한 속도로 뛰는 것처럼 개와 보호자가 함께 있을 때 개의 심장 박동도 인간과 함께 뛴다는 인상적인 연구들도 있다. 자신의 특별한 인간과 함께 있을 때 개는 옥시토신 같은 뇌 화학 물질의 분비량이 치솟는 신경 화학적인 변화도 겪는다. 이는 인간이 사랑을 느낄 때 일어나는 변화를 그대로 반영하는 것이다. 실제로 인간을 향한 개의 강력한 사랑은 존재의 가장 작은 단위라고 할 수 있는 유전자 암호 단계에서까지 찾아낼 수 있는데, 오늘날 과학자들이 서둘러 연구하고 있는 개의 마음과 진화사에 관한 놀랄 만한 사실들은 유전자 암호 해석으로 폭로되고 있다.

유전자 암호를 포함한 최근의 흥미로운 발견 덕분에 나는 사랑이 개를 이해하는 데 중요한 열쇠라는 사실을 깨달았다. 또한 개가 인간 사회에서 이토록 번성할 수 있었던 것은 어떤 특별한 영리함 덕분이 아니라, 따뜻한 정서적 유대를 형성하려는 그들의 열망 덕분이라는 사실도 믿게 되었다. 앞으로 이 책에서는 이 믿음을 뒷받침할 과학적 증거를 충분히 다룰 것이다. 개의 애정 어린 성품은 너무나도 매혹적이기에 자기 집 현관 앞에 나타나는 떠돌이 잡종견이나 사육사에게서 산 순종견, 자신을 데려가 달라고 간청하는 지역 보호소의 유기견이 보내는 애정에 많은 사람이 보답하거나 그들에게 위안을 주지 않고는 도저히 배길 수가 없다.

진실로 개의 사랑은 우리가 그 중요성을 인식하고 말고와는 상관없이 개-인간 관계의 초석이다. 우리는 그 중요성을 인식할 책임이 있고 사랑을 주는 개의 능력을 입증하는 근거에 비추어 행동을 바꾸어야 한다. '개의 사랑 이론(내가 반쯤 농담으로 사용하는 용어이다)' 속에 이 놀라운 동물을 더 잘 이해하게 해줄, 그리고 개와 우리의 관계를 더욱 성공적으로 관리하게 해줄 열쇠가 숨어 있기 때문이다. 만약 개의 사랑하는 능력이 그들을 독특하게 만든다면 그것은 또한 개에게 독특한 욕구를 주기도 한다. 내 연구에서 단 하나의 간단한 결론을 도출해야 한다면, 우리 인간이 개의 애정을 존중하고 그에 보답하기 위해 훨씬 더 많은 일을 해야 한다는 주장이 될 것이다. 개는 우리를 사랑함으로써 우리에게 상호성 하나만을 요구한다. 그리고 많은 인간이 이 유서 깊은 상호 흠모의 역학을 뒷받침하는 과학을 전혀 모르면서도 기꺼이 개의 요구에 응해준다. 과학은 인간과 개의 친밀한 관계를 설명하고 개선할 수 있다. 개를 더 많이 쓰다듬어 주고, 개가 덜 외롭게 하고, 개에게 정서적으로 긍정적이면서 끈끈하게 연결된 관계망 속에서 살아갈 기회를 주는 아주 간단한 참견이 개의 복지를 향상한다.

우리는 개 과학이 매우 흥미로운 면을 맞이한 시대에 살고 있다. 유전학과 유전체학, 뇌 과학이나 호르몬 연구는 모두 많은 과학자가 아직 묻지도 않은 질문을 밝혀내기 위해 앞다투어 나가고 있는 분야들이다. 우리의 갯과 동반자들은 어떻게 다른 종과의 사이에서 그렇게 특출한 애정의 다리를 건설할 수 있는 것일까? 애정과 유대가 확실히 형성되도록 하려면 개의 삶에 어떤 조건이 필요할까? 어떻게 개는 (진화 기준으로는) 비교적 짧은 기간 동안 이러한 능력을 발전시켜왔을까? 이러한 질문의 해답을 찾는 것이 갯과 동물 연구의 최전선에 있는 선구적인 과학자들이 최근 몇 년 동안 수행한 가장 흥미로운 몇몇 연구의 목표였다. 이 책에서 나는 그들의 연구 결과를 내 연구와 함께 설명할 것이다.

그러나 개를 연구하고 이해하는 것만으로는 충분하지 않다. 우리는 지식을 받아들여 개들이 더 풍족하고 만족스러운 삶을 살도록 도와야 한다. 개는 우리를 신뢰하지만 우리는 다방면으로 개들을 실망시킨다. 만약 이 책에 조금이라도 가치가 있다면, 개들이 지금보다는 더 나은 대접을 받을 자격이 있음을 사람들에게 일깨울 것이다. 우리는 너무도 자주 개들을 불행하고 고립된 삶에 몰아

넣지만 그들은 그 이상을 누릴 자격이 있다. 그토록 노골적으로 베푸는 사랑에 대한 보답으로 우리의 사랑을 받을 자격도 있다.

이는 내가 개를 사랑하는 사람으로서 깊이 간직하고 있는 믿음일 뿐 아니라, 과학자로서 도출한 결론이기도 하다. 물론 나는 그 결론을 뒷받침할 자료 또한 가지고 있다. 개의 사랑이라는 개념을 한때 천박한 감상주의 정도로 치부해버리는 죄를 지었던 사람으로서, 다시 한번 강조해 말하지만, 몇 년이 지난 뒤 본의 아니게 나는 개의 사랑 이론을 뒷받침할 엄청난 양의 증거를 찾아냈고, 그 증거를 허물 만한 건 거의 없다는 사실도 알아냈다. 이것은 감상주의가 아니라, 과학이다.

나는 오랫동안 무자비할 만큼 회의적인 관점으로 동물의 지능을 연구하다가 결국 어떤 사람들에겐 너무 감상적으로 느껴질 개에 관한 관점을 옹호하게 되었기에 때로는 이 사실을 남들이 어떻게 볼지 의식하기도 한다. 하지만 다른 이들의 판단쯤은 얼마든지 감수할 수 있다. 더 많은 사람이 그 관점을 받아들이도록 설득한다면 개들이 더 나은 삶을 살게 되리라고 굳게 믿고 있기 때문이다.

또한 내가 오래전에 벤지와 함께했던 경험들이 진짜였음을 알게 되었다는 사실도 매우 만족스럽다. 사랑은 개와 인간 사이에 있는 거의 모든 교류에서 그러하듯이 둘이 맺는 관계의 진정한 본질이었다. 과학자들이 개의 특별함이 심장이 아니라 그들의 영리함에 있다고 주장했을 때, 개를 사랑하는 이들은 과학자들이 헛다리를 짚고 있다는 사실을 내내 알고 있었다. 과학이 마침내 그들을 따라잡고 있다.

제1장

제포스

처음 만났을 때 제포스는 정말 조막만 했다. 어느 정도는 앉아 있는 모양새 때문이었다. 휴메인 소사이어티 유기 동물 보호소 우리 속의 녀석은 겁에 잔뜩 질려서 그 작은 몸뚱이를 공처럼 둥글게 말아 콘크리트 바닥에 웅크리고 있었다. 주변에 있는 더 큰 개들은 케널kennel* 안에서 위아래로 펄쩍펄쩍 뛰며 내 관심을 끌기 위해 아우성쳤다. 하지만 가여운 제포스는 너무도 겁에 질려서 쪼그리고 앉아 뒷다리 너머로 낯선 방문객을 힐끔거리며 훔쳐보는 것 외에는 아무것도 할 수 없었다.

보호소는 깨끗했고 나를 케널로 안내한 봉사자는 담당하는 개들에 대한 걱정을 온몸으로 표현했지만, 그렇다 해도 우울해지지 않기란 힘들었다. 제포스의 집은 쇠창살로 막힌, 삭막하고 단단한 벽에 둘러싸인 텅 빈 감옥 같은 세상이었다. 시끄럽고 아무런 특징도 없는 콘크리트와 강철의 공간. 주변 개들의 짖는 소리가 잦아들고 있었다. 나는 그곳을 박차고 나가고 싶었고 제포스와 다른

---

* '켄넬'이라는 표기가 보편적으로 사용되고 있으나 외래어표기법에 맞추어 '케널'로 표기하고 '우리', '개집' 등의 표현과 교차로 사용했다. – 옮긴이

개들도 그러고 싶었으리라고 확신한다.

내가 플로리다 북부에 있는 이 동물 보호소를 방문한 이유는 아내 로스와 아들 샘이 내 생일 선물로 개를 입양해서 날 "놀라게" 해주려고 작정했기 때문이었다. 내가 "놀라게"라고 인용부호를 사용한 이유는, 그들이 현명하게도 그 비밀 작전에 나를 끼워주었기 때문이다. 다른 생명체를 돌보는 책임은 생각보다 막중하다. 그러니 누구든 살아 있는 동물을 선물로 주어 사랑하는 사람을 놀라게 해서는 안 되는 법이다. 하지만 내가 그 계획에 동의하고 나자 적당한 개를 찾는 책임은 로스와 샘이 떠맡기로 했다. 그래야 내가 선물을 받는다는 느낌을 유지할 수 있으리라는 것이었다.

2012년에 우리가 마침내 개를 입양하기로 했을 때, 나는 집에서 개를 키우지도 않으면서 몇 년간 과학적으로 개를 연구해오고 있었다. 이 나라에서 저 나라로 옮겨가는 몇 번의 국제적인 이사가 있었고 거기에 부모 역할까지 해야 했던 터라 갯과 동반자까지 집에 들여놓기에는 삶이 너무 복잡했기 때문이다. 과거 개를 키웠던 추억을 무척이나 소중히 여기고 있었기에, 그날그날 일정을 예측할 수도 없고 집도 빈번하게 비워야 하는 우리 상황에 개를 들이는 게 옳은 일이라고 생각하지 않았다. 나는 예전에는 물론이고 지금도 역시 모든 인간의 삶에 강아지가 들어갈 수 있는 개 모양의 공간이 준비되어 있다고는 믿지 않는다.

그러나 어쨌든 우리 가족은 기꺼이 개를 맞아들일 준비가 되어 있었다. 더군다나 나는 정말로 개를 키우고 싶어서 죽을 지경이었다. 일하는 동안 사람들과 그들이 키우는 개들, 또는 동물 보호소에서 입양 가정이 나타나기만을 손꼽아 기다리는 훌륭한 개들과 함께 너무 많은 시간을 보내고 있던 까닭에, 개가 없는 집으로 돌아가는 게 이상하게 느껴졌다. 아내와 아들은 내 갈망을 감지했고 자기들도 개를 간절히 키우고 싶었기에 직접 행동에 나서기로 했다.

하지만 깜짝 선물을 의도했기에 내게 도움을 청하지 않았고, 결과적으로 내가 잘 모르는 보호소에서 입양할 개를 찾게 되었다. 개 행동 연구를 전문으로 하는 개 과학자인 나는 플로리다의 이쪽 지역에 있는 여러 보호소에서 연구를 수행했다. 그러나 동료들과 나는 이 휴메인 소사이어티 보호소는 건너뛰었다. 이곳에 수용된 유기견 중 많은 수가 심각한 문제 행동을 보여서 실험을 돕는 어린 학생들에게는 위험 부담이 크다고 생각했기 때문이다. 이 보호소에 들어온 유기견 중에서 어떻게 해야 인간에게 자신의 의도를 온순하게 전달할 수 있는지 이해하던 아이들은 이미 입양처를 찾아 나간 지 오래였다. 따라서 안락사 금지 시설인 이 보호소에는 어떤 게 인간이 바라는 행동인지 모르는 개들만 잔뜩 남아 있었다. 녀석들이 정말로 위험하든 아니든 간에, 이 가여운 동물들이 자기가 좋은 친구가 되리라는 사실을 인간에게 어떻게 표현해야 할지 전혀 모른다는 사실만은 확실했다.

이 슬픈 상황은 내가 보호소에 채 발을 들여놓기도 전에 이미 분명해졌다. 주요 케널 구역이 어찌나 시끄러운지, 주차장에서부터 벌써 불쾌하게 짖는 소리를 들을 수 있었다. 일단 개들이 있는 곳에 들어서자, 녀석들은 환영 인사와는 정반대로 느껴지는 행동을 보여주었다. 동료들과 나는 이 보호소의 사명과 문을 통과해 들어온 동물은 절대로 안락사시키지 않는다는 신조에 깊은 존경을 표한다. 하지만 그런데도 우리는 이곳에서 연구를 수행해야겠다고 느껴본 적이 없었다. 오로지 학생들의 안전을 걱정한 까닭이었다. 따라서 만약에 입양할 개를 찾는 책임을 내가 떠안고 있었더라면(물론 다행히도 그건 내 책임이 아니었다), 나는 그곳에 찾아갈 생각은 하지 않았을 것이다.

우리의 방문 전날 로스와 샘은 휴메인 소사이어티 보호소로 정찰 여행을 다녀왔고, 오직 한 가지 아주 단순한 이유로 다시 그곳을 방문하고 싶어 했다. 운 좋게도 아내와 아들이 다녀가기 바로 전날 그 보호소에 강아지 한 마리가 새로 들어왔다. 그 개는 아직 주요 케널 구역에 가지는 않았고 보호소의 다소 조용한 (그렇지만 여전히 시끄러운) 격리 공간에 남아 있었다.

아내와 아들은 그곳에서 보았던 작고 검은 개에 관해 매우 흥분해서 내게 이야기했다. 다음 날 나는 그 보호소, 다시 말해 내가 종신형을 받은 개들이 형기를 채우는 창고 정도로만 알고 있던 그런 장소에서 아내와 아들이 그렇게 얌전한 동물을 찾아냈다는 사실에 당황한 채로 두 사람을 따라 제포스를 만나러 갔다.

그 아이는 정말로 불쌍하고 겁 많고 자그마한 암컷 강아지였다. 우리를 만났을 때 제포스는 생후 약 12개월쯤 되었지만 그보다 훨씬 어려 보였다. 우리가 들어갔을 때 같은 방에 있는 다른 개들과는 달리 제포스는 짖는다기보다는 낑낑거렸고, 케널에서 꺼내놓자 우리를 존중한다는 사실을 전달하려고 배를 보이며 벌렁 드러누워 버둥대면서 절박하게 오줌까지 지렸다. 제포스는 개가 할 수 있는 최선의 노력을 다해 꼬리를 뒷다리 사이에 단단히 끼워 넣고는 종종거리며 우리 손을 핥았고, 우리가 몸을 낮춰 쪼그려 앉자 입을 핥으려고 했다. 녀석은 갯과 동물이 정서적 유대감에 대한 욕구와 존경을 드러낼 때 취하는 행동 양식 전부를 효과적으로 사용했다. 제포스는 마치 "나는 당신의 개예요. 날 집으로 데려가면 충성스럽게 당신을 사랑할게요"라는 말을 자신이 아는 가장 강력한 방식으로 이야기하는 것 같았다. 그건 상당히 설득력 있는 주장이었기에 우리는 곧바로 제포스의 입양 서류에 서명했다.

나중에 우리는 제포스가 생애 첫해를 매우 힘들게 보냈다는 사실을 알게 되었다. 녀석은 같은 도시에 있는 다른 보호소에서 태어났다. 제포스의 어미는 유기되어 임신했고 새끼들은 온갖 유행성 질병에 걸려 있었다. 어느 정도 시간이 흘러 건강해지자 제포스는 인간 가정에 입양되었다. 하지만 첫 번째 가족은 제포스를 파양하기로 했다. 그래서 아이는 겁에 질리고 절망한 채로 두 번째 기회를 얻기 위해 다른 보호소로 홀로 돌아갔다.

이때쯤에는 나도 보호소 개들에 관해 어느 정도는 알고 있었기에 제포스의 이야기가 슬프기는 하지만 흔한 일이며, 많은 개가 아무런 잘못도 없이 집 없는 상태로 전락하고 만다는 사실을 이해하고 있었다. 그런데도 집에 도착하자마자 제포스에게 어떤 용서받을 수 없는 나쁜 습관이 있어서 첫 인간 가족에게서 버림받았는지 알아내려고 나도 모르게 주시하며 징후를 기다리기 시작했다. 그러나 아무런 징후도 나타나지 않았다. 그것은 이 절묘한 작은 생명체가 가져다줄 여러 기분 좋은 놀라움 중 첫 번째 것이었고, 녀석이 내게 가르쳐줄 많은 교훈 중 하나였다.

이 글을 쓰는 지금 제포스는 여덟 살 정도가 되었다. 그리고 우리가 처음 만났을 때와 마찬가지로, 아니 그보다 훨씬 더 사랑스럽고 같이 살기도 편하다. 처음 우리 집에 와서 몇 주가 지나는 동안 제포스는 차츰 수줍음 따위는 벗어던졌고 대신 강하고 행복한 성격이 그 자리를 차지했다. 새까만 색깔에도 불구하고 제포스는 어느 방에 있든 밝게 빛을 뿜어낸다. 이제 더는 꼬리를 뒷다리 사이에 바짝 끼워 넣은 소심한 강아지가 아니다. 요즘 우리 집을 방문하는 손님들은 늘 제포스의 꼬리가 자랑스럽게 말려 올라간 모습을 볼 수 있을 것이다. 제포스는 생긴 것과 달리 굉장히 당당한 성격이라서 나는 가끔 녀석이 얼마나 자그마한지 문득 깨닫고 깜짝 놀라곤 한다. 제포스는 항상 문에서 제일 먼저 방문객을 맞이한다. 발자국이 가까워지고 초인종을 누르는 소리가 들리면 한바탕 짖어대기 시작하고, 문이 열렸을 때 밖에 서 있는 사람이 자기가 아는 존재면 기쁨으로 울부짖는다. 녀석은 또한 가장 친한 친구들의 자동차 소리를 알고 있고 그들이 문으로 걸어올 때면 짖는 대신 낑낑거리며 안달을 낸다.

사람들과의 모든 교감 과정에서 제포스는 아낌없이 애정을 발산한다. 이제 제포스의 사교성이 어디서 나오는지 잘 알고 있지만 여전히 그 사실에 감탄하지 않을 수가 없다. 하지만 제포스를 집으로 갓 데려왔을 때는 제포스의 애정 어린 본성을 오늘날처럼 이해하지 못했다. 아니, 그건 거의 기적처럼 보였다.

물론 나는 전에도 개를 키운 적이 있었기에 인간에 대한 개들의 반응이 얼마나 따뜻한지 잘 안다. 그러나 나는 개의 행동을 연구하는 과학자로서 이처럼 명백히도 감정적인 개의 특성에 대해 참고할 만한 어떤 규격화된 틀이 없었다. 개도 사랑을, 어떤 감정을 실제로 느낄 수 있다는 생각은 제포스를 처음 만났을 즈음에는 나 같은 개 심리학자가 배척하는 개념이었다. 그 개념은 개에 관한 과학적 논의 조건을 벗어난 것이어서 나는 심지어 그에 관해 생각조차 해본 적이 없었다.

하지만 그 시기 즈음 나는 사회 통념과는 다른 개들의 인지 능력에 직업적으로 의문을 가지기 시작했다. 머지않아 나는 개들의 내적인 삶과 그들을 개이게끔 하는 요소를 떠올릴 때마다 그 회의감 탓에 양심의 가책을 느끼게 되었고, 그 깨달음 덕분에 나와 개들의 관계를 근본적으로 바꾸어놓을 발견의 여정으로 첫발을 내디뎠다. 여기서 말하는 개들이란 제포스뿐 아니라 인간과 친숙한 동시에 오해받기도 하는, 여전히 보호소에 갇힌 그 불행한 개들과 그들을 포함하는 그 놀라운 종 전체를 의미한다.

제포스는 개에 관한 내 생각에 있어 매우 중요한 순간에 내 삶 속으로 들어왔다. 2012년 가족과 함께 제포스를 집으로 데리고 왔던 시기에, 나는 개가 인간 사회에서 성공한 원인에 관해 당시 세간에서 널리 받아들여지던 아이디어들과 내가 수행 중이던 연구를 조화시키기 위해 고군분투하고 있었다. 알려진 대로라면 그 일련의 아이디어는 우리 가족이 그 자그마한 털북숭이와 막 맺으려던 것과 같은 관계의 근간을 설명했다.

1990년대 후반만 하더라도 과학자들은 그들의 발치에 엎드려 쉬는 그 기꺼운 피험자들의 존재를 거의 완전히 잊은 듯 보였다. 바로 그런 시기에 두 명의 과학자가 이 갯과 동물과 인간의 특별한 관계를 이해할 새롭고 독자적인 방법을 고안했고, 그것이 개의 심리에 관한 관심을 다시 불러일으켰다. 헝가리 부다페스트의 외트뵈시롤란드대학교의 아담 미클로시Adam Miklosi와 당시 조지아주 애틀랜타 에모리대학교의 학생이었던 브라이언 헤어Brian Hare(지금은 노스캐롤라이나주 듀크대학교 교수이다)는 완전히 다른 출신임에도 '개는 그 어떤 동물도 할 수 없는 방식으로 인간과 어울릴 수 있는 고유한 지능을 가지고 있다'는 같은 결론에 도달했다.

처음에 헤어는 개가 아니라 침팬지의 사회적 지능을 조사했다. 침팬지는 동물계에서 우리와 가장 가깝고 현재 살아 있는 친척인 까닭에 무엇이 인간의 인지 능력을 고유하게 만드는지 이해하고자 하는 연구자라면 누구나 자연스럽게 찾는 종이다. 헤어는 무엇이 동물 중에서도 인간을 돋보이게 하는지 알아내려는 유서 깊은 퍼즐에 매료되어 있었다. 다윈 이래 과학자들은 인간의 마음과 다른 종들의 마음을 무엇이 구분하는지 그 차이를 정확히 알아내려고 노력해왔다. 이 질문에 대한 전형적인 접근 방식은 다음과 같다. 인간만 할 수 있다고 생각되는 무언가를 발견했다면 침팬지를 대상으로 실험해본다. 만약 침팬지가 그것을 할 수 없다면, 인간과 덜 밀접한 관계에 있는 다른 종도 역시 할 수 없으리라는 결론에 도달하기 때문이다.

당시 헤어는 우리 인간에게는 매우 기본적인 능력을 시험하고 있었다. 상대가 자신이 원하는 것이 숨겨진 장소를 모르지만 나는 안다면, 나는 손으로 그걸 가리켜서 상대에게 위치를 알려줄 수 있다. 헤어는 이것이 인간만의 독특한 사회적 이해 형태인지, 아니면 침팬지도 기본적인 몸짓 지시가 함축한 의미를 이해할 수 있는지 알고 싶었다.

헤어의 실험은 간단했다. 그는 두 개의 뒤집힌 컵을 가져다가 침팬지가 볼 수 없도록 가림막 뒤에서 한 컵 아래에 음식 조각을 숨겼다. 그런 다음 가림막을 치우고 음식이 숨겨진 컵을 손가락으로 가리켰다. 만약 침팬지가 음식이 담긴 컵을 선택한다면 인간 몸짓의 의미를 이해했음을 시사할 터였다.

알고 보니 헤어의 침팬지들은 거의 무작위로 컵을 선택했다. 실험이 매우 단순한 듯 들리지만, 침팬지들에게는 너무 벅찬 일이었다.

헤어는 침팬지의 실험 실패가 이상하다고 생각했다. 자기 집에 있는 개는 쉽게 그 임무에 성공하리라고 확신했기 때문이다. 그러나 스승인 마이클 토마셀로에게 실험 결과와 이 생각을 이야기하자, 토마셀로는 호두만 한 뇌를 가진 개들이 침팬지가 실패한 것에 성공할 가능성은 거의 없다고 확신했다.

그래서 다음에 어린 시절 키우던 개 오레오와 함께 집에 있을 때, 그는 부모님의 차고 바닥에 컵 두 개를 엎어 놓고 자신은 그 사이에 들어가 섰다. 개는 헤어가 한쪽 컵 밑에 음식 조각을 숨기고 다른 컵 밑에는 음식 조각을 숨기는 척하는 동안 참을성 있게 기다렸다. 헤어가 음식이 담긴 컵을 가리키자 오레오는 조금도 주저하지 않고 곧장 미끼가 들어 있는 컵 쪽으로 걸어갔다.

헤어는 자신의 개가 코를 킁킁거려서 음식이 숨겨져 있는 컵을 알아차린 게 아님을 확신했다. 그가 두 컵 중 하나를 가리키지 않고 컵 사이에 가만히 서 있기만 하자 오레오가 어느 쪽으로 가야 할지 몰랐기 때문이었다. 오레오는 정말로 몸짓 지시를 이해할 수 있는 것 같았다. 작은 뇌를 가진 반려견이 그보다 훨씬 큰 뇌를 가진, 인간의 가까운 친척도 실패한 분야에서 성공을 거둔 것이다.

그러자 헤어는 매사추세츠주의 늑대 보호 구역으로 가서 인간의 손에 길러진 몇몇 늑대에게 비슷한 실험을 진행했다. 모든 개는 늑대의 후손이므로, 헤어는 이 일에 성공하는 개의 능력이 조상으로부터 전해졌는지 진화 과정에서 획득되었는지를 개의 야생 친척을 시험해서 확인하고자 했다.

헤어의 늑대 연구는 개가 사실상 이 점에서 매우 특별하다는 점을 암시하는 결과를 냈다. 개와 달리 늑대는 몸짓 지시가 무엇을 의미하는지 알지 못했다. 헤어의 몸짓 지시를 본 개의 야생 사촌들은 침팬지만큼이나 의미를 전혀 알아채지 못했다.

한편 세상 반대편에서는 헝가리 과학자 아담 미클로시가 독립적으로 브라이언 헤어와 거의 똑같은 실험을 해서, 동일하다고 해도 무방할 결과를 도출해내고 있었다. 헤어의 개 연구 경로는 "유인원에서부터 거슬러 내려오는" 것이었지만, 미클로시의 연구는 "어류로부터 거슬러 올라가는" 것이라고 이름 붙일 수 있었다. 미클로시는 헝가리에서 생태학자(자연 서식지에서 동물의 행동에 초점을 맞추어 연구하는 과학자)로 훈련받았으며, 원래 그가 일했던 연구소는 작은 물고기를 연구했다. 그러나 1990년대 중반에 그는 많은 사람의 삶과 더 직접적인 관련이 있는 동물을 조사할 때가 왔다고 결정했다. 그래서 물고기 대신 개를 연구하게 되었다. 그의 연구팀은 개와 인간이 심리적, 행동적으로 서로를 이해할 수 있도록 진화해왔는지에 관심이 있었다. 헤어와 오레오가 애틀랜타에서 하는 일을 모르는 상태에서 미클로시와 그의 학생들은 부다페스트에서 독립적으로 똑같은 과정을 거쳐갔다. 그들은 먼저 반려견이 사람의 몸짓 지시를 따를 수 있는지 실험했다. 결과는 매우 성공적이었다. 그러자 그들은 부다페스트에 있는 각자의 집에서 늑대 새끼 몇 마리를 키우기 시작했고, 늑대는 음식을 가리키는 손의 움직임을 따라가지 못한다는 사실을 알게 되었다.

이 연구와 다른 연구들을 분석한 뒤 헤어는 개가 사람들 사이에서 오랜 세월을 살아오면서 인간의 의사소통 의도를 이해하고 인간의 사회적 지능을 이해할 수 있는 유전적 소인을 갖게 되었다고 결론 내렸다. 헤어는 이 능력이 모든 강아지가 태어날 때부터 누리는 권리이며, 사람이나 사람이 하는 일에 대한 경험 없이도 자생적으로 발달하는 능력이라고 주장했다. 물론 다른 종의 동물이 개가 할 수 있는 일을 모방하게 가르치는 것이 지루한 훈련을 통해 가능하다는 사실을 부인하지는 않았다. 그렇지만 헤어의 설명에 따르면 오직 개들만이 이런 식으로 사람들을 이해하게끔 타고나고, 이것이 인간을 제외한 지구상의 다른 모든 동물들과 개 사이의 결정적인 차이점이다.

2002년에 헤어가 이러한 결론을 발표했을 때 나는 몹시도 흥분했다. 당시 나는 내 연구 분야에서 일정한 성취 지점에 도달해 있었기에 뭔가 새로운 것을 통해 활력을 얻을 만반의 준비가 되어 있었다. 그해에 나는 플로리다대학교 심리학과 조교수직을 제안받아 미국에 있었다. 그전에는 10년간 웨스턴오스트레일리아대학교의 교수로서 유대목 주머니고양잇과의 포유류인 살찐꼬리더나트 같은 동물의 행동을 연구했는데, 뇌 조직의 무게가 채 3그램도 안 되는 작은 쥐같이 생긴 아름다운 살찐꼬리더나트는 정말 빠른 학습자이기도 했다.[2] 플로리다주로 가게 된 것은 매우 흥분되는 일이었지만 한편 나를 사로잡았던 유대류와 인연을 끊어야 함을 의미했다. 나는 아직 개에게 주의를 돌릴 생각은 없었지만 헤어의 연구를 읽고 뇌 영역에 딱히 타고난 재능이 없는 갯과 동물이 인간의 뇌에서만 드러난 악명 높을 정도로 드문 인지의 형태를 어떻게든 획득했다는 사실에 매료되었다.[3]

헤어의 연구는 개의 DNA 유전자 분석을 제공하는 최초의 논문들과 거의 동시에 과학 문헌에 등장하기 시작했다. 유전학자들의 의견이 더해지면서 무엇이 개를 특별하게 만드는지에 관한 논의는 더욱 매력적인 복합성을 띠게 되었다.

유전학자들은 서로 밀접하게 관련된 종들의 유전 물질을 비교하는 방식으로 각 종이 얼마나 오랫동안 지구상에 존재해왔는지 추정하는데, 스웨덴, 중국, 미국 등지에서 수행된 연구는 개를 만든 가축화 과정이 진화적인 기준으로는 극도로 빠르게 진행되었다는 사실을 확실히 보여준다. 개의 가장 직접적인 조상인 늑대처럼 비교적 크고 장수하는 종이 주목할 만한 변화를 이루려면 수백만 년이 필요하지만 개들은 기껏해야 수만 년 만에 그 변화를 이루어냈다. 늑대는 보통 일 년에 한 번만 번식하며 생후 두 번째 해가 지나야만 성적으로 성숙해진다. 우리에게는 너무 어리게 느껴질지 몰라도 대부분의 동물과 비교하면 생애 주기가 느린 편이다. 진화 속도와 각 개체가 다음 세대를 생산하는 데 걸리는 시간은 필연적으로 관련이 있어서, 2년에 한 번 새로운 세대를 생산하는 동물은 진화가 매우 느릴 것이라고 예상할 수 있다.

평행선에 놓인 이 두 가지 연구의 가닥이 내 마음속에서 하나로 짜였다. 헤어의 주장처럼 개가 인간을 이해할 수 있는 고유의 능력을 선천적으로 타고나는 축복을 받았다면, 진화적 관점에서 보면 눈 깜짝할 사이에 그 힘을 얻었음이 분명했다. 나는 궁금해지기 시작했다. 그렇다면 개들은 어떻게 그 능력을 그토록 빨리 얻을 수 있었을까?

질문이 마음속에서 구체화되고 있을 때 완벽한 학생 하나가 내가 그 질문에 대답하는 것을 돕기 위해 나타났다. 심리학과 생물학 양쪽 분야의 배경지식으로 무장한 모니크 우델Monique Udell은 아무리 힘든 일도 척척 해내는 엄청난 능력 또한 갖추고 있었다. 게다가 결정적으로 그녀는 전에 한 번도 다뤄본 적이 없는 종을 연구하고 싶어 하는 스승과 함께 박사 학위 과정을 시작하는 위험을 감수할 용기가 있었다. 함께 일하는 동안 모니크와 나는 갯과 동물의 진화와 인식에 관한 흥미진진하고 새로운 발견을 해나갔다.

우리는 미클로시와 헤어가 그들의 집에서 기르던 반려견을 대상으로 했던 몸짓 지시 실험을 다시 해보는 것으로 연구를 시작했다. 실험은 매우 쉬웠으며, 연구 결과도 헤어와 미클로시의 결과와 정확히 일치했다. 집에서 기른 개들은 실제로 인간의 행위와 의도에 절묘할 만큼 민감하게 반응했다. 우리는 바닥에 있는 두 개의 용기 중 하나에 음식을 숨겨 놓았고, 모니크가 간식을 숨겨 놓은 용기를 가리키자 개들은 정확히 그쪽으로 걸어갔다. 마치 개들이 과학 논문을 읽기라도 한 것 같았다.*

---

* 이 실험은 누구라도 집에서 키우는 개와 함께 직접 시도해볼 수 있다. 용기에 간식을 숨기는 동안 개의 관심을 다른 곳으로 돌려줄 친구 하나만 초대한다면, 최고의 결과를 얻을 수 있을 것이다. 어떤 개는 엎어 놓은 플라스틱 컵을 쓰러트려 밑에

우리는 헤어와 미클로시가 개에 관해 말한 것에 정확히 일치하는 결과를 얻었다. 하지만 인간의 몸짓을 이해할 수 있는 개의 능력을 급속도로 진화시킨 요소, 만약 그런 게 있다면 과연 그건 무엇일까? 개는 어떻게 그 기술을 습득했을까? 우리는 이 더 큰 질문에 대한 해답은 얻지 못했다.

모니크와 내가 이 문제 쪽으로 관심을 돌리자마자 이를 조사할 기회가 우리 앞에 나타났다. 인디애나주에 있는 연구 시설인 울프 파크의 관리자들이 우리에게 초청장을 보내온 것이었다. 그들은 우리가 울프 파크의 늑대들을 시험해보길 원했다.

내가 대학교수의 삶에 매력을 느낀 것은 딱히 물리적인 용기가 넘쳐났기 때문이 아니었다. 따라서 울프 파크의 교육용 건물에 앉아 수석 큐레이터인 팻 굿맨Pat Goodman이 진행하는 의무적인 늑대 안전 교육을 받는 동안, 상당한 두려움을 경험했다는 사실을 인정해야겠다.

울프 파크의 거주민인 늑대들과 어울리기 위한 규칙은 꽤 간단하다. 늑대를 정면으로 노려보지 말아야 하며, 한순간도 늑대에게서 눈을 떼지 말아야 한다. 갑자기 움직이지 않는 것도 중요하지만, 쓸데없이 손을 옆으로 늘어뜨린 채 가만히 서 있지 않는 것도 중요하다. 전혀 움직이지 않고 서 있으면 늑대가 사람을 씹는

감춰놓은 것을 찾아내는 일에 약간 긴장하기도 하지만, 실제로 음식을 숨겨 놓지 않아도 실험은 아무 문제 없이 진행될 것이다. 단 개가 용기를 선택한 후에는 처음 손으로 가리켰던 그릇 위에 간식 한 조각을 놓아두도록 하자. 그러면 대부분의 개는 손이 가리키는 위치로 가게 될 것이다.

장난감쯤으로 오인할 수 있다고 팻이 설명했는데 두려움을 잠재우는 데는 별 도움이 되지 않았다. 하지만 팻은 정말 중요한 것은 통나무나 토끼 구멍 같은 것에 걸려 넘어지지 않는 거라고 강조했다. 늑대를 누군가에게서 떼어놓기란 매우 어려운 일이기 때문이다.

90킬로그램짜리 회색 늑대가 보잘것없는 심리학 교수에게 어떤 나쁜 일을 할 수 있는지 한 시간 넘게 이어지는 설명을 듣고 완전히 당황한 상태로 나는 마침내 연구 대상을 만날 준비를 끝마쳤다. 차가운 9월의 날씨에 대비해 온몸을 꽁꽁 여미고 늑대 보호 구역으로 향해 갈 때가 된 것이다.

울프 파크는 인디애나주 중부의 광활한 평원에 있는, 기분 좋게 펼쳐진 시골의 오아시스 같은 곳이다. 공원으로 입구까지는 평원 외에 아무것도 없지만 공원 자체가 자리한 부지에는 개울, 숲이 우거진 모퉁이, 늑대가 들어가 놀 수 있는 근사하고 커다란 호수가 있어서 편안한 휴식을 제공한다. 수천 에이커의 콩과 옥수수밭 사이에 있는 몇 안 되는 숲 중 하나인 울프 파크는 아름다운 경치에 행복한 배경음을 더해주는 새들의 피난처 역할도 한다. 한마디로 근사한 곳이다. 하지만 솔직히 고백하건대 처음 그곳을 방문했을 때 내가 그중 얼마나 많은 것을 인지했는지 잘 모르겠다. 내 신경은 이제 막 발을 들여놓을 집에 거주하는 거대한 육식동물에 온통 쏠려 있었다.

늑대의 거주지 안으로 발을 들여놓았을 때 모니크와 나는 마침내 진실과 두려움의 순간에 맞닥트렸다. 내가 철책 문을 통과해 들어가자마자 나이 든 늑대 중 하나인 렌키가 나를 향해 달려왔다. 주머니에서 양손을 채 빼내기도 전에 녀석이 내 어깨 위에 양쪽 앞발을 툭 하고 얹어 놓았다.

내가 간신히 "아, 이제 난 죽는구나"라고 생각했을 때, 렌키가 내 뺨을 힘차게 핥았다.

그 즉시 나는 늑대 무리에 받아들여진다는 것이 어떤 느낌인지 깨달았다. 그리고 축복받은 안도감이 그 느낌의 적지 않은 부분을 차지한다는 사실도 확실히 말할 수 있다. 나는 새로운 늑대 친구들이자 연구 대상자들과 낯을 익히면서 한동안 그곳에 서 있었다. 그리고 나도 늑대 옆에서 적당히 편안함을 느끼게 되었고 그들도 내 존재에 적개심을 느끼지 않는다는 게 마침내 분명해졌을 때, 애초에 내가 울프 파크를 찾게 한 실험을 하기 시작했다.

모니크와 내가 울프 파크에 초청받은 이유는 그곳 직원들이 브라이언 헤어와 아담 미클로시의 연구소가 진행한 새로운 연구에 관해 전해 들었기 때문이었다. 구체적으로 말하자면 울프 파크 직원들은 개가 인간의 몸짓을 따를 수 있는 자신만의 능력을 갖추었다는 주장에 주목했고, 그에 관해 다른 의견을 내세우려 했다. 헤어에 따르면 개들의 그 고유한 능력은 다른 동물에게는 전혀 찾아볼 수 없고, 그 다른 동물에는 늑대도 포함되기 때문이었다.

울프 파크 직원과 자원봉사자들보다 늑대의 행동을 더 세심하게 이해하는 사람은 지구상에는 거의 없다고 할 수 있다. 1974년부터 그들은 대리 부모 역할을 자처하면서 늑대 새끼들을 직접 키워왔고, 이 야생 동물이 인간을 사회적 동반자로 받아들이도록 힘써왔다. 그러기 위해서는 여러 방법이 필요했는데, 수석 큐레이터인 팻 굿맨과 울프 파크의 설립자인 에리히 클링해머Erich

Klinghammer가 그 방법들을 완성했다. 늑대가 태어나자마자 생후 몇 주 동안 24시간 내내 인간 '엄마'와 함께 두는 것도 방법 중 하나다. 늑대들이 주변 사람들을 삶의 일부로 보며 자라게 하려는 것이다. 많은 울프 파크 직원들과 팻은 집에서 개를 키우고 있어서, 그들은 근무 중에는 늑대와, 집에서는 개와 함께 시간을 보냈다. 그런 생활 덕분에 직원들은 자신이 키우는 늑대와 개 사이의 유사점과 차이점에 관해 뛰어난 식견을 갖게 되었다.

헤어와 미클로시가 틀렸다는 사실을 확인하기 위해 내게 처음 접촉해온 사람들이 바로 이 독특하게 늑대-개에 정통한 사람들이었다. 울프 파크에서 일하는 이 사람들은 매일 밤 집에서 함께 생활하는 개만큼이나 낮 동안 함께 지내는 늑대들도 사람이 하는 일에 매우 민감하다는 인상을 강하게 받았다.

물론 헤어와 미클로시도 이 질문에 대한 정확한 답을 얻고자 각각 연구를 진행했고, 늑대는 인간의 몸짓 지시를 이해할 수 없다는 같은 결론에 각각 도달했다. 특히 그들이 대서양 반대편에 따로 있는 연구실에서 각자의 결론을 도출해냈기 때문에 나는 그들의 발견에 냉소적일 이유가 없었다. 그러나 늑대 실험을 내가 직접 해보는 것이 적어도 재미는 있겠다는 생각이 들었다. 울프 파크 직원들의 회의적인 반응도 호기심에 불을 지폈다. 헤어와 미클로시의 연구 대상이 되었던 늑대들(한 마리는 매사추세츠 보호 구역에서 인간의 손에 길러졌고, 다른 한 마리는 부다페스트의 아파트에서 길러졌다)이 그 종 전체를 대표하지 않을 가능성이 있을까?

이전까지 나는 늑대를 가까이서 본 적이 한 번도 없었으며, 울프 파크에서 본 그들의 무시무시한 힘과 명민한 지능은 내게 큰 감명을 주었다. 이 늑대들의 크기는 가장 큰 개만 했다. 나는 즉시 아이리시 울프 하운드와 같은 거대한 품종을 떠올렸다. 그러나 반응이 다소 느린 큰 개와는 달리, 늑대는 빠르다. 그것도 정말 빠르다. 울타리 안에 토끼가 나타나기라도 하면, 퐉, 그들은 순식간에 낚아챈다. 계산도 후회도 없이 전문적인 킬러처럼 죽인다.

그들의 치명적인 성향만큼이나 눈에 띄는 것은 사교성이다. 늑대들이 서로서로, 그리고 친숙한 사람과 어울리는 모습을 관찰해보면 매우 마음이 풍요로워지고 감동을 받게 된다. 그들의 호박황금색 눈동자는 그 순간 강렬한 존재감으로 빛을 발한다. 나는 그런 늑대들의 삶 속에 받아들여졌다는 사실이 굉장한 특권처럼 느껴졌다.

나는 또한 신중함이 과학적 용기의 가장 큰 미덕이라는 사실도 깨달았다. 직원들과 대화를 나누고 안전 교육을 받고 늑대들에게 우리를 소개하기 위해 울타리 안으로 들어간 뒤, 모니크와 나는 운을 과신하지 않기로 했다. 우리는 다시 울타리 밖으로 나갔고 늑대들과 더 친숙한 사람들이 먼저 몸짓 지시 실험을 할 수 있게끔 해주었다. 우리가 직접 간식을 넣은 미끼 컵을 다루면서 몸짓 지시를 수행하는 대신 안에 있는 울프 파크 직원 세 명에게 소리를 질러 실험에 관한 지시를 내렸다. 모두 이러는 편이 더 안전하고 늑대의 진정한 능력을 밝혀낼 가능성도 더 크다는 데 동의했다. 시간이 흘러 늑대가 우리를 편안하게 느끼게 되면 모니크와 나도 실험 일부를 직접 수행할 수 있기를 바랐지만, 그 첫 번째 방문에서는 늑대가 친숙한 사람과 함께 실험에 참여하도록 함으로써 성공 가능성을 높이고 싶었다. 늑대들이 종종 낯선 사람을 경계하는 경향이 있기 때문이었다.

몇몇 인턴이 사용하지 않는 보호 구역의 쓰레기 청소를 도왔고, 늑대들이 실험에 참여하기 위해 하나씩 불려왔다. 팻 굿맨과 두 명의 다른 직원이 교대로 세 가지 역할 중 하나를 수행했다. 한 명은 두 개의 용기 사이에 서서 그중 하나를 가리켰다. 또 한 명은 각각의 실험이 종료된 후 늑대를 다시 시작 위치로 유혹해 가기 위해 약 3미터 정도 떨어진 곳에 서 있었다. 그리고 마지막 한 명은 모두가 안전한지 확인하며 주변에 머물러 있었다. 모니크와 나는 울타리 너머로 지시를 내리면서 용기에 넣어둘 훈제 소시지 조각을 제공해주었다. 우리의 대담한 협력자들은 늑대의 올바른 선택에 그걸 보상으로 주었고, 각각의 실험이 끝난 뒤에는 그것을 이용해 늑대를 다시 시작 위치로 데려갔다.

실험 시작까지는 시간이 좀 걸렸지만 일단 모든 물품과 사람이 제자리를 잡고 실험이 진행되자마자 모니크와 나는 놀라서 기절할 지경이 되었다. 늑대들은 이 임무를 최고의 능력으로 수행한 개만큼이나 잘 해내고 있었다.

그 즉시 우리 연구는 너무도 자명해 보이던 개와 늑대의 인지 능력 차이를 측정할 수 없을 만큼 복잡한 것으로 만들어버렸다. 숨어 있는 것을 보기 위해 돌을 뒤집어 놓고 기다리며, 답을 요구하는 질문을 찾는 데 모든 것을 바치는 나 같은 과학자에게 이런 순간은 보기 드물게 극적인 긴장감을 선사했다. 우연히도 우리가 처음 울프 파크에 갔던 날이 내 생일이었고, 이 발견은 가장 기억에 남는 생일 선물이 되었다. 물론 제포스를 제외하고 그렇다는 말이다.

이 놀라운 결과가 가져다준 초기의 흥분을 극복하고 나서 보호 구역에 있는 다른 늑대들에게도 동일한 실험을 수행했다. 그리고 같은 행동 양식을 반복해서 발견했다. 이 늑대들은 개와 마찬가지로 사람의 몸짓 지시를 따를 수 있었다.

플로리다로 돌아오는 길에 모니크와 나는 우리의 관찰과 브라이언 헤어가 결론 내린 개의 선천적 '천재' 이론이 일치하지 않는 이유를 곰곰이 생각해보았다. 우리는 그 천재성, 또는 인간에 대해 놀랄 만큼 민감한 개의 특성을 무엇이라고 부르든 간에, 그것이 단지 우리 개들의 진화적인 유산에만 속하지 않는다는 것을 알았다. 진화(그리고 우리가 가축화라고 부르는 진화의 특별한 경우)가 부인할 수 없을 만큼 중요한 요소인 것은 확실하다. 하지만 동물이 하는 모든 행위의 근간에는 또 하나의 중요한 요소가 있는데, 그 요소는 개나 늑대가 인간의 몸짓을 통해 그 의도를 읽어낼 수 있을지의 여부를 결정하는 데 있어서 진화와 똑같이 중요한 역할을 한다. 그것은 바로 타고난 본성이 아닌 양육이다.

진화는 자연선택의 결과물이며 종이 변하는 과정이다. 개별 유기체는 다른 생물보다 더 잘 살아남고 다음 세대에 더 많은 자손을 낳을 수 있게 하는 서로 다른 유전적 특성을 가지고 태어난다. 몇몇 특징은 그 독특하고 변화무쌍한 특성으로 종 전체의 양상을 색칠하면서 수많은 세대에 걸쳐 선택되어 전달되는데, 그 특성 중에 그 종의 전형적인 행동의 토대를 마련하는 해부학적, 인지적 특성(지능 등)이 포함되어 있다.

가축화는 진화의 특별한 경우로, 그 원리는 논쟁의 대상이 되어왔다. 세상에 진화의 개념을 소개한 다윈은 인간이 자신들에게 가장 유용한 동물을 번식시키기로 선택했을 때 가축화가 이루어졌다고 믿었다. 그리고 시간이 지나면서 이 관행이 완전히 새로운 종을 낳았을 것이라고 이론화했다. 그는 가축화 과정을 자연선택(다윈이 만들어낸 용어로 자연의 힘이 누가 살고 누가 죽을지를 결정할 때 일어나는 일을 의미한다)과는 대조적으로 인공선택 과정이라고 일컬었다. 오늘날 우리는 가축화가 정말 인간의 성과인지 확신하지 못한다. 가축화의 큰 부분은 사실상 자연선택일 가능성이 크기 때문이다. 그러나 자연선택이든 인공선택이든 간에 가축화도 진화의 한 형태이다. 즉 그것은 몇몇 개체가 생존하고 번성하고 유전자를 물려주기 위해 내리는 선택 때문에 동물이 세대를 거쳐 변화하는 과정이다.

그러나 진화만으로는 인간의 가정에서 함께 살아갈 친근한 반려동물을 만들어낼 수 없다. 자연 및 인공선택은 확실히 동물의 전형적인 행동과 지능의 근거가 되어줄 수 있지만, 진화는 결코 개별적인 개의 독특한 인지 및 행동 꾸러미(우리가 종종 '개성'이라고 생각하는 것)를 완전히 설명하는 수단이 될 수 없다. 비록 진화가 생물체의 청사진을 깔아놓는다고 해도, 그 청사진이 어떻게 읽힐지까지는 통제할 수 없기 때문이다. 개별적인 동물은 개체가 발달 과정에서 겪는 특정 경험에 의해 읽힌 유전 정보로 만들어진다. 결과적으로, 진화만으로는 친근한 개를 만들어낼 수 없다.

우리에게 걸을 수 있는 능력을 주는 다리가 진화적 유산의 일부인 것처럼, 우리의 성격을 만드는 뇌 구조 또한 마찬가지다. 그리고 우리의 이 사실은 개들에게도 마찬가지로 적용된다. 개는 사람과 관계를 맺을 수 있도록 준비시키는 뇌 구조를 물려받는다. 그러나 내 개가 나와 관계를 맺고 있고, 자기 삶에 들어온 사람의 행동에 민감하다는 사실이 단지 종족 진화의 결과인 것만은 아니다. 그것은 개가 자라난 세상과도 관련이 있는데 세상은 개가 자신을 하나의 개체로 규정하는 자질을 개발하도록 기회를 제공한다.

간단히 말해서 경험이 개의 행동과 마음을 형성하는 또 다른 요소라는 것이다. 가만히 생각해보면 결국 강아지든 고양이든 어떤 가축화된 동물의 새끼든 간에 길이 든 채로 태어나지 않는다는 사실은 분명하지 않은가. 길이 들기까지는 각자의 삶에서 배워야만 한다. 가장 온순한 강아지조차도 어릴 때부터 사람의 손에 길러지지 않는다면 야생 동물로 자랄 것이다. (1960년대에 이 사실을 정확히 규명하는 실험이 수행된 적이 있다. 메인주의 바하버에 있는 한 연구실에서 존 폴 스콧John Paul Scott과 존 L. 풀러John L. Fuller가 생애 첫 14주 동안 인간과 전혀 접촉이 없었던 강아지들을 키웠다. 그 후, 개들이 어느 정도 성장해서 청년기쯤 되었을 때 실험을 시행했고, 연구자들의 표현을 그대로 적자면 강아지들은 "야생 동물과 같았고" 전혀 접근할 수 없었다고 보고했다.)[4]

생물학자는 우리의 진화 역사를 계통 발생으로, 개인적인 삶의 역사를 개체 발생으로 칭한다. 우리 각자가 계통 발생과 개체 발생 결합의 산물이라는 것은 생물학과 심리학에서는 너무도 뻔한 말이다. 만약 진화의 역사가 우리의 인생 경험을 위한 발판을 마련해주지 않았다면, 그리하여 우리의 모습이나 성격을 선망할 만한 어떤 것으로 만들어주지 않았다면, 오늘날 인간은 아무도 겸손하고 잘생기고 똑똑하고 매력적이지 않을 것이다. 개들도 이런 점에서는 마찬가지다. 개도 나름의 개성과 성격을 키워가는데, 이는 그들이 유전적으로 타고나는 재능과 그들이 자라나는 세상 사이의 풍부한 상호 작용 덕분이다. 그리고 그 개성이야말로 운 좋은 갯과 동물이 적절한 보상을 베푸는 인간 동반자와 유별나게 잘 어울리게끔 도와주는 요소다.

이러한 기본적인 과학적 원리에 비추어 보았을 때 개의 행동과 지능이 가축화와 경험 둘 다에서 비롯된다는 생각은 모니크와 내게는 논쟁의 여지가 없어 보였다. 그러나 개의 인지 능력을 연구하는 초기 연구 분야에서는 그런 생각이 여러 논쟁의 근거가 되었다. 모니크와 나는 부지불식간에 그중 한 가지 논쟁에 발을 들이게 된 셈이었다. 한쪽에는 헤어와 미클로시가 있었는데, 그들은 개가 인간을 이해하는 능력은 독특하게 진화한 인지 능력, 다시 말해 모든 개가 타고난 특징 중 하나로 이 능력은 특정한 삶의 경험에 좌우되지 않는다고 주장했다. 다른 한쪽에는 모니크와 나 같은 과학자들이 있었는데, 우리는 적절한 삶의 경험과 올바른 유전적 재능이 개가 사람의 친구가 되게 하는 핵심 요소라고 믿었다.

가축화를 통한 진화 결과 개가 인간의 몸짓을 인식하는 능력을 얻었다는 견해를 받아들이지 않았기에 우리는 흥을 깨는 행동주의 심리학자 역할을 맡게 되었다. 우리가 울프 파크에서 수행한 연구 결과를 발표한 이후 한 언론인은 나를 개의 인지 능력 연구의 '데비 다우너'*라고 불렀다.[5] 그건 꽤 상처가 되었다.

나는 내가 어디에 도달했는지 생각해봐야만 했다. 어쩌다가 내가, 동물의 마음에 깊이 신경 쓰고 동물 연구에 일생을 바쳐온 사람인 내가, 개의 인지 능력을 의심하는 사람이라는 부정적인 평

---

* 끊임없이 불평불만을 늘어놓아 다른 사람의 기분까지 우울하게 만드는 사람을 일컫는다. - 옮긴이

판을 얻었을까? 나는 오해받고 있다고 느꼈고 개에 대한 애착이 오히려 내가 개를 깎아내리는 것처럼 보이게 한다는 사실에 적잖이 상처받았다.

잘 모르는 사람들에게는 내가 개에게는 주목할 만한 점이 아무것도 없다고 말하는 것처럼 보일 수 있다는 사실을 나는 잘 알았다. 하지만 나는 개에게는 특별한 무언가가 있다는 사실을 부정하려고 하지는 않았다. 실은 정반대였다. 개와 인간이 맺는 독특한 유대감이야말로 내가 애초에 연구 대상으로서 개에 끌린 이유였다. 개를 사랑하는 울프 파크의 직원들과 마찬가지로 나도 일상적 업무를 위한 영감과 동기를 찾기 위해 거실 너머를 바라볼 필요가 없다. 내가 모니크와 내 연구에 관해 점점 커져가는 과학계의 분노를 찾아보거나 인기 있는 언론의 최신 과학 논문이나 기사를 읽으며 주로 앉아 있는 소파 옆자리에 제포스가 다정한 모습으로 안락하게 자리 잡고 앉아 있기 때문이다.

개는 유일무이하다. 그 사실에 관해서는 나도 전혀 의심하지 않는다. 나는 단지 개를 그토록 특별하게 만드는 것에 관한 지배적인 이론에 회의적일 뿐이었다. 과학자로서 간단히 받아들일 수 없는 견해를 강압 때문에 받아들이느니, 나는 차라리 이 '데비 다우너'라는 낙인을 얼마든지 자랑스러운 훈장처럼 차고 다닐 용의가 있다. 하지만 개를 사랑하는 사람으로서는 무엇이 개를 독특하게 만드는지 철저히 규명해내겠다고 마음먹었다. 인간 사회 안에서의 개의 삶과 개의 인지 능력에 관해 더 많이 알아 가는 동안 나는 이 분야에서 불붙은 토론이 단순히 학문적인 논쟁이 아님을 깨닫기 시작했다. 모든 것이 위태로웠고, 그 위험은 대체로 개들을 향한 것이었다.

늑대와 반려견에게 인간의 몸짓을 따르는 능력이 있는지 실험하면서, 모니크와 나는 또 한 명의 좋은 친구이자 협력자인 니콜 도리Nicole Dorey와 함께 플로리다주 게인스빌에 있는 우리의 본거지 근처 유기 동물 보호소에서 똑같은 실험을 시도했다. 결과는 그다지 만족스럽지 않았다.

보호소에 있는 개 중 단 한 마리도 바닥에 놓인 용기를 가리키는 몸짓이 무엇을 암시하는지 이해하지 못했다. 모니크가 두 개의 용기 사이에 서서 한쪽을 가리키며 개의 선택을 기다리는 동안 개들은 그저 멍하니 모니크를 바라볼 뿐이었다. 아니면 모니크 앞으로 다가가서 그녀가 주려고 마음먹고 있는 간식을 어서 달라고 애원하듯이 최대한 귀여운 모습으로 얌전히 앉아 있었다. 또 어떤 개는 더 재미있는 활동을 찾아 주변을 어슬렁거릴 뿐이었다.

처음에, 우리는 이 개들이 사람과의 초기 상호 작용에서 심리적 외상을 입어 모니크가 자신들을 위해 좋은 일을 하고 있다는 걸 믿지 않는다고 생각했다. 그러나 많은 보호소 개가 인간에게 실망하고 배신당한 경험이 있다는 사실이 자명하다고 하지만, 모니크와 나는 이 연구를 수행하기 위해 매우 주의 깊게 인간과의 교류에 행복해하고 흥분하는 것이 확실한 개를 선택했다. 그런 다음 그들을 케널에서 데리고 나가 함께 놀아주고 간식도 평소보다 훨씬 많이 제공했다. 모니크와 함께 실험에 참여한 개들은 정말로 그녀의 몸짓이 무엇을 의미하는지 이해하지 못하는 것 같았다.

개의 고유성에 관한 지배적인 이론은 이렇듯 몸짓 지시를 이해하지 못하는 개들에게는 암울한 영향을 미쳐왔다. 브라이언 헤어와 그 동료들의 주장처럼, 모든 개가 인간의 행동과 의도를 이해하는 능력을 천부적으로 타고난다면, 인간의 의도를 이해하지 못하는 개들은 진화 과정에서 체득한 잠재력을 완전히 실현할 수 없는 일종의 심각한 인지적 결함을 지녔다는 의미가 된다. 만약 인간의 몸짓을 이해하는 능력이 선천적이라면, 이를 이해하지 못하는 것도 타고난 것이어야 한다. 그렇다면 우리가 유기 동물 보호소에서 수행했던 실험에 참여한 개들은 간단히 인간의 동반자로서 적합하지 않다는 결론이 난다.

우리 지역의 보호소 개들은 단 한 마리도 몸짓 지시를 따르지 못했다. 이 실험을 통해 모니크와 니콜이 도출한 결론은 많은 개에게, 구체적으로 당시만 해도 입양이 힘든 개들의 안락사를 보편적인 관행으로 계속 시행하던 이 보호소뿐 아니라 미국 전역과 전 세계에 있는 다른 비슷한 시설들에 수용된 모든 개들에게 끔찍한 결과를 초래할 수 있었다. 오늘날 수백만 마리의 개가 입양 가정을 찾을 수 없다는 이유로 매년 안락사로 희생된다. 개가 보호소에 머무를지 아니면 입양 가족과 함께 집에 갈지를 결정하는 데 도움이 되는 자질은 말 그대로 삶과 죽음의 차이를 가져올 수 있다. 모니크와 니콜과 나와 같이 개를 연구하는 과학자와 개를 사랑하는 사람들에게는 개가 인간 가정에서 충만한 삶을 살아가는 법을 이해하는 일이 가장 중요하다.

우리는 보호소에 있는 이 가여운 강아지들에게 무슨 문제가 있고, 그들의 불리한 조건이 주는 의미는 무엇인지 이해해보기로 했다. 그들에게 인간을 이해하는 유전자가 부족한 것일까? 그들의 계통 발생 역사, 혹은 종족사에 어떤 문제가 있어서 우리의 몸짓을 해석할 수 없는 걸까? 그것도 아니면 각 개체의 발생에 문제가 있는 걸까? 즉, 각 개체의 역사에 문제가 있어서 모니크의 몸짓 지시를 이해할 수 없는 걸까? 이 질문들이 우리에게 그들의 불리한 처지를 설명해줄 터였다. 그리고 우리는 그것이 문제를 해결하는 방법도 가르쳐줄 수 있기를 바랐다.

만약 이 개들에게 인간의 몸짓에 숨겨진 의미를 배울 만한 능력이 있기만 하다면, 간단한 훈련 원리를 통해 얼마든지 가르칠 수 있을 터였다. 약간의 음식이나 공, 그 밖의 무엇이든 간에 개가 관심 있어 하는 것을 손으로 가리킬 때마다 녀석이 그 소중한 물건을 찾도록 돕기 위해서, 그리고 녀석이 그것을 성공적으로 찾으면 그에 대한 보상으로 간식을 주는 것이다. 과학 용어로는 개가 방금 수행한 그 행동을 '강화'한다고 이야기한다. 그리고 우리는 이렇게 강화된 행동은 앞으로도 계속 반복될 가능성이 크다는 것을 지금까지 습득한 동물 행동에 관한 모든 지식을 통해 알고 있다.

우리는 이 단순한 행동 기제만으로도 개들이 인간의 몸짓 지시를 따르게끔 할 수 있다고 추측했다. 만약 모니크가 간식을 손으로 가리켰다면 그녀와 실험에 참여하고 있던 개는 그것을 찾아냈을 것이다. 물론 처음에는 우연히 그랬을 수 있지만 어쨌든 성공했을 것이다. 그리고 그 개는 갈수록 모니크의 몸짓 지시를 따르려는 경향이 더욱 강해질 것이다. 그리고 그런 일이 일어난다면 보호소에 있는 개들도 선천적으로 아무런 문제가 없다는 사실을 의미할 것이다. 어쩌면 그 개들은 사람이 사물을 가리키는 상황을 많이 경험해보지 않은 까닭에 인간의 몸짓을 따르지 못했을지도 모른다. 인간의 몸짓이 무엇을 의미하는지 배우지 못했거나 단지 깜빡 잊어버린 걸 수도 있다.

우리가 해야 할 일은 보호소로 돌아가서 인간의 몸짓 지시를 따르도록 개를 훈련할 수 있는지 확인하는 것뿐이었다. 음식이 담긴 용기를 가리키고 개가 그것을 고르면 개에게 결과를 보여주기만 하면 될 터였다. 만약 그 훈련이 효과가 없다면 개가 진화의 결과로 인간의 몸짓을 따르는 능력(어떤 특정 개들은 물려받지 못하는 유전적인 특성)을 타고난다고 했던 헤어의 주장이 옳았음을 시사할 터였다. 그러나 훈련이 효과가 있다면 강화 훈련의 보상이 어디에 위치하는지 가리키는 몸짓 지시를 개들이 개인적으로 경험함으로써 인간의 몸짓 지시를 따르는 법을 배운다는 사실을 암시할 것이다. 다시 말해 인간의 몸짓을 이해하는 개들의 능력은 선천적인 것이 아니라 획득된다는 의미이며, 따라서 개도 이러한 점에서는 다른 동물과 다르지 않다는 사실을 뜻할 터였다. 그렇다면 인간과의 탁월한 유대 관계의 원천은 어딘가 다른 곳에 있을 것이었다.

나는 사람이 무언가를 가리키는 그 의미를 가르칠 수 있을지 한번 보기 위해, 모니크와 니콜에게 보호소에 온종일 머물면서 각자 개 한 마리씩을 맡아 훈련할 것을 제안했다. 그러나 모니크와 니콜이 느끼기엔 개 한 마리당 30분이면 충분할 듯했고 그 직감은 정확했다.[6] 그들이 실험한 14마리의 개 중에서 12마리가 30분도 안 되는 시간에 인간의 몸짓 지시를 따르는 법을 배웠다. 사실 12마리의 성공한 개가 누군가가 지시하는 곳으로 가는데 걸린 평균 시간은 10분에 불과했다. 10분 만에 이전에는 죽 뻗은 인간의 팔이 무엇을 의미하는지 전혀 짐작조차도 못했던 개가 인간의 몸짓을 충실히 따르는 개로 변화했다.

이것은 실로 흥분되는 결과였다. 이 개들은 구제할 수 없는 존재가 아니었다! 이러한 발견은 또한 개의 행동과 인식을 이해하려는 우리의 노력을 지금보다 훨씬 늘려야 한다는 사실을 가리켜 보여준다. 확실히 우리는 무엇이 개를 인간의 훌륭한 동반자로 만들어주는가에 관해 참으로 많은 것을 배워야 했다. 또한 정확히 무엇이 개를 특별하게 하는지 알아낼 수만 있다면 개의 복지에 이바지할 일을 많이 할 수 있을 터였다.

물론 몸짓 지시는 인간이 개와 소통하는 많은 방법 중 하나에 지나지 않는다. 브라이언 헤어와 아담 미클로시와 동료들이 개의 고유성으로 분류한 사회적 인지 지능은 사람이 개를 특별하게 여기게끔 하는 한 측면일 뿐이다. 모니크와 니콜과 내가 인간의 몸짓을 이해하는 개의 능력이 선천적인 게 아니라 학습되는 것임을 보여주기는 했지만, 사회적 인지 지능뿐 아니라 다른 형태의 지능이 개와 인간 사이의 독특한 유대를 설명하는 데 도움이 될 가능성은 여전히 남아 있었다. 따라서 실험을 더 진행하기 전에 우리는 이러한 다른 종류의 지능도 개만의 고유한 특징에서 배제할 필요가 있었다.

개를 좋아하는 사람들에게 물어보면 예외적으로 똑똑한 개를 적어도 한 마리 이상은 알고 있을 것이다. 내 경우에 그 특정 표본은 제포스가 아니라(미안해, 아가!), 내가 1970년대 잉글랜드에서 어린 시절에 키웠던 반려견 벤지가 될 것 같다.

벤지는 많은 사람이 영리한 개라고 부르는 그런 개였다. 이 말은 주로 벤지가 집과 뒷마당을 탈출해서 외부 세계를 향한 자신의 관심사를 드러낼 능력이 있다는 의미였다. 벤지와 나는 거의 같은 시기에 청소년기를 겪었는데, 내가 여드름투성이에 말까지 더듬는 공붓벌레가 되었다면 벤지는 숙녀들에게 인기 있는 개로 성장했다. (녀석의 목걸이에는 "안녕, 나는 벤지라고 해. 내 전화번호는 Shanklin 2371이야"라고 적혀 있었다. 하지만 우리는 만약 벤지가 자기 목걸이에 쓰인 내용을 바꿀 수만 있다면 아마도 다음과 같이 적어 넣었을 거라고 농담을 하곤 했다. "안녕, 자기. 자기 이름이랑 전화번호는 뭐야?" 우리는 늘 벤지를 사랑스러운 무뢰한, 즉 평판은 안 좋지만 모두에게 사랑받는 그런 존재쯤으로 생각했기에 늘 녀석이 런던 토박이 방언으로 이 말을 하는 상상을 했다.) 벤지는 울타리의 가장 좁은 틈새도 비집고 지나갈 수 있었을 뿐 아니라, 매우 높은 담장도 훌쩍 뛰어넘는 정말 작고 유연한 개였다. 어떻게든 집 밖으로 나가려 하는 벤지의 성향에 또 하나의 중요한 영향을 주었던 것은 우리가 벤지를 중성화시키지 않았다는 점이었다. 어머니는 중성화라는 말 자체를 싫어했고 아버지는 벤지가 밖에서 뭘 하고 돌아다니든 전혀 신경 쓰지 않았다. 따라서 벤지는 주변에서 자신을 잘 받아줄 것 같은 암컷 냄새를 맡을 때마다 골칫거리를 찾아 탈출을 감행했고, 몇 시간 후 피곤하지만 행복해 보이는 모습으로 집에 돌아오곤 했다.

여자 친구를 만나기 위해 잠깐씩 감행하는 벤지의 외출은 아마도 생물학자가 지적 행위라고 여기는 행동과 가장 유사할 것이다. 생물학자의 관점에서는 생식에 대한 욕구가 삶에서 가장 중요한 원동력이며, 그 욕구를 충족하기 위해 개개인이 노력을 쏟아붓는 과정에서 알아내는 비법들은 그것이 무엇이든 모두 중요하다.

그러나 사람들이 일반적으로 '지능'이라는 단어를 들었을 때 생식 욕구라는 말을 떠올리지는 않을 것이다.

보통 동물, 그중에서도 특히 개는 분명히 여러 면에서 영리하다. 그 영리함은 밖에 나가 짝짓기를 하려는 기본적인 충동보다는 우리가 생각하는 '지능'의 사전적인 정의에 더 가깝다. 내가 개인적으로 가장 좋아하는 개 중에는 탐지견이 있다. 인간이 인식하지 못하는 것을 감지하는 그들의 능력은 거의 마법에 가깝다. 나는 공기에 대고 코를 킁킁거리는 것만으로 암이나 폭발물을 감지해내는 그 능력에 완전히 경외심을 느낀다. 따라서 그런 개들은 세상에서 똑똑한 개에게 주는 최고의 자리를 차지할 자격이 충분하다. 하지만 내가 개인적으로 마련해놓은 최고의 자리는 탐지견에게 내어줄 수 없을 듯한데, 그 이유는 깊은 인상을 주는 개들의 그 능력이 사실상 학습 기술이나 지능에서 기인하기보다는 인간이 감지할 수 없는 냄새를 맡는 탁월한 지각 능력에서 비롯되기 때문이다.

지금껏 내가 만났던 개 중 가장 영리하고 인간의 의도를 이해하는 데 가장 놀라운 능력을 보여준 개는 체이서이다. 개인적인 평가가 아니다. BBC에서 "세계에서 가장 똑똑한 개"라는 별명을 지어준, 이 전통적인 검은색과 흰색 털이 섞인 보더콜리는 1,200개가 넘는 장난감의 이름을 구분한다.[7] 체이서는 진짜 '워킹 보더콜리' 그룹*이다. 따라서 계속 정신을 집중할 무언가가 필요하고, 그런 게 없으면 가구를 다 물어뜯어 버리고 만다. 체이서의 보호자 존 필리John Pilley는 전직 심리학 교수였으며, 은퇴 후에

---

* 일반적으로 가축을 상대로 일하는 사역견을 워킹 그룹으로 분류한다. - 옮긴이

취미가 될 만한 것을 찾고 있었다. 존은 300가지가 넘는 물건의 이름을 아는 보더콜리에 관한 독일의 연구 논문을 읽었고, 체이서chaser(뭔가 추적하는 것을 좋아하는 천성을 보고 이렇게 이름 지었다)를 입양하고 나서는 인간의 언어를 개가 얼마나 이해할 수 있을지 그 한계를 자신이 직접 시험해보기로 했다.

내가 2009년 사우스캐롤라이나의 아름다운 내륙 지방에 있는 그와 체이서의 집을 방문했을 때는 그들이 함께 이름을 외우는 일을 한 지 3년이 넘은 시점이었다.[8] 존은 집 뒤편 테라스에 있는 여러 개의 커다란 플라스틱 상자에 엄청나게 많은 장난감을 보관하고 있었다. 그는 나를 그곳으로 데리고 가서 장난감 열 개를 무작위로 고르라고 권했다. 개와 어린아이들이 가지고 놀 만한 장난감이었고, 존은 장난감들에 유성 매직으로 각각의 이름을 적어두었다. 그는 메모장에 장난감의 이름을 모두 적게 하더니 그것들을 집 안으로 가지고 들어가 소파와 거실 뒷벽 사이의 공간에 늘어놓아달라고 부탁했다. 존과 체이서가 집 앞쪽 테라스에서 기다리는 동안 나는 존이 부탁한 일을 했다. 따라서 그들은 내가 어떤 장난감을 선택했는지 볼 수 없었다.

모두 준비되었을 때 나는 다시 그들을 안으로 불러들였다. 존은 내가 장난감을 내려놓은 공간을 마주 보고 있는, 멀리 떨어져 있는 소파에 가서 앉았다. 그리고 소파 앞쪽 바닥에 텅 빈 커다란 플라스틱 용기를 놓아두고 체이서가 그 옆에 앉도록 지시했다. 준비가 완료되자, 존은 목록에 있는 첫 번째 항목을 읽었다. "좋아, 체이서. 가서 금붕어 가져와." 체이서는 내가 장난감을 어디에 놓아두었는지 모르고 주변을 둘러보았다. "금붕어. 어서, 체이서. 가서 금붕어 가져와."

그 말에 체이서는 주변을 돌아다니며 장난감을 찾기 시작했다. 그리고 빠르게 소파 뒤의 물건 더미를 발견하고는, 주둥이를 바닥에 가까이 가져가더니 장난감 사이에서 금붕어를 찾기 시작했다. 약간 근시안적으로 보인다는 사실(장난감들이 금붕어인지 아닌지 결정하기 전에 체이서는 각각의 물체에 얼굴을 아주 바짝 가져다 댔다) 외에 체이서가 하는 행동은 인간이 같은 상황에서 할 법한 행동처럼 보였다. 체이서는 빠르게 장난감 하나를 입에 물고 다시 존에게 달려갔다.

"통에 집어넣어." 존이 앞에 놓인 플라스틱 통을 가리키며 지시했다. 이것은 약간 까다로운 부분 같았다. 체이서는 확실히 망설이고 있었다. 자신이 찾은 것을 놓아버리기가 꺼려지는 듯했다. "통 속에." 존이 반복했다. "통에 넣어." 마침내 체이서는 시키는 대로 장난감을 플라스틱 통에 집어넣었다.

"좋아, 어디 보자." 존이 장난감을 꺼내 들고 그 이름을 읽었다. 그는 체이서가 올바른 장난감을 가져온 것을 확인한 순간 기쁨으로 거의 폭발할 지경이 되었다. "보세요. 금붕어예요! 금, 붕, 어!"

그러고 나서 존은 금붕어를 방 저편으로 던졌고, 체이서는 신이 나서 그것을 쫓아갔다. 그리고 다시 물고 왔다. 존은 다시 던졌다. 체이서는 다시 물고 왔다. 존은 다시 던졌다. 존과 체이서 중에 누가 그 상황을 더 즐기고 있는지 말하기 어려웠는데, 앞뒤로 던지고 물고 오기를 몇 번 반복한 존은 다시 한번 체이서에게 "통에 집어넣어"라고 지시하고는 다음 물건을 선택하기 전에 사랑스러운 손길로 목덜미를 긁어주었다.

그렇게 둘은 내가 적은 목록을 하나씩 해치워나갔다. 금붕어에서 레이더, 올빼미, 블링, 포지스, 셜리, 보물 상자, 다람쥐, 고구마, 그리고 마지막으로 미키마우스까지. 대개 존은 체이서가 일단 장난감을 "통에 집어넣은" 뒤에 장난감을 다시 던져 쫓아갈 기회를 주었지만, 가끔은 장난감으로 터깅 놀이*를 하기도 했다. 체이서가 물건을 정확히 찾아올 때마다 존의 기쁨은 폭발했고, 매번 사랑을 듬뿍 담아 체이서의 털을 헝클어트리거나 목덜미를 긁어주면서 게임을 끝냈다. 그들이 함께 과제를 수행하며 노는 모습은 내가 과학에 몸담은 이래 지금껏 보았던 그 어떤 모습보다 더 다정하고 즐거운 장면이었다.

체이서와 존이 너무도 즐겁게 과제를 수행하고 있었기에 나는 뒤 테라스로 나가서 장난감 열 개를 더 가져왔고, 우리는 앞선 과정을 반복했다. 체이서가 장난감을 모두 제대로 찾아왔기에 그 과정을 또 반복했다. 그리고 또 반복했다. 우리가 이름 맞히기 게임을 몇 번이나 반복했는지는 잊었지만, 나는 체이서가 100개 이상의 품목을 단지 이름만 듣고 찾아내는 것을 내 눈으로 분명히 목격했다. 체이서는 딱 한 번 실수했다. 아니, 실수한 것처럼 보였다. 하지만 상황을 자세히 다시 살펴보니, 존이 내 악필을 잘못 읽고 지시를 내려서 장난감을 찾을 수가 없었지만 존을 실망시키고 싶지 않아서 다른 품목을 가져다준 것이었다.

존은 체이서가 기억하는 장난감 이름이 1,200개에 도달했을 때 훈련을 그만두었다. 자신이 전에 어떤 장난감을 샀는지 기억할

---

* 강아지가 장난감을 물고 잡아당기게 하는 놀이이다. –옮긴이

수 없어서 이미 산 장난감을 또 사서 집에 가져오고 있다는 사실을 깨달았기 때문이었다. 처음에는 그게 이미 집에 있는 줄도 모르고 즐겁게 새 이름을 지어 붙여주고는 체이서에게도 가르쳐주었고(이제 체이서는 단 한 번의 시도만으로 새 이름을 외울 만큼 실력이 뛰어나다), 나중에야 다른 이름을 가진 같은 장난감이 두 개나 있다는 것을 우연히 알아차리게 되었다고 했다. 장난감이 1,200개가 될 때까지도 체이서는 새로운 물체의 이름 학습하는 속도를 전혀 늦추지 않았다.

나는 존에게 당시 내가 편집장으로 있던 과학 저널에 그가 발견한 사실을 발표해보라고 격려했고, 그의 보고서는 《비헤이비어럴 프로세시스Behavioural Processes》가 지금까지 출판한 논문 중 가장 널리 읽히는 자료 중 하나가 되었다. 그 후 존은 책도 한 권 집필했고 그 책은 베스트셀러로 등극해 그의 훌륭한 개에게 불멸성을 부여했다. 그들은 2018년 6월 존의 90번째 생일을 몇 주 앞두고 전국에 송출되는 TV 방송에 함께 출연하기도 했다. 얼마 지나지 않아 존은 백혈병에 굴복해 세상을 떠났다.

물론 체이서의 이야기는 단일 데이터 측정점에 불과하다. 하지만 체이서가 그토록 많은 단어를 배우는 데 성공했고 그 능력을 기르는 훈련을 존과 시도했던 개가 오직 체이서뿐이었다는 사실은, 언어를 이해하는 능력이 다른 보더콜리에게도 잠재되어 있음을 시사한다. 수십, 수백 개의 이름을 외우던 다른 독일 개들도 모두 보더콜리였다는 사실이 이 점을 뒷받침하는데, 애초에 존과 체이서가 오랫동안 진행한 실험에 영감을 준 개도 그중 하나이다.

언뜻 보기에 이러한 결론은 체이서의 품종이 유전적으로 뛰어난 지능을 물려받는다는 증거처럼 보인다. 그러나 보더콜리는 또 다른 자질, 즉 임무 수행에 남다른 열의를 보인다는 점에서도 예외적이다. 존은 3년간 하루 세 시간 정도 체이서를 훈련해서 인간의 언어를 매우 잘 이해하도록 이끌었다.[9] 체이서의 성공 비결에는 여러 요소가 있겠지만, 체이서가 장난감을 찾는 일을 엄청난 보상으로 여겼다는 것도 그중 하나이다. 각각의 장난감을 찾는 행위가 자연스럽게 강화되었기 때문에, 체이서는 존과 함께 언어를 배우는 일에 강한 동기를 부여받았다. 개는 보통 음식을 훈련 보상으로 받지만 개에게 줄 수 있는 간식의 양에는 한계가 있다. 음식으로 보상받는 개는 하루에 몇 시간씩 계속해서 훈련할 수 없다. 배만 부른 게 아니라 빠르게 과체중이 될 수 있기 때문이다. 그러나 움직이는 물체를 쫓을 기회에 동기를 부여받는 체이서 같은 개는 매일 훨씬 오랜 시간 훈련받을 수 있다. 보더콜리와 함께 일하는 사람들은 이것이 개의 복지에 특히 더 주의를 기울여야 한다는 의미임을 안다. 조심하지 않으면 그 개들은 부상을 간과하면서까지 자신을 혹사할 것이다. 바로 그 무한한 에너지와 광신적인 열정이 보더콜리를 이러한 프로젝트의 이상적인 실험 대상으로 만들어준다. 보더콜리만큼 훈련에 열의를 보이는 품종의 개는 그리 많지 않다.

게다가 체이서의 훈련 기술도 (확실히 인상적이기는 하지만) 다소 단순했고, 이 훈련의 성공이 갯과 동물의 지능보다는 존 필리의 뛰어난 훈련에서 더 큰 영향을 받았음은 두말할 필요도 없을 것이다. 시간이 지날수록 그 훈련은 점점 더 매끄럽고 쉽게 진행되어서 마치 부모가 아이에게 생소한 사물의 이름을 알려주듯이 존이 새 장난감의 이름을 체이서에게 그냥 설명하는 것처럼 보였을 수도 있다. 그러나 그들이 했던 놀이에는 중요한 면에서 다른 훈련과 사뭇 다른 원칙이 있다.

다음 시나리오를 보자. 존이 새로운 물건을 가지고 있다. 존은 그 물건을 던지거나(체이서는 그것을 쫓아가서 다시 집어올 기회를 얻는다), 터깅으로 놀아줌으로써 그 대상이 체이서에게 엄청난 보상품이 되게 할 수 있다. 체이서는 뭔가를 쫓아가는 것만큼이나 이 게임도 좋아한다. 존은 "자, 체이서, 가서 씽어마직 물어와" 같은 말을 한다. (여기서 씽어마직은 그가 체이서에게 가르쳐줄 새로운 장난감의 이름이다.) 그리고 나서 존은 씽어마직을 아주 멀리 던진다. 무언가를 쫓아가서 보호자에게 다시 가져다주는, 매우 보람 있는 일을 할 기회에 체이서가 신이 나서 쏜살같이 달려가 씽어마직을 물어 존에게 가져다준다. 그런 다음 존은 다음과 같이 말한다. "이제 팝팝한테 씽어마직을 줘."(팝팝은 그가 체이서와 대화할 때 자신을 가리키는 이름이다.) 그러면 체이서는 장난감 쫓기를 좋아하는 개들이 달려가서 가져온 소중한 물건을 포기해야 할 때 으레 보여주는 그 유쾌한 양가적 상태를 맞이한다. 존에게 장난감을 넘겨주고 다시 쫓을 수 있는 또 한 번의 기회라는 마법 같은 보상을 받아야 할까, 아니면 그냥 쥐고 있어야 할까? 어쨌거나 그건 체이서가 받은 상이고 가지고 있고 싶다. (과거의 경험을 통해 체이서는 첫 번째 옵션에는 약간의 위험이 있음을 알고 있다. 즉 팝팝이 장난감을 치워버려서 추격 게임이 끝나버릴 위험 말이다.) 그래서 존은 계속해서 체이서를 구슬린다. "팝팝한테 씽어마직 줘야지." 체이서가 그것을 넘길 때까지 계속해서 달랜다. 그래서 넘겨받으면 그것을 다시 던져준다. "어서 가,

체이서. 가서 씽어마직 물어와." 그리고 같은 일이 반복된다.

이처럼 놀이에 오직 하나의 물체만 사용하는 상황에서 보통 개는 인간이 이 물체를 언급하는 데 사용하는 고유한 음성 라벨에 별로 주의를 기울이지 않을 것이다. 그러나 내가 그들을 만났을 때 체이서는 3년 넘게 존과 이 게임을 해왔고, 존은 체이서가 회수 해올 이름이 붙은 물체를 다양하게 제공함으로써 놀이에 복잡성을 더했다. 그는 체이서가 올바른 물건, 즉 그가 지명한 대상을 물어 올 때만 그것을 다시 쫓아갈 기회를 주었다. 체이서는 존과 함께하는 이 물어오기 게임을 족히 수백만 번쯤 했다. 그러는 동안 무언가를 쫓아가서 다시 가져올 수 있는 값진 기회를 줄, 새로운 단어의 중요한 특징이 이 매우 주의 깊은 개의 뇌리에 박혔던 것이다.

공놀이처럼 뭔가를 쫓아가는 놀이를 유난히 좋아하는 개를 키우고 여가 시간이 많은 독자라면 이 훈련 패턴을 모방해서 자신이 키우는 개의 어휘가 어디까지 확장될지 확인해볼 수 있을 것이다. 안타깝게도 우리 제포스는 누군가가 장난감을 되찾기 위해 뒤쫓지 않는 한은 장난감을 쫓는 데 관심이 없다. 그리고 나는 제포스에게 쓸만한 단어 하나를 가르치겠다고 하루에 세 시간씩 뒷마당에서 녀석을 쫓아다니며 애쓸 만큼 운동에 열정적이지도 않다.

그렇다면 체이스의 훈련은 무엇을 정말로 증명해 보이는 걸까? 그 훈련은 체이스가 "씽어마직" 같은 소리를 해당 물체와 연관시킬 수 있다는 것과, 체이서가 존에게 그 물건을 가져다주면 보상을 받으리라는 것을 알고 있다는 사실도 보여준다. 이런 식의 상황 연결은 지적인 행동의 가장 기본적인 구성 요소 중 하나로 이해되며, 지금까지 우리가 실험했던 모든 동물 종이 그런 식의 지적 행동을 보여주었다. 사실 그것이 바로 러시아의 위대한 과학자 이반 페트로비치 파블로프Ivan Petrovich Pavlov가 120년 전에 개를 실험 대상으로 삼아 발견했던 파블로프의 조건 반사이다.

체이서를 탁월한 존재로 만드는 것은 고유한 물체와 고유한 소리를 연결하는, 그것도 엄청나게 많이 연결할 수 있는 능력이다. 체이서에게 더 많은 어휘를 추가하는 일은 녀석의 장기 기억력의 용량을 증명해 보이지만 체이서가 하는 일에 진짜 지적으로 복잡한 특성을 더해주지는 않는다. 체이서의 방대한 어휘는 체이서를 훈련하는 존의 인내심과 매시간, 매일, 매해 그 훈련을 계속해 나가겠다는 체이서의 의지를 보여주는 증거일 뿐이다.

이것은 체이서의 업적을 평가 절하 하려는 게 아니다. 단지 전체 맥락을 설명하는 것이다. 광범위한 동물 종이 연관성을 형성할 줄 안다는 사실이 드러났고, 어떤 동물은 지시하는 몸짓을 간식과 연관시키는 것은 물론, 특정 소리를 특정 물체와 연관시키고 그보다 훨씬 더 주목할 만한 인지 능력도 수행하는 것으로 밝혀졌다. 비둘기는 어떤 그림이 의자, 꽃, 자동차 또는 사람을 묘사하는지 식별할 수 있다. 돌고래는 문법을 이해하는 능력을 증명해 보였다. 꿀벌은 먹이 사냥에서 발견한 음식 공급원의 거리, 방향, 질을 벌집 동료들과 자발적으로 의사소통한다. 내가 아는 한 개는 이러한 능력 중 어떤 것도 증명해내지 못했다.

게다가 많은 다른 동물이 훈련을 통해 인간의 행동과 그 결과를 관련짓게끔 배울 수 있는데, 그렇게 함으로써 인간의 행동 속에서 의도를 읽어내는 것처럼 보이기도 한다. 이에 해당하는, 내가 개인적으로 가장 좋아하는 사례이자 가장 놀라운 예는 박쥐에 게서 도출해낸 것이다. 내 제자인 네이선 홀Nathan Hall(현재는 텍사스 공대 교수이다)은 모니크 우델과 내가 수행했던, 개가 어떻게 인간 의 몸짓 지시를 따르는지 보여주려는 실험을 재현했지만 그 대상 은 개가 아니라 플로리다의 보호 구역에 사는 박쥐였다. 그 절차 는 우리가 개와 늑대 실험에서 사용했던 것과 대체로 같았다. 중 요한 차이점이라면, 박쥐는 땅 위를 걷는 대신 보호 구역 울타리 안쪽의 천장을 형성한 육각형 철조망을 가로질러 날아갔다는 것 이다. 결과적으로 네이선은 용기를 땅에 놓아두지 못하고 천장에 와이어로 매달아 놓은 뒤 손으로 가리켜야 했다. 이 실험은 특히 동물이 인간의 몸짓을 따를 수 있는 게 유전적으로 물려받은(계통 발생론) 능력인지, 또는 삶의 경험(개체 발생론) 덕분인지 이해하는 데 유용했다. 실험에 투입된 박쥐의 절반은 동물원에서 태어나 박 쥐 어미에게 키워졌고, 나머지 절반은 사람의 손에 키워지다가 보 호소에 유기되었기 때문이다. (가축화되지 않은 대부분 동물 종처럼, 박 쥐도 형편없는 애완동물이 될 수밖에 없고, 그러면 머지않아 그들의 주인은 박쥐의 똥을 치우는 데 진절머리가 나서 그들을 유기해버리고 만다.) 이 실 험에서 네이선은 인간의 지시 몸짓을 따르는 것은 어미가 양육한 박쥐가 아닌, 인간이 사육했던 박쥐라는 사실을 알게 되었고, 따 라서 인간 팔다리의 움직임이 그들에게 중요한 의미를 지니고 있 음을 인식했다. 이것은 모니크와 내가 발전시킨 이론을 강력하게 뒷받침해주는 발견이었다.

　네이선이나 존과 같은 과학자가 수행한 실험을 분석하는 동시 에, 우리 자신의 연구도 계속 진행하는 과정에서, 나와 내 동료들은 점차 헤어가 "개의 천재성"이라고 불렀던 것이 사실상 새끼 때부터 인간의 손에 길러지기만 했다면 어떤 동물에서도 찾아낼 수 있는 특징임을 깨달았다. 그러니 인간의 의도를 따르는 능력은 가축화 과정에서 생겨난 유전적 변화에 기인하는 것일 수 없다. 그때 이후로 우리는 늑대뿐 아니라 가축화되지 않은 다른 많은 동물에서도 이 능력을 관찰할 수 있었다. 따라서 이제 우리는 이 능력이 인간의 손에 길러지고 일상적인 필요에 따라 인간에 의존하는 모든 동물에게서 발달할 수 있다고 확신한다.

공정하게 말해서, 인간이 하는 일과 그들에게 중요한 결과 사이의 관련성을 감지하는 개의 능력은 너무도 미묘해서 가끔은 개가 우리의 마음을 읽을 수 있는 것처럼 보이기도 한다. 어느 날 내가 한 지역 사회 단체에서 강연을 마치고 나오니 노신사 한 명이 내게 다가왔다. "박사님도 관심 있어 할 것 같아서요." 그가 말했다. "내 강아지가 심령술사예요." 조금 조심스럽기는 했지만, 물론 나는 관심이 갔다. 노신사가 자신의 개가 초자연적인 힘을 가졌다고 생각하게 된 이유를 알아봤더니, 그가 신발을 신거나 목줄로 손을 뻗기도 전에, 의자에서 일어나기만 해도 꼬마 웨스티가 산책 계획을 알아차리기 때문이었다. 그날 내가 그 개를 시험해볼 기회를 얻지 못했기에 노인의 웨스티가 정말로 초능력을 가지고 있을 가능성이 아주 조금은 남아 있다고 해도 무방하겠지만, 내 생각에 그 개는 우리 제포스와 마찬가지로 노인이 다른 일을 하기 위해 의자에서 일어날 때는 그의 몸을 다른 방식으로 움직인다는 사실을 알아차렸을 가능성이 더 큰 것 같다. 제포스도 내가 집에서 책상 의자에 앉아 있다가 일어설 때면 커피를 한 잔 내려 마시려고 일어서는 것인지 자기를 데리고 동네를 한 바퀴 산책하려는 것인지 아는 것 같기 때문이다. 물론 나는 내가 그런다는 것을 알아차리지 못하지만 몸을 움직이는 방식, 제포스를 바라보는지 아닌지 등을 통해서 내가 제포스에게 의도를 전달할 것이라고 확신한다.

폭탄, 마약, 암, 또는 실종된 사람들 등 우리가 찾지 못하는 것을 종종 탐지해내는 기이한 능력을 갖춘 탐지견들도 연관 학습 메커니즘을 통해 놀라운 위업을 달성한다. 중요한 냄새를 알아차렸을 때 앉거나 짖거나 혹은 둘 다 하는 등의 특정 행동을 하면 공을 쫓거나 터깅 장난감을 잡아당기거나 약간의 간식을 먹을 기회가 생긴다는 사실을 훈련사는 개에게 여러 달 동안의 힘든 노력과 참을성 있는 훈련으로 가르친다.

보호자의 다음 행동을 미리 짐작하는 듯한 웨스티이든, 수백 개의 물건 중 하나를 명령에 따라 집어올 수 있는 체이서이든, 아니면 이름조차도 모르지만, 우리를 안전하게 지키기 위해 매일 수고를 마다치 않는 수많은 탐지견이든 간에, 엄청나게 놀라운 일을 해낼 수 있는 개의 사례는 절대로 부족한 법이 없다. 그러나 나는 이것이 개가 예외적인 지능을 가졌음을 보여주는 증거라고 생각지는 않는다. 체이서는 근면한 성격과 존 필리와의 끈끈한 유대 관계로 유명하다. 웨스티가 자신의 마음을 읽었다고 생각하는 노신사 역시 자신의 개와 강한 정서적 유대 속에 살고 있으리라고 나는 확신한다. 개가 지적으로 뛰어난 위업을 달성하게 해주는 요소는 대개 개와 보호자의 관계와 보호자에게 지시받으려 하는 개의 의지와 열정이다. 이것은 결코 고유한 지능이라 할 수 없다. 다른 동물도 훈련을 통해 비슷한 일을 하게끔 동기를 부여할 수 있기 때문이다. 어떤 경우에는 훨씬 더 놀라운 일도 하게 할 수 있다. 물론 그들을 훈련할 인내심만 갖추고 있다면 말이다.

개에게 일종의 천재성이 있다고 했을 때 브라이언 헤어는 확실히 뭔가 대단한 것을 찾아내길 기대하고 있었다. 따뜻한 인간 가정에서 반려견의 삶을 살아가는 개는 인간에게 의존함으로써 언제든 필요한 모든 것을 얻을 수 있다. 음식, 물, 피난처, 그리고 혼날 위험 없이 욕실에 볼일 볼 기회까지. 따라서 인간 행동에 함축된 의미에 세심하고 유쾌한 태도로 민감해질 수 있다. 너무도 당연한 일이다. 우리는 매일 일상에서 이런 장면들을 본다. 가끔 우리 개는 우리가 커피를 마시려고 자리에서 일어나는지 함께 동네 한 바퀴를 산책하기 위해 일어나는지 알고 있는 것처럼 행동하는데, 그럴 때면 마치 개가 마음을 읽어내는 것처럼 보인다. 아니, 분명 개는 우리의 마음을 읽어내고 그런 개의 태도는 함께하는 우리(개와 인간)의 삶을 매우 성공적이고 만족스럽게 만드는 핵심 요소이다.

그러나 나와 제자들이 함께 수행한 연구에 따르면 개는 우리와 함께 살기 때문에 우리가 하는 행동의 의미를 배운다. 사람을 이해할 수 있는 어떤 타고난 예외적인 "천재성" 때문이 아니다. 우리가 움직이고 행동하는 방식이 다음에는 무슨 일을 할지 예측할 수 있게 해주기에 개가 우리 행동의 의미를 파악하는 법을 배우는 것이다. 개는 그런 능력을 타고나지 않는다. 사실 보호소에 사는 개들도 빠르게 배울 수는 있지만 그렇게 하지 않을 뿐이다. 게다가 다른 동물도 그것을 배울 수 있다. 인간의 의도를 따를 수 있는 동물 종의 목록에는 말과 염소 같은 가축화된 다른 종뿐 아니라, 돌고래처럼 가축의 대상이 되어본 적이 없는 동물도 포함된다. 나는 최근에 많은 다마사슴*을 직접 길러온 스웨덴의 몇몇 연구원과 의견을 주고받았다. 내가 어떤 문제에 관심을 두고 있는지 아는 그들은 다마사슴도 인간의 몸짓 지시를 따른다는 사실을 내게 말해줄 수 있어서 무척 기뻐했다.

이 모든 사실을 고려할 때 인간과 함께 사는 개에게서 보이는 특징은 뭔가 대단한 영리함이 아니라 인간과 개가 맺은 경이로운 유대감의 결과임이 분명하다. 그 유대감이 강할수록 개와 보호자가 매우 밀접하게 협력할 수 있다. 그리하여 매우 인내심이 강한 사람과 동기가 분명한 몇몇 개의 경우에는 완전히 놀라운 업적을 수행해낼 수 있는 것이다.

그러나 애당초 개와 인간 사이를 엮는 그 경이로운 유대의 원천은 무엇일까? 사실상 나는 울프 파크와 지역 동물 보호소에서 수행했던 연구 이후로 개들이 특출난 지능을 가지고 있다는 사실을 더는 확신하지 못했다. 그렇지만 개에게는 뭔가 특별한 것이 있다는 느낌만은 떨쳐버릴 수가 없었다. 만약 그게 지능이 아니라면 무엇일까?

나는 지금까지 수행해온 연구로 이 질문에 대한 답이 무척이나 중요하다고 확신하게 되었다. 개에게는 물론이고 그들을 연구하고 보살피는 인간들에게도.

동물 보호소라는 세상 속으로 향해간 우리의 첫 여정은 사회에서 유기견들의 처우에 특별한 관심이 있어서 추진했던 것이 아

---

* 유럽에 서식하는 작은 사슴이다. −옮긴이

니었다. 고백하건대 그때까지 나는 누군가의 반려동물이 아닌 개의 삶에는 상당히 무지했고, 인간의 의도를 따르는 개의 능력이 어디에서 비롯되는지 그 기원을 좀 더 잘 이해하고픈 지적 호기심을 따라 보호소를 찾아갔을 뿐이었다. 그러나 보호소에서 연구 작업을 수행한 후에는 그런 식의 냉담한 접근 방식을 더는 유지할 수가 없었다.

보호소 개들의 비참한 삶이 나를 당황시켰다. 나는 개들이 아주 짧은 기간, 예를 들어, 몇 달 정도 머물다 가는 곳으로 고안된 시설에서 수백만 마리의 개들이 늙고 병들어간다는 사실을 깨닫지 못했었다. 그들은 인간과 최소한의 상호 작용만 하면서 콘크리트 바닥에서 하루하루를 살아가고 있으며, 공을 쫓는 단순한 놀이나 다른 놀이를 할 소중한 시간도 거의 누리지 못한다. 어떤 개들은 끊임없이 짖어대는 다른 개들의 소리에 말 그대로 거의 귀가 먹을 지경이고, 불편한 환경 탓에 만성적인 수면 부족을 겪는다. 그들이 겪는 고통은 그뿐만이 아니다. 내가 가장 잘 아는 두 개의 미국 주, 플로리다와 애리조나의 여름은 둘 다 극도로 불편하다. 플로리다는 아열대성 무더위가 기승을 부리고 애리조나는 찜통 같은 사막 기후이다. 그러나 이 두 개 주에 있는 대부분 보호소는 여름철 무더위에도 에어컨을 가동하지 않고, 겨울철 난방도 매우 제한적이다.

개의 인지 능력에 관한 우리의 조사는 아직 초기 단계에 있었다. 하지만 우리는 이미 개의 마음에 관한 중요한 통찰을 얻었다. 확신하건대 개들의 삶을 개선하고 심지어는 그들을 구할 수 있는 잠재력을 가진 통찰이었다. 예를 들어 우리는 보호소에 있는 개들이 자발적으로 인간의 몸짓에 반응하지는 않지만 그렇게 하도록 빠르게 가르칠 수 있음을 증명해 보여줄 수 있었다. 만약 다음 번에 당신이 유기 동물 보호소에서 개를 입양한다면(진심으로 추천하는 바이다), 그 개가 당신을 이해하도록 일부러 훈련해야 할지 걱정하지 않아도 된다. 다양하고 복잡한 방식으로 개와 상호 작용을 하는 평범한 일상이, 개가 몸짓이든 언어든 간에 인간 행동의 의미를 알아차리게끔 충분한 경험을 제공하기 때문이다. 평범하고 일상적인 삶을 살아가는 개는 아마도 우리가 보호소에서 명시적인 방법으로 훈련한 개처럼 빨리 배우지는 못할 것이다. 새로운 가정에 입양된 개는 첫 몇 주 동안은 침대와 소파에 뛰어오르는 게 괜찮은 행동인지, 식탁 주위에서 고양이를 쫓아다니는 건 왜 안 되는지, 그 밖의 이런저런 상황에 관해 배울 텐데, 몸짓 지시를 따르는 것 또한 그에 포함될 것이다.

유기 동물 보호소로의 첫 진출을 통해 나는 우리의 연구 활동이 어떤 좋은 일을 할 수 있는지 맛보았다. 하지만 개의 인지 능력 연구의 중심에 나 있는 커다란 빈틈 또한 인식할 수 있었다. 나는 개에 관한 정보뿐 아니라 개들이 특정 행동을 하게끔 하는 이유를 알려줄 질 좋은 정보가 절실했다. 첫 번째 유기 동물 보호소 연구 이후 나는 무엇이 개를 특별하게 만드는지 이해하고, 그 특별함이 인간이 개를 돌보는 방식에 어떤 의미가 있을지 결정하는 일을 내 사명으로 삼기로 했다. 나는 벤지와 제포스뿐 아니라, 내 삶을 풍요롭게 해준 다른 모든 개에게 빚을 지고 있다. 따라서 개를 특별하게 만드는 것이 무엇인지 알아내 그 정보를 이용해서 그들의 삶을 풍요롭게 해야 할 책임이 있다.

제2장

무엇이 개를 특별하게 할까?

제포스가 내 삶에 들어왔을 때 나는 이미 개라는 동물이 지능 때문에 특별하다는 일반적인 이론에서 빈틈을 보고 있었다. 그리고 제포스는 빠르게 그 빈틈을 커다란 구멍으로 키웠다.

제포스를 집에 데려오자마자 나는 녀석에게 완전히 푹 빠져버렸다. 하지만 앞서 미리 암시했듯이 이 사랑스러운 작은 잡종견은 그다지 영리하지는 않았다. 예를 들어 계단만 해도 제포스에게는 상당히 어려운 도전이었다. 제포스가 우리와 함께 살았던 첫 번째 집에는 2층이 있었는데, 이 보호소 출신의 꼬꼬마 강아지에게 그곳은 꽤 신기한 장소였다. 처음에 녀석은 나를 따라 머뭇거리며 계단을 올라갔지만, 내가 다시 아래로 내려가자 계단 꼭대기에 못 박혀서 낑낑거리기만 했다. 그러다가 가까스로 내려갈 용기를 그러모았지만 처음에는 잘되지 않았고, 결국에는 마지막 몇 계단을 남겨두고 굴러떨어지고 말았다. 물론 다친 곳은 없었고, 제포스는 차츰 이 이상하게 생긴 인공 구조물의 용도를 깨달았다.

우리가 제포스를 입양한 다음 해인 2013년 나는 애리조나 주립대학교의 개 과학 합동 연구소에서 연구를 시작하기 위해 플로리다에서 애리조나로 이사했다. 이 연구소는 행동 과학 도구를 사용해 개를 더 잘 이해하고, 개들의 삶은 물론이고 그들과 함께 사는 사람들의 삶을 개선하는 데 전념한다. 로스와 샘과 나는 템피에 있는 주택으로 이사했고 제포스도 그 집을 좋아하리라고 생각했다. 집에는 계단이 없었고 심지어는 개들이 드나드는 작은 쪽문도 있어서 제포스는 밖에 나가고 싶을 때마다 매번 우리의 허락을 받지 않아도 되었다. 그러나 제포스가 그 문의 작동법을 알아내는 데는 거의 몇 주가 걸렸다. 심지어 내가 그것을 열어서 밖에 간식을 놓아두고 제포스를 들어 올려 쪽문 바깥의 세상을 보여주면서 문이 어떻게 작동하는지 설명을 시도하기도 했지만 쉽지 않았다. 제포스는 그것을 빠르게 활용하지 못했다.

목줄도 녀석에게는 골칫거리였다. 제포스의 이전 가족은 녀석에게 목줄을 채워 산책을 다니지 않았던 것 같다. 목줄만 채웠다 하면 늘 끈이 발에 걸려 걷지 못했기 때문이다. 산책하며 마주치는 모든 것이 제포스에게는 신기하고 매력적으로 다가갔기에 녀석은 주위를 이리저리 정신없이 오갔고, 당연히 내 다리에도 늘 끈이 뒤엉켰다. 또한 걸어가다가 가로등과 마주치면 제포스는 늘 내가 가는 쪽이 아닌 반대편으로 가로등을 돌아갔는데, 그럴 때면 녀석은 왜 우리 둘 다 앞으로 나아갈 수가 없는지 이해하지 못하는 듯했다. 우리가 동네를 천천히 돌아다니며 주변을 익히기까지는 거의 두 달이 걸렸다.

제포스는 딱히 기민한 강아지 같지는 않았지만 놀라울 정도로 정이 많았고 지금도 여전히 그렇다. 보호소에서 처음 우리와 만났을 때부터 제포스의 성격은 명백히 다정다감해 보였고, 집으로 데려오자마자 녀석은 만나는 거의 모든 사람에게(단 수염 기른 남자는 유일한 예외였는데, 그런 사람을 만나면 곁으로 다가가길 주저하며 위축되곤 했다) 아낌없이 애정을 표현했다.

게다가 우리가 자신에게 특별한 존재라는 사실을 우리에게 이해시키려는 노력을 어찌나 빨리 시작했던지 그 모습을 보며 놀라지 않을 수가 없었다. 제포스는 가족 중 누구와도 몇 발자국 이상 떨어져 있으려 하지 않았다. 퇴근 시간이면 문 앞에서 우리를 맞이하는 환영식을 단 한 번도 놓친 적이 없었고, 우리가 쉬고 있을 때면 발치나 소파, 침대에서 우리 옆에 누워 있는 것을 세상 그 무엇보다도 좋아했다. 운 좋게도 제포스가 다른 수백만 마리의 개들과는 달리 집에 혼자 남겨져도 분리 불안 증세를 겪지 않고, 우리가 집에 돌아왔을 때는 한도 끝도 없는 기쁨을 느낀다는 사실도 알게 되었다. 우리가 단지 몇 시간만 외출하고 돌아와도 제포스는 엄청나게 호들갑을 떨어대며 반가워했다. 드물기는 하지만 가끔 우리는 제포스와 몇 주 동안 떨어져 있어야 하는 상황에 부닥치곤 했는데, 여행을 마치고 돌아오면 제포스는 너무도 심하게 짖고 울어대서 고통스러워 보일 지경이었다. 그런 식으로 고통스럽게 안도감을 표출하는 모습을 바라볼 때면 오랫동안 떠나 있어야 했다는 사실에 끔찍한 기분을 느낄 수밖에 없었다.

비록 개의 지능에는 뭔가 주목할 만한 특이점이 없다고 할지라도, 나는 개 자체에는 뭔가 특별한 점이 있다고 내내 확신했다. 그리고 내가 그 특별함이 무엇인지 알아내는 데는 제포스가 지대한 공헌을 했다. 나는 온종일 사무실에 들어앉아서 개의 행동에 관한 과학 논문을 읽고 쓰고, 개에게는 독특한 인지 능력이 있다고 주장하는 과학 문헌에서 허점을 찾아내려 애쓸 수도 있었다. 하지만 내가 퇴근 후에 집으로 돌아가면 제포스는 나를 다시 보아서 얼마나 기쁜지 알려주기 위해 거의 광적으로 감정을 드러내곤 했다. 녀석이 내 얼굴을 핥아대기 위해 펄쩍펄쩍 뛰어오를 때면 문 안에 발도 들여놓기 힘들 지경이었다. 가끔 제포스는 내 안경을 쳐서 한두 번씩 바닥에 떨어트리기까지 했다. 그런 녀석의 모습을 보고 있자면 이 동물에게는 다른 모든 생명체와 구분되는 특별한 무언가가 있다는 사실을 인식하지 못하는 것이 더 불가능하게 느껴졌다.

그것에 관해 생각하면 할수록 그 특별한 무언가가 지능이 아니라 감정에 있다는 게 더 확실해지는 듯했다. 비둘기에서부터 쥐, 유대류, 늑대에 이르기까지 내가 연구를 수행했거나 함께 시간을 보냈던 다른 모든 동물과 제포스의 차이는 녀석이 주변 사람과 나누는 뛰어난 정서적 유대감에 있었다. 우리의 존재가 제포스에게 일깨워주는 듯한 애정과 흥분, 그리고 우리와 함께할 수 없을 때 제포스가 느끼는 고통은 분명 인간 동료를 대하는 데 있어 결정적이고 특징적인 태도였다.

비록 제포스가 오랫동안 삶의 일부였던 것은 아니지만 나는 제포스의 존재로 기존에 품고 있던 행동 과학자로서의 기본적인 신념에 의문을 갖게 되었다. 제포스의 행동을 보고 있자면 나는 인간에 대한 강렬한 감정적 애착이 행동의 원동력이라고 생각할 수밖에 없었다. 그러나 세간의 통념과 행동주의*에 근거한 과학적

---

* 모든 행위는 외부 조건에 적응하는 과정에서 학습되며 생각이나 감정은 그 과정에 영향을 주지 않는다고 보는 이론이다. – 옮긴이

배경과 훈련에 따르면 그것이 사실일 리 없었다.

행동주의는 과학의 기반 원리 중 하나인 심리학의 응용에 지나지 않는다. 절약의 법칙*, 또는 오컴의 면도날** 등으로 다양하게 알려진 이 시금석은 14세기 영국의 철학자인 오컴의 윌리엄William of Ockham으로까지 거슬러 올라간다. 언젠가 나는 추상적인 원리를 좀 더 구체화하기 위해 수업 시간에 학생들에게 보여줄 면도날을 하나 살 수 있기를 기대하며 런던 남서쪽에 있는 오컴(과거 표기는 Occam이나, 현재는 Ockham으로 적는다) 마을을 방문한 적이 있었다. 안타깝게도 그 마을에는 있는 게 별로 없어서 면도날을 살 만한 곳도 없었다. 하지만 다행히도 훌륭한 펍이 있어서 정말 근사한 점심을 먹을 수 있었다. 어쨌든 오컴의 면도날은 물리적인 물체가 아니라 하나의 원칙이다. 그 원칙에 따르면 어떤 현상에 관한 가장 간단한 설명이 불필요한 추가 내용으로 채워진 설명보다 우선되어야 한다. 이런 생각은 천문학에서 동물학까지 이르는 광범위한 과학 분야에서 지난 6세기 동안 엄청난 가치를 입증해온 중요한 발견적 도구***이다.

나는 행동주의자로서 겉으로 드러나는 제포스의 애정 어린 행동에 대한 가장 간단하면서도 인색할 만큼 단순한 설명을 찾아내기로 마음먹었다. 솔직히 그때까지도 나는 동물의 심리를 설명할 때 굳이 끼워 넣지 않아도 설명에 전혀 지장이 없는 내용을 추가

---

* 사물을 설명할 때 가능한 적은 가정을 설정해야 한다는 원칙이다. ─옮긴이
** 현상을 설명할 때 가장 단순한 가설로 시작하고 필요 이상의 가설은 지양해야 한다는 원칙이다. ─옮긴이
*** 복잡한 문제를 해결할 때 시행착오를 반복해 자기 발견적으로 해결하도록 돕는 방식을 의미한다. ─옮긴이

하고 싶지 않았기에, 감정에 관한 언급을 꺼리는 경향이 있었다. 물론 내가 대학에서 긴 하루를 보내고 집에 도착해 현관문 안쪽으로 들어서는 순간 나를 향해 달려드는 제포스의 모습을 보면, 녀석이 나를 봐서 행복해한다는 사실은 굳이 말로 하지 않아도 확실히 알 수 있었다. 그러나 내 안에 있는 인색한 과학자는 제포스의 그런 행동을 순수한 눈으로 바라보지 않았다. 그는 제포스가 이전에 이미 나의 도착과 연결해 형성해놓은 관련성, 예를 들어 내가 오면 산책도 하고 저녁도 먹을 수 있다는 식의 관련성을 떠올리고 행동하는 것으로 생각하는 편을 선호했다. 이 상황에서 감정처럼 지저분한 것을 개입시키면 내가 받아온 과학적 훈련의 깔끔한 방정식을 뒤엎고 오컴의 면도날이 주는 교훈을 어기게 될 터였다.

개의 심리를 이해하기 위해 감정을 고려하는 일에 회의적인 과학자는 나뿐만이 아니었다. 동물 행동에 관심이 있는 과학자치고 감정이 유용한 개념이라고 생각하는 이는 많지 않다. 예를 들어 인류학자 존 브래드쇼John Bradshaw와 개 인지과학자인 알렉산드라 호로비츠Alexandra Horowitz는 둘 다 죄책감 같은 복잡한 감정을 개에 투영하면 혼란만 불러일으키고 심지어 우리가 사랑하는 개들에 해를 끼칠 수도 있다고 주장한다. 한 가지 예를 들자면 사람들은 종종 죄책감을 느끼는 듯한 개를 야단치는데, 이유인즉슨 그 가여운 동물의 표정이 유죄를 인정하는 증거라고 인식하기 때문이다. 하지만 개의 뉘우치는 표정은 실제로는 화가 난 사람에 대한 불안감의 표현일 뿐 절대로 책임을 인정하는 것이 아니다. 죄지은 듯한 표정을 짓는 개는 자신이 뭔가 잘못을 저질렀다는 사실을 이해하지 못하기에 잘못했다고 야단치는 것은 무의미하고 잔인하기까지 한 행동이다.

신경과학자이자 심리학자인 리사 펠드먼 배럿Lisa Feldman Barrett
은 여기서 더 나아가 감정이라는 바로 그 개념과 다양한 감정을
범주화하기 위해 사용하는 단어들이 인간 고유의 언어에 뿌리를
둔 인간의 창조물이라고 주장한다. 따라서 의미론적 이해가 바탕
이 되어야 하는데, 개들에게는 불가능한 일이다. 우리 뇌는 매 순
간 우리 신체 내부의 물리적인 상태와 직접 부대껴서 겪은 체험
(신체 내부 상태를 특정한 단어로 설명하는 것을 듣는 경험도 여기에 포함된
다)에 근거해 감정을 구성한다.

배럿은 동물도 분노, 두려움, 행복, 슬픔 같은 기본적인 '느낌',
즉 긍정적이고 부정적인 정서 반응의 폭넓은 양식을 경험할 수 있
을지도 모른다는 점은 인정한다. 하지만 그녀는 동물이 언어적 범
주를 이해하지 못한다는 것은, 한마디로 동물이 이러한 구체적인
감정을 경험한다고 말할 수 없음을 의미한다고 지적한다.

이들 중 누구의 이론에 동의하든 간에 전문가들의 합의는 분
명해 보였다. 즉 동물의 감정은 과학적인 블랙박스, 다시 말해 우
리가 완전히 탐구할 수 없을지도 모르는 미지의 영역이다. 그러나
나는 한 가지 은밀한 의심을 키워가고 있었다. 제포스가 우리 종
과 강한 정서적 유대를 형성할 능력을 갖춘 감정적인 존재라는 사
실을 인정하지 않는 한, 제포스가 인간과 맺고 있는 관계뿐 아니
라 제포스 그 자체에 관한 그 어떤 사실도 말이 되지 않으리라는
것이었다. 내가 존재를 의심하고 있는, 정서적 유대를 형성할 수
있는 능력이란 동물계에서는 유례가 없는 것이었다.

개가 특별한 지능 형태를 가졌다는 다른 연구자들의 주장에

대해 너무도 공공연하게 회의적이었던 나는, 무엇이 개를 특별하게 만드는가에 관한 나만의 이론을 발전시켜 증명해야 한다는 엄청난 부담을 떠안았다는 사실을 너무도 잘 알고 있었다. 만약 내가 개에게는 인간과 정서적인 유대를 맺을 수 있는 특별한 능력이 있다고 주장한다면 보나 마나 엄청나게 혹독할 분석과 검증에 맞설 증거가 필요할 터였다. 어떤 과학자들은 내가 다른 과학자의 결론에 대해 그랬던 것처럼 내 견해에 회의적일 수도 있었다.

그래서 나는 내 가설을 뒷받침할 만한 자료를 찾기 시작했다. 알고 보니 멀리서 찾아볼 필요도 없었다.

현대의 행동주의자들은 동물의 감정에 관해 이야기하기를 피한다. 하지만 어떤 면에서는 행동주의의 창시자라고 볼 수 있는 한 유명한 러시아 과학자에게는 그런 거리낌이 없었다. 그는 개가 사람들과 강한 정서적 관계를 형성하는 것 같다는 사실을 알아차렸을 때 그에 관한 언급을 꺼리지 않고 되려 연구의 중심부에 가져갔다.

학창 시절 심리학 입문 수업에서 살아남은 사람이라면 누구라도 이반 페트로비치 파블로프라는 사람을 개가 음식을 기대할 때 입안에 침이 분비된다는 사실을 입증한 과학자로 알고 있을 것이다. (이에 대해 아일랜드 극작가 조지 버나드 쇼는 "어떤 경찰관도 개에 관해 그 정도는 말해줄 수 있다"[10]라고 반응했다.) 이러한 결과(학생들은 파블로프가 그의 개들에게 음식을 주기 전에 종을 울려서 결국 개들이 종소리를 들으면 침을 흘리게 하는 실험으로 이 현상을 증명했다고 배운다)는 고전적 조건화, 또는 파블로프의 조건화라고 알려진 것을 통해 얻었다.

기본적으로 동물이 중립 신호*와 중요한 결과를 통해 둘 사이의 연관성을 학습하게끔 하는 고전적 조건화는 체이서가 1,200개 장난감의 각기 다른 이름을 모두 외우도록 하는데 사용했던 방식이다. 그것은 개 훈련사의 도구함 속에서 가장 중요한 도구이며, 개가 인간과 형성하는 관계의 기본적인 구성 요소이기도 하다.

자주 회자되는 그 유명한 개-침 흘리기 실험에 관한 이야기 덕분에, 파블로프의 명성은 상당히 일차원적으로 굳어졌다. 하지만 파블로프 자신은 매우 복잡한 인물이었다. 사후 80년이 지나도록 우리는 그의 성격에 관해서는 전혀 아는 바가 없었다.[11] 하지만 최근 대니얼 토데스Daniel Todes의 훌륭한 전기가 그 위대한 과학자의 삶과 업적에 밝은 빛을 비춰주었다. 토데스가 밝혀낸 많은 사실로 한 세기 동안 형성된 파블로프에 관한 신화는 산산이 부서졌다. 예를 들어 토데스는 파블로프가 조건화 실험에서 종을 사용한 적이 없다는 사실을 밝혀냈다('종bell'은 버저를 의미하는 러시아어를 오역한 것이다). 또한 파블로프는 개들이 감정과 개성을 가진 개체라고 믿었으며, 각자의 특징을 포착해 개들에게 이름을 지어주었다는 사실도 설명한다.

개들에게도 감정이 있다는 파블로프의 인식이 그 유명한 실험의 형태에까지 영향을 미쳤다. 교과서들은 파블로프가 자신의 연구를 위해 상트페테르부르크에 특별히 설계한 실험실 건물을 가지고 있었다는 사실을 상당히 강조한다. 여전히 그곳에 서 있는 그 인상적인 건축물은 실험실 안의 개들을 외부 세계에서 격리해

---

* 어떠한 위해를 주거나 반응을 불러일으키지 않는, 나쁘지도 좋지도 않은 신호를 의미한다. ─옮긴이

교란을 방지하려 했던 파블로프의 노력 덕분에 '침묵의 탑'으로 알려져 있다. 사진들을 보면 파블로프의 개들은 특수 방음실 안에서 실험에 참여했고, 연구자들은 이중 유리로 막힌 옆방에 있었다. 그러나 실험실의의 차가운 환경은 파블로프와 개들 사이의 강한 정서적 유대감으로 완화되었다. 토데스에 따르면 파블로프는 이런 식으로 자신의 제자들이 개들과 가까이에서 일하기를 기대했지만, 그 위대한 사람 자신은 개들과 함께 그 방 안에 앉아 있곤했다고 한다. 그는 이 동물들이 편안하게 느끼려면 자신이 함께 있어야 한다는 사실을 알았다.

파블로프 역시도 그들이 필요했다. 1914년부터 1936년 파블로프가 사망할 때까지 그의 가장 중요한 공동 연구자는 마리아 카피토노브나 페트로바Maria Kapitonovna Petrova였다. 그녀는 원래 파블로프의 학생이었지만 세월이 흐르는 동안 파블로프의 조건화에 관한 다양한 연구에 긴밀히 관여하면서 가장 중요한 공동 연구자 중한 명이 되었으며, 그 실험은 파블로프의 명성을 확고히 해주었다. 비록 지금은 그녀의 중요성이 잊혔을지 몰라도, 그녀가 살아있던 동안에는 확실히 인식되었다. 파블로프가 은퇴한 1935년부터 그녀 자신이 66세의 나이로 은퇴할 때까지 페트로바는 파블로프가 설립한 연구소의 소장이었고, 1946년에는 스탈린 과학상을수상했다.

페트로바는 파블로프의 가장 중요한 과학적 추종자이자 연인이기도 했다. 두 사람은 개들을 각각 격리해놓은 공간에 함께 앉아서 과학이나 여타 다른 문제에 관해 서로 조용히 속삭이곤 했다. 때때로 개는 실험이 시작되기를 기다리다가 잠이 들어버렸고,

파블로프와 페트로바가 친밀하게 대화를 나누는 장소에 연구가 진행 중이라는 사실을 모르고 불쑥 발을 들인 학생은 한바탕 경을 치를 각오를 해야 했다.

타고난 생물학자였던 파블로프는 모든 행동을 반사 작용으로 설명했으며, 그래서 개들에게서(그리고 그 자신에게서) 관찰한 동반자의 필요성도 '사회적 반사 작용'이라고 불렀다. 파블로프와 함께 연구한 두 미국인 제자 중 한 명인 W. 호슬리 간트W. Horsley Gantt는 파블로프의 지시에 따라 이 현상을 연구했다. 그는 심장 박동수를 측정할 수 있도록 실험에 참여한 개의 가슴에 센서를 부착했다. 사람이 방에 들어가자, 개의 심박수는 불안한 상황을 예상하며 빨라졌지만, 들어간 사람이 머리를 쓰다듬어 주자 긴장을 풀었고 심박수도 다시 내려갔다.[12]

이런 결과는 대부분 잊혀서 파블로프의 연구를 거론할 때 거의 언급되지 않는다. 나는 무엇이 개를 특별하게 만드는지에 관한, 서서히 커져만 가는 내 아이디어를 증명할 증거를 사냥하기 시작한 직후에 이 사실을 알았다. 인간의 유무에 따라 확연히 달라지는 개들의 신체적 반응에 관한 파블로프의 발견은 어찌 보면 과학 기록으로서는 오래되었지만, 내가 관심을 두고 있고 계속 연구하기를 바라는 정서적 반응의 좋은 예시를 제공해주었다. 그래서 내 제자이자 현재는 버지니아공대 교수인 에리카 포이허바흐Erica Feuerbacher와 나는 사람의 존재가 개에 어떤 영향을 미치는지 보여준, 오랫동안 잊혔던 파블로프와 간트의 연구를 잇는 일련의 실험을 고안하기 시작했다. 우리는 소중한 인간 동반자와 함께하는 경험이 개에게 얼마나 중요한지 알고 싶었다. 어떤 의미에서 우리의 목표는 파블로프와 간트가 수십 년 전 그들의 연구를 통해 관찰했던, 인간의 존재 여부에 따라 달라지는 개의 정서적 반응 강도를 측정하는 것이었다.

우리는 파블로프와 간트보다 더 간단한 방법을 택하기로 했다. 개의 심박수 변화를 측정하는 대신 행동을 직접적으로 평가하기로 한 것이다. 우리는 개에게 선택권을 주었다. 인간 동료를 택할지, 아니면 그보다 더 이상적이지는 않을지라도 개의 입장에서는 똑같이 바람직하게 여겨질지도 모를 맛있는 음식을 선택할지 결정하게 했다. 초기 연구에서 우리는 개에게 아주 단순한 선택지를 제시했다. 주둥이로 사람의 손을 건드렸을 때, 약간의 간식을 받아먹을래, 아니면 다정하게 목덜미를 문질러주면서 "잘했어"라고 칭찬을 해줄까? 이 실험은 정말이지 간단했다. 개가 에리카의 오른손을 주둥이로 건드리면, 그녀는 왼손으로 개에게 작은 간식을 주거나 두 손으로 개의 목을 쓰다듬으며 "잘했어"라고 말해주었다. 어떤 실험에서는 에리카가 2분간 음식으로 포상하거나 2분 간 칭찬해주는 일을 번갈아 했고, 또 다른 실험에서는 한 사람은 간식을 주고 다른 한 사람은 목덜미를 쓰다듬어 주며 개가 두 사람 중 한 사람을 선택하게 했다.

우리는 보호소에 사는 개들로 실험을 시작했는데, 그들은 다정한 방문객을 자주 만나지 못하기 때문에 칭찬하고 목덜미를 쓰다듬어 주는 행위에 특히 감동할지도 모른다고 추측했다. 하지만 결과는 우리가 예상했던 대로 나오지 않았다. 그래서 이번에는 가족이 있는 반려견을 실험 대상으로 삼았고, 그 보호자들이 우리 대신 실험자의 역할을 해주었다. 우리는 정말로 그들을 아끼는 사람이 개들에게 상냥하게 말을 건넨다면 쓰다듬는 행위의 영향력이 훨씬 클지도 모른다고 생각했다. 하지만 우리는 같은 결과를 반복해서 얻고 또 얻었다.[13] 즉, 개들은 쓰다듬기나 칭찬보다 간식을 더 선호하는 듯 보였다. 보호소 개든 특별한 사람과 함께 집에서 사는 응석받이 반려견이든 간에 우리가 실험한 모든 개는 항상 인간의 관심보다는 간식을 선택했다.

돌이켜보면 우리가 처음에 그 실험을 제대로 했는지 확신할 수가 없다. 에리카와 나는 둘 다 개와 함께 있는 것을 너무나도 좋아하고 개들도 우리와 똑같이 느끼리라 확신했기 때문에, 이미 사람과 함께 사는 개에게 추가로 목을 문질러주는 것이 간식보다 더 가치 있게 느껴지지 않는다는 사실을 깨닫지 못했다. 사실 간식은 원한다고 해서 늘 얻을 수 있는 게 아니지 않은가.

그러나 시간이 지나며 우리 연구는 더욱 정교해졌다. 우리는 실험하는 동안 간식을 너무 자주 주지 않는다면, 그래서 개들이 맛있는 사료 몇 알을 받아먹기 위해 잠시 기다려야 한다면, 대신 목은 바로 문질러준다면, 개들의 선호도가 빠르게 변화한다는 사실을 발견했다. 이제 개들은 약간의 간격을 두고 느리게 간식을 주는 사람보다 칭찬을 해주면서 목을 쓰다듬는 사람과 점점 더 많은 시간을 보내기 시작했다. 이런 식으로 개들은 우리에게 사람의 칭찬이 실제로 그들에게 매우 소중하다는 사실을 보여주었다. 15초에 한 번씩 간식을 나눠준 사람과 즉시 목을 문지르며 칭찬을 해준 사람 중에서 선택을 해야 할 때, 개들은 느리게 간식을 주는 사람이 아니라 목을 문질러주는 사람 옆에 바짝 붙어 있었다.

이러한 결과에 대해 좀 더 생각해보자, 여러 가지 면에서 이 연구에 참여한 개들에게는 인간과 교류하는 즐거움은 이미 충족된 욕구였다는 사실이 분명해졌다. 목을 문질러주든 아니든 간에 사람은 항시 존재한다. 반면 간식은 배급된다. 간식은 봉지에 들어 있고, 실험의 특정 지점에서 한 번에 하나씩만 제공된다. 인간과의 교류를 즐기는 개에게 인간이라는 존재는 그저 가까이 있는 것만으로도 충분하고, 목을 문지르고 상냥한 말을 해주는 것은 그 상황에 별다른 영향을 끼치지 않을지도 모른다. 좀 더 의미 있는 실험은 (개가 지속해서 간식을 받아먹을 수 없었던 것처럼) 인간을 다른 곳으로 데려가서 개들이 인간과 음식으로부터 똑같이 멀어지게 한 뒤에, 마침내 그들에게 중요한 사람에게 접근할 수 있게 되었을 때 어떤 식으로 반응하는지 살펴보는 것일 터였다. 에리카와 나는 이 연구를 정확하게 수행할 방법을 찾기로 했다.

일단 실험의 올바른 구조를 파악하고 나자 설계는 그리 어렵지 않았다. 에리카는 개를 키우면서 낮에는 개를 떼어놓고 일을 나가야 하는 실험 참가자 몇 명을 구했다. 그런 사람을 찾기란 그리 어렵지 않았는데 어렵지 않았다는 점이 더 안타까웠다. 추가로 덧붙여진 기준은 단 하나였다. 각각의 참가자 집에는 차고가 있어야 하고, 차고에서 안쪽 문을 통해 집안으로 바로 들어갈 수 있어야 했다.

보호자들의 근무가 끝날 무렵, 그러니까 연구에 참여한 개들이 여러 시간 동안 홀로 집에 방치되어 있었던 뒤에 에리카는 이 외로운 동물이 보호자와 함께 사는 집의 차고에서 실험을 시작했다. 집 안으로 통하는 문 옆 바닥에 그녀는 표시를 두 개 해놓았다. 문에서 같은 거리였고 집에서 차고로 들어가는 출입구를 내다

보는 위치에서 같은 각도였다. 그런 다음 문손잡이에 밧줄을 연결하고 개가 볼 수 없는 곳에 몸을 숨긴 조교가 밧줄로 문을 열게 했다.

조교가 문을 열기 전에 에리카는 바닥에 표시해놓은 자리 한 곳에 맛있는 사료 한 그릇을 놓고, 표시해놓은 또 다른 자리에는 보호자가 서 있게 했다. 보호자는 일하느라 여덟 시간 동안 집을 비웠고 그 시간 동안 집안에는 먹을 것도 없었다. 그래서 개는 중요한 두 가지를 똑같이 박탈당했다.

이제 우리는 완벽하게 준비되었다. 조교가 문을 열어서 개가 보호자와 음식 그릇을 동시에 보면(둘 다 개의 위치에서 같은 거리에 있었고, 또한 개는 지난 여덟 시간 동안 둘 다에 접근할 수 없었다), 개는 자신에게 특별한 사람과 맛있는 음식 중에 무엇을 선택할까?

조교가 문을 열었다.

(보호자가 차를 몰고 들어오는 소리를 들은) 개는 문이 열리면 매번 예외 없이 정말 말 그대로 조교의 위에 있었다. 문 저편에 아무도 없다는 사실을 알아차린 순간 개의 얼굴에는 혼란스러운 표정이 스쳐 지나갔다. 그러나 순식간에 개는 보호자(여자든 남자든 간에)를 발견하고는 힘차게 달려나가서 꼬리를 세차게 흔들며 자세를 바짝 낮추고, 누구라도 예상할 수 있듯이, 얼굴을 핥기 위해 힘껏 뛰어올랐다. 대체로 개들은 홀로 하루를 보낸 끝에 친한 사람을 맞이하게 되었다는 사실에 매우 흥분했다.

실험이 이쯤 진행되었을 시점에는 우리의 가여운 강아지가 아직 사료가 담긴 그릇을 알아차리지 못했을 가능성이 크다. 순수하게 기술적인 관점에서만 보면 이 실험에는 결함이 있었다. 사람이 음식 그릇보다 훨씬 크기 때문이다. 그러나 보호자의 주위를 빙글빙글 도는 동안 개는 또 다른 보상이 있다는 사실을 꽤 빠르게 알아차렸다. 물론 처음에는 그 보상을 단지 흘낏 쳐다볼 뿐이었다. 보호자를 맞이하는 것에 비하면 음식은 별로 중요하지 않았기 때문이다. 그러다가 얼마 지나지 않아 개는 사실상 그릇을 향해 종종 걸어가서는 내용물을 쿵쿵거렸다. 하지만 다시 빠르게 자신의 인간에게로 돌아갔다. 보호자와 비교할 때 음식은 그다지 중요하지 않았기 때문이다.

매번 이 실험을 수행할 때마다 우리는 개에게 인간과 음식 중에서 하나를 선택하도록 2분의 시간을 주었다. 우리는 개들이 이 실험에 처음 노출되었을 때는 음식에 진짜 관심이 없었다는 사실을 알게 되었다.

물론 우리가 일주일 동안 매일 이 실험을 반복해가는 동안 개들은 점차 영리해져서 우리가 무엇을 하고 있는지 알게 되었고, 갈수록 사료를 더 많이 먹기 시작했다. 에리카는 바닥에 두 지점을 설정하고 한 곳에는 사료 그릇을 다른 한 곳에는 집에 돌아온 보호자가 위치하게 한 후 조교에게 문을 열라고 지시해서 개가 둘 중 하나를 선택하게 했다. 이때 개가 무작정 한 쪽 방향으로만 가는 일을 방지하고자 보호자와 그릇의 위치는 수시로 바뀌었다. 이렇게 며칠이 지나자 개들은 무슨 일이 일어날지 알아채기 시작했다. 개들은 계속해서 자신의 인간 가족을 먼저 맞이했지만, 잠시 음식 그릇으로 달려가서 씹어먹을 사료를 양 볼 가득 채워 넣은 채 다시 보호자에게 달려가서 계속 반갑게 맞이하는 행동 양식을 개발했다.

개가 인간 가족을 마중하는 동안 음식을 물어오는 행동 양식을 점진적으로 발달시켜 가기는 했지만, 그럼에도 이 실험은 중요한 인간과 상호 작용을 할 기회가 개들에게는 음식만큼이나 큰 보상이 될 수 있음을 분명히 보여준다. 실제로 둘 다 해야만 하는 상황에 맞닥뜨리면 대부분 개는 음식보다는 사람과 함께 있는 것을 선호한다. 물론 시간이 지나면 개들은 인간 가족과 함께 자리 잡고 앉아 먹이를 먹을 것이다. 그러면 안 될 이유는 무엇인가? 인간이 개에게 중요하지 않다는 의미가 아니라, 단지 개는 그 사람이 갑자기 떠나버릴 것이라고 생각하지 않을 뿐이다.

한 주 동안 진행된 이 실험에서 개들이 보여준 행동은 그들이 인간과 얼마나 끈끈한 유대를 맺고 있는지 알려주는 강력한 증거였다. 또한 이 실험을 통해 나는 제포스와의 관계를 새로운 관점에서 바라볼 계기를 얻었다. 당시만 해도 나는 직장에서 긴 하루를 보내고 집으로 돌아가면, 여전히 제포스가 진정으로 나를 보고 기뻐서 흥분하는 것인지 아니면 단순히 저녁을 먹게 되었다는 사실에 감격해서 그러는 것인지 확신하지 못하고 있었다. 제포스가 얼마나 여러 번 나를 격렬히 환영하며 맞이했는지와는 전혀 상관없는 감정이었다. 그런데 에리카가 차고 문 앞에서 진행했던 연구가 그 질문에 대한 깔끔한 답변을 내놓았다. 즉 제포스는 정말로 나를 보고 흥분했던 것이다. 적어도 녀석은 어떤 속셈이 있어서 그런 행동을 한 것은 아니었다.

하지만 제포스의 흥분을 불러일으킨 원인은 무엇이었을까? 에리카의 연구는 우아하기는 해도 단지 제포스가 내게 관심이 있다는 사실 그 하나만을 보여줄 뿐, 왜, 혹은 무엇 때문에 관심이 있는지 보여주는 것은 아니었다. 우리는 그 답을 얻고자 완전히 다른 실험을 해야 했다.

에리카의 연구는 개가 친밀한 인간에게 느끼는 유대감을 이해하고자 하는 욕구에서 시작되었지만, 그녀의 다음 연구는 전혀 예상하지 못했던 방식으로 그 사실을 증명해 보였다. 이번에 그녀는 반려견에게 두 사람 중 한 사람, 즉 보호자와 완전히 낯선 사람 중에서 한 명을 선택할 수 있게 했다. 만약 당신의 개가 당신과 낯선 사람 사이에서 한 명을 선택했다면 그 아이는 누구와 더 많은 시간을 보낼 것 같은가? 만약 당신이 "나"라고 대답했다면, 당신은 에리카가 발견한 사실에 놀랄 것이다. 에리카는 개들에게 정확히 이 선택지를 제시했는데, 개들이 친숙한 환경에서는 낯선 사람과 더 많은 시간을 보낸다는 결론을 얻었다.

이 결과는 꽤 놀라울 것이다. 당신의 개는 분명 거리에서 만나는 모르는 사람보다 당신을 더 중요하게 생각하지 않을까? 그러나 이것은 사실상 유아를 연구하는 심리학자들이 안전 기반 효과*라고 부르는 것으로, 아이가 부모나 주 양육자에 강한 애착을 보이는 징후와 매우 비슷한 것이다.

1960년대와 1970년대에 영아 심리학의 유명한 개척자인 메리 에인스워스Mary Ainsworth는 아이(일반적으로 2세 미만)와 주 양육자(보통 어머니) 사이의 유대 관계에 관한, 자연스럽지만 매우 유익한 실험을 개발했다. 에인스워스의 '낯선 상황' 절차의 목표는 아이

---

* 부모와 충분한 애착 관계가 형성된 아이들은 불안감이 줄어 놀이 활동이 증가하고 대담하게 주변 환경을 탐색할 수 있게 된다는 이론이다. - 옮긴이

가 약간 도전적인 상황에 놓이게 함으로써 아이와 엄마의 관계를 조사하는 것이었다.

이 실험을 위해 에인스워스는 엄마와 아이를 낯선 방에 함께 데리고 갔다. 처음에 아이는 엄마가 지켜보는 동안 자유롭게 방안을 탐색하며 다녔지만, 얼마 후 엄마는 갑자기 낯선 사람과 아이를 함께 남겨두고 방을 나가버렸다. 대부분의 아이는 익숙지 않은 장소에 낯선 사람과 함께 남겨진 상황을 굉장히 곤혹스럽게 받아들였다. 엄마는 잠시 후 돌아왔지만 곧 아이를 남겨두고 다시 나가버렸는데, 이번에는 낯선 사람도 데리고 가서 아이는 완전히 혼자가 되었다. 그런 다음 아까의 낯선 사람이 다시 방으로 돌아오고 나중에 마침내 엄마가 돌아오면서 실험이 끝이 났다.

에인스워스는 혼자 남겨졌다가 엄마와 다시 만났을 때 유아들의 반응이 각각의 엄마와 아이가 느끼는 유대감의 강도에 따라 달라진다는 사실을 발견했다. 에인스워스가 엄마와 '안정적인 애착 관계'를 형성했다고 정의한 아이들은 엄마가 눈앞에 있는 동안에는 세상을 탐험할 안전한 기반으로 엄마를 이용하면서 자유롭게 주변을 탐구하는 경향이 있었다. 이 아이들은 엄마가 떠났을 때 눈에 띄게 당황했지만 엄마가 돌아와 재회하는 상황에서는 빠르게 진정했다. 반면에 에인스워스가 '불안정한 애착 관계'라고 정의했던 아이들은 종종 어머니가 밖으로 나가는 것에 무관심해 보였고, 돌아왔을 때도 거의 감정을 드러내지 않았다.[14] 일부는 심지어 엄마가 방에서 나가기도 전에 괴로움을 드러냈으며 엄마가 돌아오면 떨어지지 않으려 매달렸고 달래기도 어려웠다.

에인스워스의 '낯선 상황' 절차는 아이와 주 양육자 간 유대감의 강도를 평가하는 체계적인 방법을 제공한다. 사실 사람들은 이 유대감이 아이의 삶에서 중요하다는 사실을 오랫동안 인식해왔음에도, 에인스워스 이전에는 누구도 그것을 측정할 방법을 찾지 못했다. 이 실험은 이제 셀 수 없이 많은 아이에게 효율적으로 활용되고 있으며 아이와 주요 애착 인물 간의 미묘한 관계에 엄청난 통찰력을 제공한다.

개와 주요 애착 인간 사이의 관계 연구에도 에인스워스 실험의 기본 구조를 간단히 변경해 이용할 수 있다. 개와 인간의 관계를 알아보고자 하는 새로운 연구 흐름이 생겼을 때 초기 연구 중 하나에서 요제프 토팔Jozsef Topal이 에인스워스의 '낯선 상황'에 처한 개들이 어떻게 반응할지 조사하는 팀을 이끌었다. 그는 아담 미클로시의 공동 연구자 중 한 명으로 부다페스트에 있는 외트뵈시롤란드대학교의 패밀리 도그 프로젝트* 소속이었다. 이 헝가리 연구자들의 연구는 개가 인간과 함께할 때 경험하는 친밀감의 본질을 밝힌다. 그들의 발견은 또한 에리카의 연구에서 개들이 왜 자신의 특별한 인간보다 낯선 사람과 더 많은 시간을 보내기로 선택했는지 설명하는 데도 도움을 준다.

토팔과 그의 동료들은 20개 종에 속한 51마리의 개를 실험했는데, 암컷과 수컷의 수는 거의 균일했다. 개의 나이는 한 살에서 열 살 사이였기에, 연구가 진행될 당시 모두 성견이었다. 하지만 그 실험은 실험 대상의 종과 성숙도의 차이를 제외하면, 거의 모든 측면에서 에인스워스의 원래 연구를 따랐다. 토팔의 팀은 유아

---

* 1994년 설립된 세계에서 가장 큰 개 연구 기관으로 개-인간 관계의 행동 및 인지 양상을 연구한다. – 옮긴이

기의 아동에게 낯선 상황 실험을 수행했던 방식 그대로 단계마다 2분씩을 할당했다.

토팔은 인간 아이를 위해 설계된 이 실험이 개와 보호자의 관계를 평가하는 데도 효과적이라는 사실을 입증했다. 그의 연구에 참여했던 모든 개는 엄마와 안정적인 애착 관계를 형성하고 있던 아이들처럼 보호자를 안전 기반으로 이용한다는 증거를 보여주었다. 각 개는 인간 보호자가 방에서 나갔을 때보다 방 안에 남아 있을 때 더 활발하게 방을 탐색하고 돌아다니며 놀았다. 보호자가 사라졌을 때 개는 확실히 괴로워했으며 문 옆에 서서 보호자가 다시 돌아오기를 기다렸다. 보호자가 방으로 돌아오면 개는 재회했다는 사실에 확실히 기뻐하며 재빨리 신체적인 접촉을 했고, 초기에는 이 특별한 인간과 더 많은 시간을 보냈다. 연구원들은 인간의 유아와 너무나도 비슷한 이러한 행동 양식이 개가 그들의 인간에게 "애착을 형성"했다고 고려하면 너무도 당연한 결과가 된다고 결론지었다.

이 연구 결과는 에리카가 플로리다에서 알아챈 사실과 매우 잘 맞아떨어진다. 그녀의 발견에 따르면 친숙한 환경에 있는 개들이 보호자보다 낯선 사람과 시간을 보낼 가능성이 더 크다. 이러한 연구들은 개와 그들의 애착 인간 사이의 관계가 아기와 부모가 맺는 안정적인 애착 관계와 유사하다는 것을 암시한다. 애착 관계를 안정적으로 형성한 아기처럼, 개도 보호자의 존재를 대단히 중시한다. 실제로 개가 한동안 인간과의 교류를 박탈당하거나 낯선 장소에 놓이면 친숙한 사람과의 접촉이 음식보다 훨씬 중요한 동기부여가 될 수 있다.

개와 인간이 맺는 관계의 정확한 본질을 숙고하던 나는 이 연구 결과가 중요한 증거라는 사실을 깨달았다. 이 연구들은 서로 다른 두 종의 구성원 사이에 존재하는 애착과 매우 흡사한 친밀감을 드러냈다. 확실히 이러한 실험에서 발견된 행동 패턴은 심리학자들이 우리 종의 아이와 부모 사이에서 관찰되면 애착이라고 부르는 것을 반영했다.

하지만 그 애착은 무엇을 암시했을까? 나는 동물의 행동을 과학에 근거해 관찰하도록 훈련받았고, 그 과정은 내가 여기서 당연한 결론처럼 보이는 것을 거부하도록 가르쳤다. 그러나 내 의심과 이론의 근거가 약해졌고, 이 초기 증거가 내 가설을 명백히 뒷받침한다는 사실을 부인할 수 없었다. 이들 실험에서 개들이 보여준 행동은 그들이 인간과의 정서적인 유대감에서 동기를 부여받는다는 사실을 암시했다.

이 발견에 흥분한 나는 다 내려놓고 진심으로 기뻐하고 싶은 충동을 억눌렀다. 개가 인간에게 감정적인 투자를 한다는 증거를 찾은 것 같았지만, 지금까지 우리가 해온 실험은 시작에 불과하다는 걸 알기 때문이었다. 결정적으로 무언가를 증명하고 싶다면, 즉 '절약의 법칙'을 깨트리고 싶다면 이보다는 훨씬 더 많은 증거가 필요했다.

파블로프, 토팔, 에리카 포이허바흐, 그리고 특히 제포스. 이들 모두가 개와 인간 사이에 감정적인 유대감이 있다고 말해주려 애쓰는 것 같았다. 그러나 나는 여전히 그들의 메시지를 액면 그대로 받아들이기를 꺼렸다. 나는 개를 사랑하는 사람의 본능에 이끌려

이 가설로 인도되었지만, 여전히 회의론자처럼 생각하고 있었다. 나는 개와 인간 관계의 본질에 관한 내 이론이 올바른 것으로 판명되기를 바라면서도, 그것을 엄격하게 시험하기 위해 매우 주의를 기울였다.

우선, 나는 인간의 거주지에 사는 것이 사실상 전 세계 개 중에서 아주 소수에게만 허락되는 기회라는 사실을 깨달았다. 어쩌면 이 애지중지 키워지는 개들의 모습은 그 종 전체의 전형적인 생활 형태가 아닐지도 몰랐다. 어쩌면 그들의 행동 양식은 거의 인간 아이처럼 가정에서 키워지는 동안 체득하게 된 건 아닐까?

전 세계 개의 수는 총 10억 마리에 약간 못 미친다는 게 일반적인 추론(우리가 할 수 있는 건 추론뿐이다)이다. 그 10억 마리의 개 중에서 아마도 약 3억 마리 정도의 개가 인간의 가정에서 반려동물로 살고 있을 것이다. 북아메리카, 북서부 유럽, 오스트랄라시아* 같은 곳에서는 인간의 집 밖에서 사는 개들이 거의 존재하지 않는다. 하지만 그곳을 제외해도 지구에는 중남미, 아프리카, 동유럽 및 남유럽, 아시아 등을 포함하는 넓은 면적이 남는다. 그리고 그곳에서는 많은 개가 인간이 사는 네 개의 벽이 있는 공간 밖의 야외에서 살아간다.

만약 내가 특정 환경에서 살아가는 특정 개가 아니라 전체 종으로서의 개에 관한 어떤 주장을 하고자 한다면, 나는 이 소유되지 않은 개들의 행동도 역시 조사할 필요가 있었다. 하지만 그 일은 절대 쉽지 않을 터였다. 그 질문을 탐구하려면 동료들과 나는

---

* 오스트레일리아·뉴질랜드·서남 태평양 제도를 포함하는 지역이다. — 옮긴이

사람과 진정으로 유대를 맺고 있는 개들과 그저 이익을 위해 인간과 상호 작용 하는 개들을 구분해낼 방법을 찾아야 했다. 이 미묘하고 결정적인 차이는 얼마 지나지 않아 내가 러시아를 여행하는 동안 명백히 그 모습을 드러냈다.

2010년 나는 연구 여행 중에 모스크바를 거쳤고, 그곳에서 모스크바의 A. N. 세베르초프 생태 및 진화 연구소 교수인 안드레이 포야르코프Andrei Poyarkov와 그의 제자이자 현재 공동 연구자인 알렉세이 베레샤긴Alexey Vereshchagin 및 몇몇 다른 학생과 함께 근사한 하루를 보낼 기회를 얻었다. 포야르코프는 영어로는 거의 출판을 하지 않았기 때문에, 서구에서는 그가 마땅히 누려야 할 명성에 훨씬 못 미치게 알려져 있었다. 나는 그가 개에 관해 엄청난 지식을 가지고 있을 뿐 아니라, 그의 도시에서 살아가는 개들의 삶에 매우 열렬히 관심을 두는 따뜻한 심성의 사람이라는 사실을 알게 되었다. 그는 수년간의 집중적인 연구로 모스크바의 떠돌이 개들에 관해 배운 사실들을 내게 열정적으로 알려주었다.

거의 30여 년 전 소련이 붕괴할 시기 즈음 상당수의 떠돌이 개가 수도의 거리에 나타나기 시작했고, 그 이후로 포야르코프는 모스크바의 집 없는 개에 관한 꽤 많은 연구를 진행해왔다. 나는 모스크바 동물원의 연구용 건물에서 그와 몇몇 학생과 함께 매혹적인 토론을 하다가 그 분수령을 전후해 이 가여운 동물들이 겪어야 했던 곤경에 관해 많은 사실을 알게 되었고, 소련 시절 모스크바에서 사람들이 견뎌냈던 난관에 관한 이야기도 역시 조금 들여다볼 기회를 얻었다. (나: 소련 시절 유기견에게는 무슨 일이 일어났나요? 포야르코프: 보이는 즉시 사로잡혔고, 48시간 이내에 보호자가 나타나지 않으면 총살당했죠. 볼이 축 처진 학생: 거리를 헤매던 사람들에게 일어났던 일과 다를 게 없었어요.)

독자 중에 모스크바의 떠돌이 개에 관해 조금이라도 들어본 적이 있는 사람은 지하철을 타는 개들에 관해서도 들어 알고 있을 것이다. 내가 러시아 수도를 방문하기 전에는 확실히 그게 그 도시의 떠돌이 개에 관해 내가 아는 지식의 다였다. 그러나 이 동물들이 신문의 1면을 장식한다 해도, 실제로 모스크바 개 중에서 열차를 타는 개의 수는 얼마 되지 않는다.

개들이 지하철역에 끌릴 만한 이유가 충분히 있지만 열차 자체를 좋아하는 것은 아니기 때문이다. 게다가 분주한 인간들이 오가는 지상 공간이야말로 그들에게 따뜻함을 제공한다. 퇴근 후 집으로 가는 길에 노점에 들러 케밥이나 핫도그를 사 먹는 사람들이 먹다 버린 음식을 찾아 먹을 수도 있고, 사람들이 열차를 타러 지하로 내려가기 전에 들고 있던 음식을 조금 떼어주는 것을 받아먹을 수도 있다. 또한 개들이 열차 탑승 장소에 접근하는 것은 쉬운 일이 아니다(모스크바 지하철은 유난히 깊이 내려간다). 승차장까지 그 깊은 곳을 내려가서 위태롭게 달리는(모스크바 지하철은 유독 빠르다) 시끄러운 열차 칸에 탑승하는 것은 개에게 별 이득이 되지 않는다. 포야르코프는 모스크바에 약 3만 5,000마리의 떠돌이 개가 있다고 추정한다. 그는 단지 '소수'만이 열차를 탄다고 생각했다. 또 다른 러시아 개 전문가인 안드레이 누러노프Andrei Neuronov는 정기적으로 지하철을 타는 개는 오직 20마리 정도라고 계산했다.[15] 어느 쪽이든 간에, 그 숫자는 개들이 모스크바 지하철을 탈 동기가 지상의 길거리와 역을 헤매 돌아다니는 것보다 크지 않다는 사실을 분명히 한다.

안드레이 포야르코프와 동물원에서 함께 시간을 보낸 그날 저녁, 나는 포야르코프의 공동 연구자인 알렉세이 베레샤긴과 함께 개들을 찾아 모스크바 중심부를 걸어 다녔다. 베레샤긴은 신세대 러시아 과학자를 대표한다. 그는 고국의 과학적 전통에 정통하지만 서구에서 들어오는 최신 연구에 관한 정보도 발 빠르게 찾아봤다. 나는 따뜻한 기후의 지역에서 길거리 생활을 하는 개들에 관해서는 익히 알고 있었지만 9월임에도 꽤 쌀쌀해지는 지역에서 길거리 생활을 하는 개들을 보는 것이 조금 이상했다. 그곳의 개들은 내가 다른 곳에서 보았던 개들보다 더 컸고, 대부분 엉키고 떡이 지고 지저분하고 얼룩덜룩하고 뺵뺵하고 덥수룩한 털을 가지고 있었다.

한 열차 역에서 우리는 세 남자와 개 한 마리 사이의 흥미로운 상호 작용을 보았다. 남자들은 각각 한 손에는 맥주병을 다른 손에는 핫도그를 들고 있었다. 언쟁하는 그들의 몸이 이리저리 흔들리던 것으로 판단해 보건대, 그들이 들고 있던 맥주가 그날 저녁 처음 마신 술은 아니었다. 그들의 발치에는 상당히 크고 지저분한 개 한 마리가 있었다. 대체로 흰색에 가까운 길고 덥수룩한 털은 자연적으로 어두운색 털이 섞여 있거나 흙 같은 것이 묻어 얼룩져 있는 듯했다. 하지만 뭐가 묻은 것인지 가까이 다가가서 확인하고 싶지는 않았다. 나는 뒤로 물러나서 세 사람이 개와 어떻게 상호 작용을 하는지 지켜보고 싶었다.

개를 대하는 세 사람의 태도가 각기 상당히 다르다는 사실은 금방 자명해졌다. 한 명은 그 떠돌이 개에 꽤 관심이 있어 보였다.

그는 때때로 개 쪽을 바라보았고, 들고 있는 핫도그를 나눠줄 준비가 된 것처럼 보였다. 그러나 다른 한 명은 단호한 태도를 보였고, 개가 가까이 다가설 때마다 발길질했다. 세 번째 사람은 완전히 무관심했다. 그저 먹고 마시는 데만 몰두해 있을 뿐, 심지어 개가 옆에 있다는 사실도 눈치채지 못한 듯했다.

그 장면을 관찰하면서 나는 집에서 키우는 반려견이 인간과 인간 행동에 매우 예민하기는 해도, 사실상 거리의 개들이 반려견보다 훨씬 더 사람에게 주의를 기울여야 하리라는 사실을 깨달았다.

가정에서 키우는 개는 대부분 공격받을까 봐 두려워할 필요가 거의 없다. 하지만 거리의 개들은 자신에게 해를 끼칠 수 있는 사람을 지속해서 경계해야 한다. 지구상에 존재하는 개의 70퍼센트 정도가 고난과 불확실성을 가슴 아프게 일깨워주는 상황에 매일 직면한다.

모스크바 중심부의 또 다른 지점에서, 베레샤긴과 나는 바닥에 누워 있는 두 마리의 개와 마주쳤다. 간식 매점이 모여 있는 장소 근처였다. 우리가 잠시 멈춰서서 바라보자 개들은 으르렁거리기 시작했고, 그럼에도 우리가 움직이지 않자 개들은 자리를 털고 일어나서 눈으로는 우리를 계속 주시하며 다른 곳으로 떠나가 버렸다. 먹을 만한 것을 들고 있지 않으면서 너무 가까이 있는 사람은 잠재적인 위험 요소를 지닌 피해야 할 대상으로 보는 게 분명한 듯했다.

나는 모스크바의 이 개들이 어떻게 음식을 얻기 위해 사람들에게 관심을 기울이는지 알 수 있었다. 하지만 인간이 그들에게 식권 한 장보다 더 큰 의미가 있을까? 아, 나는 안드레이, 알렉세이, 그리고 그들의 팀과 함께 그 질문에 대한 답을 조사할 수 있을 만큼 오랫동안 모스크바에 머물지는 못했다. 또한 내가 아는 바로는 이 문제를 다루는 어떠한 연구도 러시아에서는 행해진 적이 없었다. 그러나 다행스럽게도 다른 국가의 연구원들이 이 격차를 메우기 시작했다.

인도는 엄청나게 많은 떠돌이 개가 있는 또 다른 국가이며, 아닌디타 바드라Anindita Bhadra가 이끄는 콜카타의 인도 과학 교육 및 리서치 연구소의 한 연구 그룹이 이 집 없는 동물들에 관한 몇 가지 매혹적인 연구를 수행하고 있다. 바드라와 그녀의 동료들은 떠돌이 개들이 인도의 많은 사람에게 끔찍한 골칫거리가 될 수 있다고 지적한다. 그들은 쓰레기 더미를 뒤져 엉망으로 만들어놓고 사람들이 다니는 길 여기저기에 똥을 싸는데, 개들이 건강하더라도 끔찍한 오물이 생겨난다. 그리고 이 거리의 개들은 대부분 건강하지 않다. 그들은 광견병을 포함한 심각한 질병의 매개체가 될 수 있는데, 예를 들어 인도에서는 지금도 여전히 광견병으로 연간 약 2만 명 정도가 사망한다.[16] 희생자 대부분은 실로 무시무시한 이 질병을 개들에게서 얻는다. 여기에 밤에 사람들의 휴식을 방해하는 울음소리를 추가하면, 개들은 인간의 삶에 상당한 짜증을 유발하는 동물이 된다.

비극적이게도 인도에서는 사람들이 떠돌이 개를 죽이는 것이 드문 일이 아니다. 때론 의도적으로 독을 먹이거나 때려서 죽이기까지 하고, 많은 개가 교통사고로 의도치 않게 죽음을 맞이하기도 한다. 그러나 여전히 많은 사람이 음식과 피난처를 제공하면서 이 개들을 지극정성으로 돌본다. 따라서 개의 관점에서 볼 때 인간은 매우 예측할 수 없는 대상일 수밖에 없다. 어미 개는 종종 인간의 집 근처나 심지어 집 안에서도 출산한다. 따라서 개들은 인간이 자신들에게 가하는 위험을 상쇄하는 이익을 제공할 수도 있음을 인식하고 있는 게 틀림없다. 인도의 떠돌이 개들 또한 인간 행동을 따르는 데 능숙하다.[17] 다시 말해, 내가 제1장에서 설명했던 몸짓 지시 실험을 성공적으로 통과했다는 의미다.

인도의 떠돌이 개가 때로 잔인한 처우에 직면한다는 사실을 고려해보면, 나는 그들이 인간에 대해 양가적인 태도를 보인다고 해도 전혀 놀라지 않을 것이다. 그래서 나는 알고 싶었다. 그 개들은 실제로 우리에게 어떤 감정을 느끼고 있을까? 인간을 두려워할까, 아니면 우리에게 끌릴까? 그리고 만약 우리가 그 개들에게 중요하다면, 그들도 과학자들이 사람의 돌봄을 받으며 사는 개들에게서 감지했던, 우리 종에 대한 애착과 비슷한 감정을 품고 있을까?

떠돌이 개를 대상으로 하는 실험은 사람들이 키우는 반려견이나 보호소 개들을 대상으로 하는 실험보다 훨씬 까다로워서 바드라의 그룹에 속한 데보탐 바타차르지Debottam Bhattacharjee라는 학생이 이끌었던, 눈이 번쩍 뜨이게 하는 연구 보고서를 발견했을 때 나는 진심으로 놀라고 말았다. 그 연구는 떠돌이 개들이 사람에 대해 어떻게 느끼는지를 다루고 있었다.

연구원들은 콜카타와 서벵골주에 있는 장소 세 곳으로 가서 홀로 다니는 떠돌이 개들을 찾아냈다. 자유롭게 떠돌아다니는 일부 개들은 무리(종종 사람들은 이 개들을 '개 떼'라고 부르지만, 나는 이들이 형성하는 무리가 소위 '늑대 떼'보다는 좀 더 유동적인 성향이 있기에 그 용어를 피하고자 한다)를 형성하지만, 어떤 개들은 홀로 다닌다. 바타차르지는 한 번에 한 마리의 개에서 결과를 얻고 싶었기 때문에 홀로 다니는 동물들에 집중하기로 했다. 그와 그의 팀은 그 개들에게 바닥에 놓인 음식과 사람이 들고 있는 같은 음식 중 하나를 선택하게 했다. 예상했던 대로 그 개들은 낯선 사람들을 경계하면서 바닥에 놓인 음식을 먹는 것을 선호했지만, 그 선호도는 그다지 뚜렷하지 않았다. 개들 중 거의 40퍼센트가 전에 한 번도 본 적이 없는 사람에게 다가가서 그 사람의 손에 들린 음식을 받아먹었다.

이 결과는 나를 다소 놀라게 했지만 바타차르지와 그의 동료들이 수행한 다음 실험은 심지어 훨씬 더 예기치 않은 결과를 도출했다. 후속 연구에서, 연구팀은 여러 마리의 개별 떠돌이 개에게 음식 한 조각을 주거나 머리를 세 번 쓰다듬어 주는 두 가지 행동 중 하나를 행했다. 그들은 2주 동안 각 개에게 총 여섯 번씩 이 과정을 수행했다. 그것은 듣는 것만큼이나 간단했다. 어떤 개에게는 반복적으로 먹이를 주었고, 또 어떤 개에게는 반복적으로 머리를 쓰다듬어 주었다. 마지막으로 연구원들은 각 개에게 간식 한 조각을 내밀면서 두 그룹의 개가 얼마나 빨리 사람에게 다가가서 음식을 가져가는지 측정했다.

놀랍게도, 바타차르지와 그의 팀은 지난 2주 동안 반복적으로 머리를 쓰다듬어 주었던 개들이 사람에게 더 빨리 접근했을 뿐 아니라, 반복적으로 음식을 받아먹었던 개들보다 훨씬 적극적으로 사람의 손에 들린 음식을 받아먹는 것을 발견했다. 이 실험에 참여한 논문의 저자들은 이 극적이고 예상치 못한 결과에 비추어봤을 때, "사회적 보상이 음식으로 주는 보상보다 떠돌이 개와 낯선 사람 사이의 신뢰를 구축하는 데 훨씬 더 효과적"[18]이라고 결론 내렸다. 에리카의 연구에서 보호자를 맞이하는 것과 사료 한 그릇을 먹는 것 중에 하나를 선택해야 했던 개들과 마찬가지로, 바타차르지의 연구에 참여했던 개들도 인간과의 상호 작용에 더 큰 중요성을 부여하는 것으로 보였다.

조금의 과장도 없이, 이런 결과는 내가 전혀 예상하지 못했던 것이었다. 확실히, 제포스는 우리 인간이 자신에게 얼마나 중요한 존재인지 내게 늘 증명해 보이고 있었다. 하지만 나는 모스크바나 다른 지역에서 보았던 떠돌이 개들도 마찬가지일 거라고는 예상하지 못했다. 인간과의 사회적 접촉이 그 개들에게 그렇게 큰 보상이 되리라고는 기대하지도 않았다. 그 개들은 도시의 길거리에서 말 그대로 부랑아처럼 살아가고 있었으며, 우리 인간은 그들을 어찌나 달가워하지 않는지, 아예 거리에서 없애버리겠다고 적극적으로 찾아다니기까지 하지 않는가. 이 인도의 떠돌이 개들이 우리가 머리를 쓰다듬는 것을 허락했다는 사실은 그 자체만으로도 내게는 다소 놀라웠고, 쓰다듬는 행위가 반복해서 먹이를 주는 행위보다 그들에게 더 큰 신뢰를 준 것은, 한마디로 말해 몹시 충격적이었다. 그것은 우리 인간과의 긍정적인 사회적 접촉이, 개, 심지어는 특정 인간과의 안정적인 애착 관계를 즐기지 않는 개에게도 엄청나게 강력한 동기부여 수단이 될 수 있음을 시사했다. 또한 그것은 파블로프가 말했던 개들의 '사회적 반사 작용'이 음식에 대한 욕망보다 그들의 행동을 결정하는 훨씬 더 중요한 요인일 수 있다는 가능성도 제기했다.

이러한 연구 결과는 음식이 이 종의 주요 동기 부여 수단(개를 키우는 사람이라면 누구나 그렇게 말할 것이다)이 되지만, 앙상하게 뼈만 남아 길거리에서 그날그날 먹을 것을 구걸하며 살아가는 개들에게는 특히 더 큰 동기 부여 수단이 되리라고 생각하면 더욱 놀라웠다. 길지 않은 견생의 모든 단계에서 인간이 중요한 존재라는 증거를 찾는다면, 이보다 더 나은 것은 찾을 수 없을 것이다.

인도의 아닌디타 바드라의 연구팀은 개가 '사회적 보상'을 간절히 원한다는 사실을 증명하기는 했지만 왜 그런지는 추측해보지 않았다. 그들은 인간과의 교류가 개에게 그토록 강한 호소력을 가지는 이유가 무엇인지에 관해서는 아무 언급도 하지 않았다. 인간과의 접촉은 확실히 이 동물들에게는 일종의 부양책이었다. 하지만 그들은 우리 존재의 어떤 면이 영양가가 있다고 느끼는 걸까? 그리고 정말 개만이 인간에게 이토록 깊은 애착을 느낄까?

앞서 나는 행동주의자들이 동물의 감정을 무시하는 것으로 명성을 얻기도 했다고 언급했다. 따라서 내가 개와 인간의 독특한 유대 관계의 정확한 본질을 증명하는 데 점점 더 몰두하는 동안, 행동주의자들이 내가 올바른 방향으로 나아가도록 나를 더 자극했다는 사실이 역설적으로 느껴질지도 모르겠다.

마리아나 벤토셀라Mariana Bentosela는 아르헨티나의 수도 부에노스아이레스에 있는 국립과학기술연구위원회의 연구원이다. 그녀는 표면적으로는 우리의 연구 기법을 배우기 위해 몇 주 동안 플로리다대학교를 방문해서 우리를 만났다. 하지만 우리가 그녀에게 가르쳐준 것보다 그녀가 우리에게 알려준 것이 훨씬 더 많다.

마리아나는 우리와 마찬가지로 개들의 놀라운 행동을 어떤 특징으로 규정할 것인가 하는 문제에 관심이 있었다. 우리는 무엇이 개를 특별하게 만드는지에 관해 밤늦도록 대화를 나누었고, 각자가 자신의 연구에서 직면한 난관에 관해서도 논의했다. 그 당시에 나는 빠르고 쉽고 신뢰할 만한 사람에 대한 개의 관심도 측정 방법을 찾고 있었다. 에리카는 가정에서 사는 반려견과 보호소 개의 반응을 살펴보기 위해 인간과의 교류와 음식 중 하나를 선택하게 하는 연구를 진행했고, 이를 통해 개들이 인간에 대해 어떻게 느끼는지 알아볼 수 있는 틀을 제시했다. 그리고 바타차르지도 인도의 떠돌이 개가 자기를 쓰다듬어 주는 사람과 음식을 제공하는 사람에게 어떻게 반응하는지 살펴보는 연구를 통해 같은 일을 해냈다. 그러나 이 실험들을 수행하는 과정은 상당히 힘들었다. 사람에 대한 개의 친밀도를 측정하는 좀 더 간단한 방법은 없을까? 그 방법이 가장 필요한 상황에서 사용해볼 수 있는 손쉬운 방법인가?

무엇이 개를 그렇게 특별하게 만드는지에 관한 지적 관심사와는 별개로, 마리나와 나는 보호소에 사는 개들의 복지에 관한 우려도 함께 나누었는데, 그것은 인간과 개라는 우리 두 종 사이의 관계 밑에 놓인 불편한 이면이었다. 우리는 새로운 가정을 쉽게 찾는 개와 보호소가 안락사하지 않으면 몇 개월, 또는 몇 년 동안 케널 속에서 시들어가는 개들 사이에는 어떤 차이가 있는지 궁금했다.

보호소 직원과 유기견 구조 지지자들은 개를 성격에 따라 분류하기 위해 많은 검사를 시행한다. 특정 개에게 입양 기회를 주어야 할지 말아야 할지를 결정하기 위해 검사하기도 하고, 어떤 개가 특정 종류의 인간 가정에 적합한지 같은 좀 더 보편적인 결론을 도출하기 위해 하기도 한다. 그러나 이런 검사는 에리카와 바타차르지가 수행한 실험과 마찬가지로 매우 복잡하다. 그 검사 모두를 살펴본 마리아나는 어떤 개가 성공적인 반려견이 될 확률이 가장 높은지 확실히 알아보는 데 도움이 될 더 간단한 방법이 있을지 궁금해했다.

마리아나와 부에노스아이레스에 있는 그녀의 학생들은 놀랍도록 간단한 검사 방법을 개발했다. 텅 빈 넓은 공간에 의자 하나를 가져다 놓는다. 의자를 중심으로 지름이 약 2미터쯤 되는 원을 그린다. 누군가 2분 동안 의자에 앉아 있게 하고, 개가 그 2분 동안 원 안에서 얼마나 시간을 보내는지 기록한다. 마리아나는 아르헨티나의 가정에서 키우는 몇 마리 개에게 먼저 이 검사를 시행했으며, 사교적인 개(반려견이 되기 쉬운 개)와 가정에 입양하기가 좀 더 어려운 개의 차이점을 잘 포착해냈다고 생각했다. 그녀는 플로리다에서 이 검사를 우리에게 여러 번 시연해 보여주는데, 이때 사교적인 개는 대부분 시간을 인간과 함께 원 안에서 보냈지만 그렇지 않은 개는 원 밖에서 대부분 시간을 보냈다.

나는 간단한 검사를 좋아한다. 간단한 검사는 점수를 매기기가 훨씬 쉽고, 망치기는 훨씬 어렵기 때문이다. 의자에 앉아 있는 일을 망치기란 상당히 어려웠으며, 개가 원 안에서 얼마나 오랜 시간을 보내는지 기록하는 것도 로켓 과학처럼 어려운 일이 아니었다. 나는 마리아나의 검사에 보호소에 사는 개들에게 도움이 될 만한 잠재력이 있음을 알 수 있었다. 그리고 인디애나의 울프 파크에서 그녀가 늑대를 대상으로 간단한 실험을 시연해 보였을 때는 그 실험이 개와 인간의 유대 관계를 살펴보는 내 연구에도 엄청난 도움이 되리라는 사실을 알 수 있었다.

그동안 마리아나는 개에 관해서는 많은 연구를 시행해왔지만, 우리를 만나기 전까지 늑대는 그토록 가까이에서 만난 적이 한 번도 없었다. 그래서 모니크 우델과 나는 울프 파크를 방문할 때 그녀를 데려갔다. 방문 마지막 날 모니크와 나는 우리가 계획했던 모든 연구를 이미 시행했기에, 마리아나에게 혹시 시도해보고 싶은 것이 있는지 물었다. 그녀는 그저 재미 삼아서 "내 간단한 사교성 검사를 한번 시도해보면 어떨까요?"라고 제안했다.

그때까지 나는 그 쉽고 간단한 검사가 개를 특별하게 만드는 것에 관한 우리의 논의에 어떤 영향을 미치리라고는 생각하지 않았다. 하지만 그녀가 늑대에게 그 검사를 시행해보자고 제안하자마자, 그 검사가 이 갯과 동물과 그들의 길들여진 사촌 사이에 있는 사교성 차이를 평가하는 매우 흥미로운 방법이 될 것이라는 사실을 깨달았다. 울프 파크의 직원과 자원봉사자들은 개와 늑대의 차이점을 이해하기에는 절묘할 만큼 좋은 위치에 있었는데, 그들은 종종 늑대에게는 거의 모든 사람에게 마음을 열고 관심을 가지는 개의 전형적인 성향은 없는 것 같다고 언급했다. 물론 늑대도 잘 아는 사람에게는 매우 다정하게 굴고, 심지어 자신이 좋아하는 사람에게는 개와 마찬가지로 '키스(입술을 핥는 행동)'를 하려 한다는 점에서 비슷하기는 하다. 우리는 마리아나의 검사를 통해 어쩌면 인간에 대한 늑대의 다양한 관심 수준을 정량화할 수 있을지도 모른다는 기대를 품었고, 이는 정말 흥미로운 전망이 아닐 수 없었다.

실험은 한 사람이 늑대 한 마리와 함께 울타리 안으로 들어가 뒤집어 놓은 양동이 위에 앉는 것으로 시작했다. 늑대에게는 마리 아나가 개를 실험했을 때와 마찬가지로 2분의 시간을 주었다. 그 시간 동안 우리는 늑대가 앉아 있는 사람의 반경 1미터 이내로 들 어가는 일에 얼마나 관심을 보이는지 확인할 예정이었다. 우리는 개에게 했던 것처럼 늑대와 친숙한 사람은 물론 낯선 사람과도 검 사를 시도했다.

결과는 더할 수 없을 정도로 극적이었다. 이미 말했듯이 울프 파크의 늑대들은 누구라도 만나보고 싶을 만한, 인간과 가장 잘 교감하는 동물 중 하나로 평가받아 마땅하다. 그들 중 많은 수가 이전에 늑대를 한 번도 만나본 적 없는 사람에게 소개해도 될 만 큼 안전한데, 우리와 실험에 참여했던 늑대들이 바로 그런 사교 적인 부류였다. 그들은 확실히 다정하고 매우 점잖다. 마리아나의 검사에서 그 늑대들은 낯선 사람에게서 도망치려 하지 않았고, 다 행히 연구자들에게 적대감을 드러내 보이지도 않았다. 그러나 낯 선 사람에게 가까이 가려는 욕구는 전혀 보여주지 않았다. 늑대들 은 양동이에 앉아 있는 낯선 사람을 둘러싼 원 안으로는 거의 들 어가지 않았다.

그와 대조적으로 친숙한 사람이 원안에 들어갔을 때는 훨씬 큰 관심을 보였다. 그들은 평생 알고 지내온 젊은 공원 감독 다나 드렌젝에게 다가가 가까운 곳에서 주어진 시간의 4분의 1 정도를 보냈다. 나머지 시간 동안에는 원 밖에 머물면서 조용히 하고 싶 은 일을 했다.

개와 수행했던 실험에서 도출된 사실과는 완전히 달랐다. 마리아나의 지시에 따라 실험한 개들이 낯선 사람과 원 안에 앉아 있었던 시간은 늑대가 평생 알고 지내온 사람과 원 안에서 보낸 시간보다 길었다. 그리고 보호자가 의자에 앉아 있을 때 개는 마지막 1초까지도 그 사람 곁에서 시간을 보냈다.

그 연구는 모니크와 내가 울프 파크로 이미 여러 번 여행을 다녀왔던 시기에 진행했는데, 당시 우리가 개와 늑대의 차이점을 역설한 다른 과학자들의 이론을 재현해보려 할 때마다 매번 그 차이가 거품처럼 사라져버렸다. 한 마디로 우리는 그들과 같은 결과를 낼 수가 없었다. 그 결과 우리는 개와 늑대 사이에는 의미 있는 차이점이 없다고 주장한 연구자로 명성을 얻었다. 물론 우리가 실제로 그렇다고 믿은 건 아니지만, 아무리 애를 써도 다른 연구자들이 발견한 개와 늑대의 차이점을 찾아낼 수 없었다는 사실도 부인할 수 없었다.

그러나 이번에는 우리도 개와 늑대의 차이점을 하나 발견했다. 그것도 아주 엄청난 것으로. 바로 인지 능력이나 지능의 차이가 아니라, 훨씬 더 근본적인 것, 즉 인간과 가까이 지내는 것에 대해 그 동물들이 보이는 관심의 차이였다. 분명히 개를 인간 쪽으로 끌어당기는 무언가가 있었다. 문제는 그 무언가가 대체 무엇이냐는 것이었다.

만약 내게 직업적 진언으로 삼을 만한 주문을 묻는다면, 바로 "조심스럽게 진행하라"라고 답할 것이다. 나는 가장 그럴듯해 보이는 주장도 비판적으로 바라봐야만 신뢰할 만한 과학적 지식을 얻을 수 있다고 믿는다. 특히 연구하는 주제가 마음과 가까울 때 더욱 그렇다. 그리고 내가 이 놀라운 생명체들과 함께 일할 뿐 아니라, 그중 하나와는 가정생활까지 공유하고 있다는 사실을 고려해보면, 내게 개보다 더 가까운 존재는 그리 많지 않다.

한때 내 마음을 완전히 사로잡았던, 다른 모든 동물과 마찬가지로 매혹적인 쥐와 비둘기, 심지어 유대류를 연구했을 때도 개인적인 감정이 훈련된 과학적 태도를 압도해버릴지도 모른다는 위험을 실제로 느껴본 적이 없었다. 그런데 감정에 지속적이고도 강렬한 영향을 미치는 개들과 함께 일하면서 감정이 나의 과학적 객관성을 압도해버릴지도 모른다는 불안감을 느꼈다.

나는 한 걸음 물러서서 내가 어떻게 이런 지경에 도달했는지 곰곰이 생각해봐야 했다. 나는 인간에 대한 개들의 정서적인 반응이 개와 인간이 맺는 강력하고 독특한 유대 관계를 설명해줄 수 있으리라고 생각했다. 특히 우리가 개의 전형적인 행동이라고 인식하는 것이 어쩌면 우리를 향한 개들의 애정에서 비롯된 것일지 모른다는 의혹이 일었다. 나는 이 이론에는 확실히 뭔가가 있다고 생각하게 되었고, 내가 그렇게 생각하도록 이끌어간 과학적 증거도 발견했다. 그러나 그동안 내가 과학이 드러내야 할 진실의 표면만을 긁고 있었고 좀 더 깊이 파고든다면 여태 헛수고만 했다는 사실을 깨달을 위험이 있었다.

하지만 그래도 나는 애초에 나를 이 길로 끌어들인 가능성, 즉 개가 그들의 야생 동족 중에서, 아니 어쩌면 지구상의 다른 모든 종 중에서도 단연 두드러져 보이는 이유는 인간과 감정적인 유대를 맺고 애착을 형성할 수 있는 능력이 있기 때문일지도 모른다는 가능성을 향해 열린 자세를 유지해야 할 필요가 있었다.

나는 연구로 얻어낸 결론에 지극히 불편해하면서도 동시에 강한 호기심을 느끼고 있었다. 또한 행동주의자로서 받아온 훈련과 확실히 상반되는 입장에 점점 더 가까워지는 느낌이었다. 물론 그게 정확히 금기시되는 입장이라고는 할 수 없겠지만, 어쨌든 마음이 편치는 않았다. 나는 과학적 질문에 단순하고 간결한 답변을 찾도록 훈련받았다. 지금까지 나의 모든 직업적인 삶은 행동에 대한 냉정하고 객관적인 과학적 설명과, 따뜻하고 모호하지만 궁극적으로는 동물이라는 존재를 그저 감정이 있는 털 뭉치쯤으로 오도하는 설명 사이에 명확한 선을 긋는 과정이었다. 그러나 무엇이 개를 동물 중에서도 고유한 존재로 만드는지 보여주는 증거, 무엇이 개를 인간의 소중한 동반자로 만드는지에 관한 증거들은 쌓여만 갔고, 그것이 감상적인 허튼소리로 치부하라고 배운 것에 위험할 정도로 가깝게 놓인 길로 우리를 이끌었다.

감정은 우리 종 간 관계의 핵심처럼 보였고, 인간에 대한 개들의 애정이야말로 특히 그 관계의 중추인 듯했다. 이것은 나와 같은 행동주의자(그리고 악명 높은 회의론자)를 약간 난처하게 만들었다.

그래서 나는 내가 해야 한다고 알고 있는 유일한 일을 했다. 계속 파고 들어갔다.

제3장

개도 인간을 걱정한다

개의 행동은 많은 면에서 그들이 인간에게 강하게 끌린다는 사실을 보여준다. 모스크바부터 텔아비브까지 여러 공원을 돌아다니는 동안 목격했고, 내가 수행하고 검토해온 연구를 통해서도 드러난 사실이다. 그리고 이 점은 가정에서 보호자의 손에 애지중지 키워지는 반려견에게만 해당하는 게 아니라 거리의 떠돌이 개들에게서도 명백하게 드러났다. 그들 역시 종종 소중한 보상인 음식을 희생하면서까지 사람들과 함께 있기를 택했다.

그러나 지금까지 살펴본 실험들은 인간에 가까이 다가가고자 하는 개들의 욕구만 측정했을 뿐이다. 개가 사람들 앞에서 하는 행동이 인간에 대한 그들의 정서적 애착에 관해 무언가를 말해줄지도 모른다는 사실을 좀 더 깊이 탐구해보려 하지는 않았다. 사실 나는 다음 질문에 대한 답을 얻고 싶었다. "인간에 대한 개의 정서적인 애착은 이 새로운 행동의 층위 속에서 어떻게 그 모습을 드러낼까?" "개가 사람들 주변에서 행동하는 방식을 살펴보면 그들이 인간에게 그토록 강한 매력을 느끼는 이유를 정확하게 파악할 수 있을까?"

이것이 바로 내가 다음으로 해결하고자 했던 의문이었다. 나는 개가 사람들 가까이 있을 때 하는 행동을 좀 더 자세히 관찰함으로써 이 수수께끼를 해결하고 싶었다. 다행스럽게도 일단 자세히 들여다보기 시작하자, 내가 이 문제에 직면하기 훨씬 오래전부터 다른 사상가들은 이미 이 문제를 고심하고 있었다는 사실을 알게 되었다.

개와 인류의 관계에 관해 생각하고 글을 쓴 최고의 과학자 중 한 명은 찰스 다윈이었다. 많은 사람처럼, 다윈도 그의 개들과 함께 있는 것을 좋아했고, 특히 그중 하나와는 거의 떨어져 있는 법이 없었다. 에마 타운센드Emma Townshend가 자신의 매혹적인 책『다윈의 개Darwin's Dogs』에서 이야기한 것처럼, 성인이 되고 나서 다윈이 자신의 충성스러운 개와 함께 지내지 않았던 유일한 기간은 운 좋게도 '비글(HMS 비글은 해군이 바크bark*로 분류했던 선박이었다. 비글이라는 이름만으로도 부족했던 듯하다)'이라는 이름이 붙은 배를 타고 그 유명한 세계 일주 여행을 했던 5년뿐이었다.[19]

다윈은 확실히 개가 인간 동반자를 향해 강렬한 감정을 품는 경향을 지닌 정서적인 존재라고 보았다. 그의 후기 작품 중 하나인『인간과 동물의 감정 표현The Expression of Emotions in Animals and Man』에서 다윈은 개가 어떻게 그 감정을 드러내는지 세부적으로 논의한다.[20] 책의 앞부분에서 그는 감정이 인간만의 고유한 특징이라고 보는 사람들을 무시하면서, 감정적인 친밀감을 나타내는 데는

---

* 돛대가 세 개인 소형 범선을 의미하지만, '짖다'라는 기본 뜻도 있다. ─옮긴이

어떤 생명체도 개를 능가할 수 없다고 지적한다. "개는 자기가 사랑하는 보호자를 만나면, 귀를 늘어뜨리고 입술을 처지게 하고 몸을 구부리고 꼬리를 흔들면서 몹시도 노골적으로 감정을 드러낸다. 하지만 사람은 외적인 신호로 사랑이나 겸손함을 표현할 수 없다."[21]

다윈은 계속해서 개가 애정을 드러내는 방법에 관해서도 자세히 논의한다. 그는 꼬리의 움직임("쫙 뻗은 채 좌우로 흔든다"), 귀("아래로 늘어뜨리고 약간 뒤로 당긴다"), 그리고 머리와 몸 전체를 낮추는 행동에 관해서도 언급한다. 다윈은 개가 보호자의 손과 얼굴을 핥는 경향에 관해서도 이야기한다. 그는 개들이 서로의 얼굴을 핥는다는 사실에도 주목하고, 개가 "친한 친구가 된" 고양이를 핥아주는 모습을 목격한 일화[22]도 전달한다. (내 생각에 제포스는 우리 고양이 페퍼민트의 얼굴을 핥고 싶어 하지만, 페퍼민트는 그런 대담한 종 간 친목 다지기를 용납하지 않을 것 같다.)

개들이 어떻게 애정을 드러내는지 설명하는 부분에서 다윈은 인간과 함께 있을 때 개가 행동으로 보여주는 행복의 징후와 개가 우리에게 느끼는 근본적인 애정 사이에 깊은 관계가 있음을 인정한다. 다윈의 중요한 통찰 중 하나는 개가 꼬리를 흔드는 행동만으로 행복감을 드러내는 것이 아니라는 점이다. 사실 개는 얼굴을 포함해 몸 전체로 만족감을 표시한다.

내가 알기로는 다윈이 개의 감정이 어떤 표정으로 나타나는지, 특히 행복할 때 개의 입 모양은 어떻게 변하는지 살펴본 최초의 저자였다. 다윈이 특히 흥미롭게 보았던 것은 행복한 표현이 화난 표정과 얼마나 비슷할 수 있는가 하는 점이었다. 따라서 그는 행복한 강아지의 얼굴이 "으르렁거릴 때처럼 윗입술이 뒤로 젖혀져서 송곳니가 다 드러나고, 귀는 뒤쪽으로 당겨져 있다"라는 사실을 알아차렸다.[23] 정반대의 감정을 드러내는 표정이 서로를 반영할 수 있다는 다윈의 이론은 그의 더 유명한 자연선택설에 묻혀버렸을 뿐 아니라, 세월의 시험도 견뎌내지 못했다. 그럼에도 불구하고 다윈은 동물의 감정 연구에 유용한 원동력을 제공했다.

다윈은 개의 표정이라는 풍부한 주제를 연구한 최초의 과학자였지만, 다행스럽게도 결코 마지막은 아니었다. 저명한 개 훈련사이자 행동 전문가인 퍼트리샤 매코널Patricia McConnell은 자신의 매혹적인 책『개의 사랑을 위하여For the Love of a Dog』에서 이 매력적인 현상을 더 깊이 파고든다. 그녀는 "행복한 개는 행복한 사람들처럼 편안하고 천진한 얼굴을 하고 있다"라고 지적한다. 사람과 개의 사진을 연구한 그녀는 "행복한 사람을 골라내는 것만큼이나 행복한 개를 골라내는 것도 쉽다"라는 사실을 알게 되었다.[24] 개와 함께 시간을 보낸 사람은 누구라도 개가 행복하다는 사실을 그 표정만으로 확실하고도 쉽게 알아차릴 수 있다는 점을 고려해보면 그녀는 매우 좋은 지적을 하고 있다.

퇴근 후 집에 도착해서 제포스가 나에게 달려올 때마다, 나 역시도 제포스의 얼굴이 확실히 애정으로 도배된 것 같다는 느낌을 받았다. 녀석은 내가 현관문을 열 때마다 웃고 있는 것처럼 보였다. 입꼬리는 기쁨을 표현하는 것처럼 말려 올라가 있고 입술은 치아에서 멀리 한껏 당겨져 있다(다윈에게는 미안한 말이지만 사실 으르렁거릴 때와 정확히 같진 않다).

하지만 내가 제포스의 얼굴에서 실재하는 감정의 반영을 보고 있다고 어떻게 확신할 수 있을까? 다윈과 매코널 같은 훌륭한 선배들의 안내를 따라가는 동안에도 나는 실제로 있는지도 확실치 않은 개의 표정에 나름의 의미를 부여한다는 것이 조금은 걱정스러웠다. 예를 들어 돌고래의 입도 똑같이 말려 올라가 있지만 그게 돌고래의 행복한 웃음을 의미하지는 않는다는 사실을 우리는 잘 알고 있다. 돌고래의 입은 그저 그런 식으로 고정되어 있을 뿐이다. 우리는 돌고래의 입이 인간의 입처럼 일상적인 사건에 반응해 모양을 바꾸지 않기 때문에 그 사실을 안다. 돌고래의 얼굴이 인간의 얼굴처럼 감정을 들여다볼 수 있는 창 역할을 한다는 근거는 전혀 없다. 하지만 이와는 대조적으로 개의 얼굴에 나타나는 표정은 확실히 삶이 전개되는 동안 변하는 것처럼 보인다. 하지만 개의 말려 올라간 입꼬리가 실제로 행복을 표현하는 것이며, 돌고래처럼 얼굴의 해부학이나 개의 특징적인 다른 생물학적 측면으로 강제되는 게 아니란 사실을 우리가 어떻게 알 수 있을까?

처음 이런 생각을 하기 시작했을 때, 나는 개 표정의 의미를 알아내기 위한 과학 연구를 어떤 식으로 해야 할지 알 수 없었다. 사람들이 어떻게 감정을 표현하고 인식하는지 조사하는 연구에서는 배우에게 특정한 감정을 묘사하게 하고, 다른 사람이 그 표정을 평가하게 한다. 배우는 실제로 겪고 있지 않은 감정도 표현하게 훈련받는다. 하지만 나는 개에게 어떻게 그런 훈련을 시킬 수 있을지 상상도 할 수 없었다.

그러나 놀랍게도 한 과학 연구에서 이 문제를 해결할 방법을 찾아냈다. 펜실베이니아 교정국과 월든대학교의 티나 블룸Tina Bloom과 해리스 프리드먼Harris Friedman은 사람들이 개의 얼굴에서 다양한 감정 표현을 얼마나 잘 식별하는지 조사하기 위한 실험을 수행했다. 그들은 전문 사진사를 고용해서 티나 블룸의 경찰견이자 다섯 살짜리 벨지안 말리노이즈 품종인 말의 사진을 찍게 했는데, 말은 대부분 개가(그리고 많은 사람도!) 매우 짜증스럽다고 여길 만한 조건에서도 고분고분한 자세를 유지했다. 예를 들어 그들은 역겨운 표정을 끌어내기 위해, 간식을 보상으로 줄 때처럼 말에게 앉아서 기다리라고 명령하고는 간식 대신 매우 불쾌한 맛의 약을 먹였다. 훈련 중에 말이 뭔가 잘못했다는 것을 알리기 위해 사용하는 "푸이"라는 명령어를 들려주고 슬픈 표정 사진을 찍었다. 말에게 발톱 자르는 가위를 보여주고 두려운 표정을 끌어냈다. 말의 조련사가 말에게 앉아, 기다리라고 한 후 "잘했어, 이제 우리 게임 할 거야"라고 말하고 행복한 사진을 찍었다. 말은 공을 가지고 놀게 되리라는 사실을 예고하는 이 단어들을 수천 번도 더 들어왔다. 따라서 블룸과 프리드먼은 이 말을 다시 듣는 것이 말에게 행복한 마음이 들게 하리라고 추정했다. 그 사진을 찍자마자 조련사는 말에게 공을 던져주어 놀게 했다. 이런 식으로 블룸과 프리드먼은 일곱 가지 표정 각각에 대해 사진을 세 장씩 찍었고, 여기에는 앞서 언급한 표정 외에 놀라고 화나고 무심한 표정도 포함되어 있었다.

그리고 나서 블룸과 프리드먼은 개 훈련에 상당한 경험을 쌓은 25명의 사람과, 개를 한 번도 길러본 적이 없고 갯과 동물을 아주 조금만 만나본 25명의 사람에게 이 21장의 사진을 보여주었다. 그리고 사람들에게 특별한 감정이 드러나지 않거나(무표정) 여섯 가지 기본 감정인 행복, 슬픔, 역겨움, 놀라움, 두려움, 분노를 드러내는 사진을 찾아 평가해달라고 요청했다.

전반적으로 평가자들은 말의 감정을 꽤 정확하게 식별해냈는데, 어떤 사진은 다른 사진보다 분류하기가 더 쉬웠다. 가장 인식하기 어려운 감정은 역겨움이었다. 오직 응답자의 13퍼센트만이 그 사진을 옳게 찾아냈고, 말의 역겨운 표정을 슬프게 인식하는 사람이 더 많았다. 놀라는 표정 역시 종종 정확히 식별되지 않았다. 다섯 개의 응답 중 오직 하나 정도만이 말의 놀란 얼굴을 알아맞혔다. 그러나 다른 사진에서는 대부분 감정을 올바르게 평가했다. 열 명 중 거의 네 명이 말의 슬픈 얼굴을 정확하게 식별했다. 두려운 표정은 거의 절반 정도가 정답을 맞혔고, 열 명 중 일곱 명은 말의 화난 얼굴을 알아봤다(아마도 그들의 안전을 위해서는 좋은 일일 것이다. 말은 상당히 크고 강한 개이기 때문이다).

그렇다면 가장 성공적으로 식별된 감정은? 바로 행복이었다. 인상적이게도 열 명의 응답자 중 아홉 명이 말의 행복한 사진을 행복하다고 평가했다. 개 주변에서 많은 경험을 쌓은 사람들(열 개의 응답 중 아홉 개 이상이 정답이었다)이 개에 최소한으로 노출된 사람들(열 개의 응답 중 여덟 개 이상이 정답이었다)보다 표정 인식률이 약간 높았다.[25] 그러나 정답 인식률이 낮은 응답조차 질문받은 사람의 4분의 3 이상이 정답을 찾아냈다. 확실히 사람들은 행복한 개를 찾아내는 데 꽤 능숙해 보인다. 그렇다면 이 행복한 얼굴은 어떻게 보일까? 다윈과 매코널이 설명했듯이, 그리고 제포스가 자주 내게 보여주듯이, 그것은 정말로 편안하고 부드럽게 벌린 입꼬리가 뒤로 살짝 당겨진 채 위로 말려 올라가 있다.

블룸과 프리드먼의 연구는 개가 얼굴로 감정을 표현한다는 다윈과 매코널의 주장을 발전시킨 것이고, 개를 면밀하게 관찰해온 사람들의 견해, 특히 개가 미소로 행복을 드러낸다는 견해가 전적으로 옳다는 확실한 경험적 증거를 제공한다. 이 실험은 값비싸고 복잡한 장비를 필요로 하지는 않지만, 개의 얼굴이 그 동물이 경험하는 감정을 매우 정확히 보여주는 창이 될 수 있음을 증명해 보였다. 결과적으로 우리는 개가 행복한 얼굴로 우리를 바라본다면, 그건 개가 우리와 강한 정서적 교감을 하는 중이기 때문이라고 믿어도 좋을 일련의 증거를 갖게 되었다. 이런 결과는 개가 우리와 함께 있을 때 행복해한다고 느끼는 사람들에게는 매우 반가운 소식이고, 개가 인간 가족과 정서적 친밀감을 형성한다는 주장에 무게를 더해준다.

물론 개의 표정이 그들이 행복하다는 사실을 보여주는 유일한 수단은 아니다. 꼬리도 인간에게 그들의 기쁨을 전달하는 중요한 도구이다. 일반적으로 사람은 행복하게 웃는 갯과 동물의 표정처럼 행복하게 흔드는 꼬리도 매우 잘 알아본다. 사실 나는 우리 인간에게는 꼬리가 없는데도 사람들이 꼬리를 흔드는 개의 행동을 행복의 표현으로 쉽게 인식한다는 사실에 종종 놀란다. 그러나 나중에 알고 보니 개의 꼬리는 얼굴보다 몇 가지 비밀을 더 간직하고 있었는데, 인간이 해석하기가 생각보다 어려울 수 있다.

최근 개가 꼬리 흔드는 행위를 자세히 연구했던 일단의 이탈리아 과학자들은 거기 지금껏 아무도 추측하지 못했던 풍부한 표현이 담겨 있다는 사실을 발견했다. 이탈리아 트리에스테대학교의 조르조 발로르티가라Giorgio Vallortigara와 그의 동료들은 몸집보다 별로 크지 않은 검은 상자 안에 들어가 편안하게 서서 상자 한쪽 끝에 난 창문으로 밖을 내다볼 수 있는 개 30마리를 찾아냈다.

각각의 개가 창밖을 내다볼 때 발로르티가라의 팀은 개의 보호자, 낯선 사람, 낯선 개, 그리고 고양이, 이렇게 네 가지 다른 대상을 한 번에 하나씩 보여주었다. 상자 안에 있는 개가 제시된 대상을 바라보는 동안 비디오카메라가 개의 꼬리 움직임을 녹화했다.

과학자들은 개가 접근하고 싶은 대상, 즉 그들을 행복하게 하는 대상을 보면 꼬리를 오른쪽으로 흔드는 경향이 있음을 발견했다. 이런 경향은 보호자를 보았을 때 가장 강하게 나타났지만 낯선 사람을 보았을 때도 나타났다. 나는 개의 꼬리가 사람을 향해 그런 구체적인 애정의 신호를 보낼 수 있다는 데 완전히 매혹당했다. 이는 수 세기 동안의 관찰이 암시했던 것보다 훨씬 정확한 결과였다. 이것은 우리를 향한 개의 애정이 어떻게 몸 전체에 프로그래밍 되어 있는지 보여준다.

물론, 개가 접근하고 싶어 하는 대상이 오직 인간만은 아니다. 고양이를 보았을 때 개의 꼬리는 아주 조금만 흔들렸지만 흥미롭게도 역시 오른쪽으로 향했다. 바라볼 것이 아무것도 없이 홀로 남겨졌을 때와 다른 개를 보았을 때, 개의 꼬리는 왼쪽으로 훨씬 치우쳐 흔들렸다.[26]

이 연구 기록을 읽은 이래로, 나는 이탈리아에서 나온 연구 결과가 애리조나에서도 그대로 적용되는지 보기 위해 제포스의 꼬리 움직임을 관찰하려 애썼고 친구 몇 명에게도 그렇게 해보기를 권했다. 그러나 안타깝게도 실생활의 어수선한 상황 속에서 개의 꼬리가 어떤 식으로 흔들리는지 판단하는 일은 거의 불가능에 가까웠다. 내가 아는 대부분의 개처럼, 제포스는 가만히 서서 꼬리만 흔드는 경우가 거의 없다. 보통은 계속해서 몸을 움직인다. 그래서 나는 제포스의 꼬리에 기초해서 발로르티가라의 팀이 수행했던 연구 결과를 확인할 수 없었다.

그렇더라도 이탈리아에서 나온 이러한 발견은 확실히 수많은 사람이 지금까지 해왔던 관찰(당신의 개가 당신을 보면 행복해하고, 꼬리를 흔드는 것으로 그 사실을 전달한다)에 객관성을 더해준다. 그러나 발로르티가라의 팀은 개가 꼬리로 하는 의사소통에는 우리가 자연스럽게 이해하는 것보다 훨씬 많은 것이 내포되어 있음을 밝혀냈다. 그게 바로 과학적 방법론의 힘이다. 만약 과학자가 수행하는 모든 실험이 사람들이 자기 개에 관해 믿고 있는 사실을 확인해준다면(그리고 때로는 반박해준다면), 그것은 유용하게 쓰일 것이다. 그러나 전에는 알지 못했던 사실(예를 들어 개의 꼬리는 왼쪽이나 오른쪽으로 흔들릴 때 서로 다른 의미를 전달한다는 것)을 발견해내는 것이야말로 진정한 과학적 흥분을 일으킨다.

개가 행복할 때 어떤 모습인지 안다면 개가 인간과 정서적 유대를 경험한다는 확실한 증거가 늘어난다. 우리는 개가 우리와 함께 있을 때 행복한 표정으로 행복하게 꼬리를 흔드는 모습을 자주 목격한다. 그러나 만약에 내가 무대 중앙으로 나가서 인간과 감정적인 유대를 형성하는 능력 때문에 개가 특별하다고 주장할 작정이라면, 이보다는 더 강력한 증거가 있어야 했다.

물론 그때까지 나는 상당히 많은 연구 결과를 모아두고 있었다. 20세기 초반 상트페테르부르크의 파블로프와 간트에게까지가 닿았다가 현대의 콜카타, 모스크바, 부다페스트, 북중부 플로리다로 다시 돌아오는 결과들이었다. 그 모든 자료가 개와 인간이 본질적으로 연관되어 있음을 보여주었다. 나는 또한 울프 파크에서의 연구를 통해 그들의 가장 가까운 사촌인 늑대보다 개가 인간에게 더 끌린다는 사실도 확인했다.

이 모든 증거 목록은 하나의 결론을 가리키지만 다르게 해석될 여지 또한 남겨 놓는다. 어쨌든 개들은 음식, 잠자리, 온기, 심지어는 배변 욕구에 이르기까지 필요한 모든 것을 인간에게 의지하고 있기 때문이다. 따라서 개가 인간에게 관심을 두는 것은 단지 그들의 삶에서 우리가 중요한 역할을 하기 때문일 수도 있다.

나는 개가 사람에 열광한다는 것을 단순히 보여주기만 해서는 아무 의미가 없음을 깨달았다. 우리가 개에게 정말 중요한 대상임을 보여줄 필요가 있었다. 우리가 곤경에 처했을 때 개가 우리를 돕기 위해 실제로 뭔가를 하리라는 증거가 필요했다. 사람과 개 사이의 감정적인 교류가 상호적임을 보여줄 증거. 개가 우리에게 애착만 가진 게 아니라 우리를 걱정하기도 한다는 개념을 훨씬 강력하게 지지해줄 증거 말이다. 이런 종류의 증거는 이 동물들의 정서적인 삶을 새롭게 통찰하게 해줄 테고, 개를 이해하는 일을 도울 것이다.

개가 실제로 자신의 인간을 위해 뭔가를 할지도 모른다는 가능성에 관해 생각해보기 시작했을 때 내 기분은 끔찍하게도 가라앉았다. 나는 그동안 참석했던 학회 중 하나에서 들었던, 생생한 발표 하나를 떠올렸다. 그것은 정확하게 이 질문을 다루고 있었는데 결과는 매우 실망스러웠다.

대략 2004년이나 2005년쯤 내가 개의 행동에 과학적으로 관심을 가지기 시작한 지 얼마 안 되었을 때, 나는 플로리다 멜버른에서 열린 비교 인지 학회에 참석했다. 나는 꽤 많은 과학 모임에 참석하는데, 붐비는 방 안에서 긴 일정을 소화하다 보면 솔직히 초반의 흥미를 계속 유지하기가 어렵다. 우리끼리 하는 얘기지만, 나는 점심 식사 이후에 열리는 일정에서는 종종 앉아서 졸기도 한다. 그 학회도 그런 모임 중 하나였지만, 다행히도 나는 깨어 있을 수 있었고 내가 듣는 말을 믿을 수가 없었다.

그 특정한 날 오후의 연설자는 웨스턴온타리오대학교의 빌 로버츠Bill Roberts였다. 그의 연설 스타일은 지극히 간결하고 건조했기에 그다지 재미있다고는 할 수 없었고, 덕분에 그의 과학 연구는 언제나 최고였음에도 그 가치를 제대로 전달하지 못할 때가 많았다. 그날도 점심 식사 후 밀려드는 단잠에 막 빠져들려 하던 나는 빌이 평소 신중히 진행하던 비둘기 연구와는 사뭇 다른 무언가를 발표하고 있다는 걸 깨달았다. 그 발표 주제는 내가 진행하는 개의 고유성 연구에 분명하고도 충격적인 의미가 있었다.

빌은 최근에 자신이 수행했던 한 연구에 관해 설명했다. 그 연구는 11월의 쌀쌀한 날씨에 한 캐나다 공원에서 진행된 것으로 당시 실험 참가자들은 공원에서 자신들이 기르는 개를 산책시키다가 개의 반응을 보기 위해 심장 마비를 일으킨 척했다.[27] 빌의 제자 크리스타 맥퍼슨Krista MacPherson은 비디오카메라를 들고 나무 뒤에 숨어 있었고, 또 다른 조교는 신문을 읽는 척하며 공원 벤치에 앉아 있었다. 빌은 크리스타가 녹화한 비디오 영상을 하나씩 보여주었다. 사람들이 차례로 한 명씩 비디오 화면 속으로 들어와서는 갑자기 벤치에 앉아 있는 낯선 사람 근처에 멈춰 서더니 고통스러운 비명과 함께 가슴을 움켜쥐고는 바닥으로 쓰러졌다. 개들은 쓰러진 보호자를 조심스럽게 킁킁거리며 냄새를 맡더니 다음의 두 가지 중 한 가지 반응을 내보였다. 보호자 옆에 누워버리거나, (가장 우스운 경우) 누워 있는 보호자 주위를 조심스럽게 두 바퀴 돌더니 아무도 자신의 목줄을 잡고 있지 않다는 사실을 알아차리고는 지는 해 쪽으로 달려가 버렸다. 의학적 도움을 줄 수 있을지도 모르는, 벤치에 앉아 있는 사람에게 접근한 개는 단 한 마리도 없었다.

나는 웃음소리가 그토록 크게 울려 퍼진 과학 학회에는 한 번도 참석해본 적이 없었다. 특히나 빌이 그 연구에 관해 무미건조하게 소개하고 그 개들이 달아나는 모습을 보았을 때는 정말이지 모두가 포복절도했다.

물론 후에 이 연구에 대한 비판이 제기되기는 했다. 개들이 보호자가 심장 마비를 연기하고 있을 뿐, 실제로 곤경에 처한 것이 아님을 알았거나 벤치에 앉아 있는 사람이 낯선 사람이라서 도움을 구하지 않았을 수도 있다는 등이었다. 이러한 비판을 수용해, 맥퍼슨과 로버츠는 그 실험을 재설계했고, 이번에는 개의 주인 위로 책장이 쓰러지도록 했다. 그리고 개가 '낯선 사람'에게 도움을 청할 수 있도록 '사고'가 일어나기 전에 그 둘을 확실히 소개했다. 크리스타와 빌은 심지어 보호자가 땅에 쓰러져 있는 동안 자신의 개에게 도움을 받으러 갈 것을 명시적으로 지시할 수 있게끔 허락했다. 그러나 이러한 실험 방식의 재설계에도 결과는 동일했다. 심장 마비 실험에서와같이, 무너진 책장 아래서 보호자를 구하는 데 도움이 될 만한 행동을 한 개는 하나도 없었다.

몇 년이 지나 개에게 인간을 도우려는 성향이 별로 없어 보인다는 개념을 더욱 강화하는 또 다른 연구 결과가 발표되었다.[28] 독일 라이프치히에 있는 막스 플랑크 진화인류학 연구소의 율리아네 브라우어Juliane Brauer와 그녀의 동료들은 플렉시 유리로 완전히 막힌 가로 2.55미터, 세로 1.35미터 크기의 구획을 만들었다. 그 구획에는 유리문도 달려 있었는데, 격실 외부 바닥의 버튼을 누르면 문이 열렸다. 브라우어의 팀은 발로 바닥의 버튼을 눌러 칸막이 문을 열 수 있도록 12마리의 개를 훈련했다. 일단 개들이 모두 문을 열 수 있게 되었을 때, 실험자들은 간식 한 조각이나 커다란 열쇠를 격실 안에 가져다 두었다.

격실이 완전히 투명했기 때문에 개들은 버튼을 누르기 전에 안에 무엇이 들어 있는지 쉽게 알 수 있었다. 격실 안에 음식이 있을 때면 개들은 거의 항상 버튼을 눌러 문을 열었다. 그것은 개들이 문 열림 메커니즘이 어떻게 기능하는지 이해하고 있음을 보여주었다. 격실 안 바닥에 큰 열쇠가 놓여 있을 때는 세 마리 중 한 마리꼴로 문을 열었다. 사람이 열쇠와 개를 앞뒤로 번갈아 바라보거나, 개를 향해 열쇠를 달라고 하거나, 문을 잡아당겨서 열어 보려 애를 쓰거나 심지어는 엄한 목소리로 "문 열어!"라고 명령을 해도 별 차이가 없었다.

후속 실험에서 브라우어의 팀은 버튼을 똑바로 가리키는 것으로 문을 여는 개의 비율을 최대 50퍼센트까지 높일 수 있었다. 그러나 나는 개가 몸짓 지시를 버튼을 누르라는 지시로 해석했을 뿐이라고 생각한다(브라우어와 그의 동료들도 이 견해를 지지한다). 그러니 문을 여는 행위가 개들이 사람을 돕는 데 관심이 있다는 생각을 뒷받침하지는 못하는 것이다.

맥퍼슨과 로버츠의 실험과 라이프치히 그룹의 실험 모두 개가 사람을 걱정해서 우리를 도우려 한다는 주장의 꽤 명확한 반증이다. 게다가 그 실험들은 매우 주의 깊게 수행된 것으로 보인다. 따라서 실험 결과만으로 판단한다면 개가 사람들을 그다지 신경 쓰지 않는다는 결론을 내려야 할 것이다.

하지만 다행히도 다른 연구들은 개가 사람에게 일어나는 일에 약간의 관심이 있음을 암시한다. 뉴질랜드의 두 대학교에서 일하는 테드 러프먼Ted Ruffman과 자라 모리스-트레이너Zara Morris-Trainor는 매우 기발한 아이디어 하나를 떠올렸다. 그것은 개에게 특별히 뭔가를 하라고 요구하지 않으면서 극도의 감정적인 고통을 겪는 사람(또는 적어도 사람의 소리)에 개를 노출하는 것이었다. 극단의 정서적 상태를 겪는 인간을 바라보면서 개가 어떤 감정적인 경험을 하는 것처럼 보이는지 알아보기 위해서였다.

러프먼과 모리스-트레이너는 인생의 가장 거리낌이 없는 단계인 유아기에서 인간의 녹음 파일을 얻었다. 이 과정에서 아기들에게는 아무런 해도 가하지 않았다. 실험자들은 완벽하게 자발적인 아기의 울음과 웃음을 녹음했다. 러프먼과 모리스-트레이너는 한 쌍의 확성기를 설치하고 번갈아 가면서 아기가 울거나 웃는 소리를 틀어놓았다. 개는 두 개의 확성기로부터 같은 거리만큼 떨어져 자리 잡았고, 각 녹음은 한 번에 20초 동안 재생되었다. 그런 다음 연구자들은 개가 두 개의 확성기 중 한쪽에 접근하거나, 아예 확성기에 접근하지 않는 경향을 측정했다. 러프먼과 모리스-트레이너는 그들이 실험한 모든 개가 유아의 울음소리를 내는 확성기 쪽으로 접근할 가능성이 더 높다는 사실을 발견했다.[29]

이 발견은 흥미롭기는 하지만, 우리에게 실제로 말해주는 사실은 많지 않다. 그것은 어쩌면 개가 아기의 고통을 걱정한다는 사실을 암시할 수도 있지만, 아기가 우는 소리가 웃는 소리보다 더 낯설고 강하거나 훨씬 더 흥미로울 뿐일 수도 있다. 그것은 개의 동정심과 걱정이 아니라 호기심을 불러일으키는 것일지도 모른다. 그러나 골드스미스 런던대학교의 데버라 커스턴스Deborah Custance와 제니퍼 메이어Jennifer Mayer는 사람들에 대한 개의 우려를 좀 더 잘 보여주기 위해 러프먼과 모리스-트레이너의 실험을 확장할 방법을 생각해냈다.

그 연구를 설계하면서, 커스턴스와 메이어는 공감과 동정 사이의 흥미로운 차이점을 인식했다.[30] 그들은 공감이 일종의 감염이라고 주장한다. 누군가가 슬퍼하는 것을 보면 자신도 슬퍼지지 않는가. 공감이 내가 경험하는 전부라면, 나는 내 슬픔을 덜 방법을 찾을 것이다. 내가 어린아이라면 엄마를 찾으러 갈지도 모른다. (하지만 나는 어린아이가 아니기에 스카치 한 잔을 따라 마실지도 모르겠다.) 반면에 동정심은 좀 더 복잡하다. 만약 내가 상대가 슬퍼하는 것을 보고 동정을 느낀다면, 나는 반드시 슬퍼할 필요가 없지만 상대의 슬픔을 위로해야 한다는 자극을 받는다. 내가 상대의 부모라면, 그 사람을 안아줄지도 모르겠다. (하지만 나는 상대의 부모가 아니기에 스카치 한 잔을 따라 마실지도 모르겠다.) 개들이 우리의 고통에 공감한다는 사실을 알게 된다면 확실히 흥미롭기는 하겠지만 만약 개들이 진정으로 그들의 인간을 걱정한다면, 우리가 찾아야 할 것은 그들의 공감이 아니라 동정이다.

러프먼과 모리스-트레이너의 연구에 이어 커스턴스와 메이어도 곤란에 처한 사람들에게 개를 노출시켰다. 하지만 실험 내용은 몇 가지 면에서 개선되었다. 곤경에 처한 사람을 만났을 때 개들이 할 만한 일반적인 반응을 끌어낼 기회를 극대화하기 위해, 그들은 실험실이 아닌 개가 사는 집에서 테스트를 진행했고, 개의 보호자도 곤경에 처한 사람의 역할을 맡았다. 한 번에 20초 동안 개의 보호자는 개를 향해 가능한 한 자연스럽게 울었다. 통제 조건으로써, 개가 우는 사람에게 보이는 반응이 단지 인간이 내는 이상한 소리에 대한 것만은 아님을 확실히 하기 위해, 개의 보호자는 또한 개를 보며 20초 동안 콧노래를 불렀다. 개들에게는 완전히 낯선 사람인 메이어도 교대로 똑같은 행동을 수행했다. 우는 상황과 콧노래를 부르는 상황 사이에서 개의 보호자와 메이어는 2분 동안 조용히 대화를 나누었는데, 그것은 개가 울음이나 웅얼거림이 불러일으키는 반응이 무엇이든 간에 그것으로부터 긴장을 풀 시간을 주기 위해서였다. 두 사람 모두 실험 내내 참석했다. 단계마다 변하는 내용은 소음을 내는 사람이 보호자인지 낯선 사람인지, 그리고 소음이 울음인지 콧노래 소리인지 뿐이었다. 사람이 달라지는 순서와 그들의 행위가 달라지는 순서도 무작위로 제시되었다.

만약 실험에 참여한 개들이 울고 있는 사람에게 다가가고 싶은 기분을 느꼈던 것이 울음소리가 상대적으로 드물게 듣는 소리라서 그랬던 거라면, 콧노래 소리도 사람들이 개들 주변에서 자주 내는 소리에 해당하지 않기에 역시 콧노래를 부르는 사람에게도 즉각적으로 다가가야만 했을 것이다. 하지만 커스턴스와 메이어의 실험 결과는 그렇지 않았다. 실험에 참여한 개들은 콧노래를 홍얼거리는 사람보다 울고 있는 사람에게 훨씬 더 많이 접근했다.

만약 개들이 공감하고 있었다면, 다시 말해 슬픈 사람을 바라보고 울음소리를 듣는 게 슬프다고 느꼈다면, 아기가 우는 사람을 볼 때마다 엄마에게 달려가는 것처럼 개들도 사람이 우는 소리를 들을 때마다, 심지어 그 사람이 자신의 보호자가 아닐지라도 역시 도움을 주기 위해 보호자에게 다가가야 한다는 결론이 난다. 하지만 이번에도 커스턴스와 메이어가 알아낸 사실은 그와 달랐다.

커스턴스와 메이어는 이 연구에 참여한 개들이 보호자가 울고 있을 때 보호자 쪽으로 다가갔다고 했지만, 개들은 낯선 사람이 울고 있을 때는 낯선 사람에게로 다가갔다. 이것은 동정심을 느낄 수 있는 능력에서 기대되는 요소, 즉 다른 존재의 복지를 걱정하고 고통받는 사람을 감정적으로 돕고자 하는 욕구와 일치한다.

분명히 말하지만 내가 이 실험에서 도출한 결론은 커스턴스와 메이어의 해석과는 매우 다르다. 두 사람은 실험 결과를 그럴듯하게 설명하기 위해 아마 개들이 인간 주변에서 폭넓은 삶의 경험을 쌓으며 과거에 슬퍼 보이는 사람에게 접근해 어떤 보상을 받았을 것이라고 주장했다.

이미 앞에서 설명했듯이 나는 이러한 과학적 발견에 대해 간단하고 간결한 설명을 선호한다. 비록 오컴 마을에서 실제로 면도날을 살 수는 없었다 할지라도 나는 필요한 명제의 수를 제한하는 간결함의 원칙이 과학적 설명의 핵심이라고 믿는다. 그러나 이 특별한 경우에서는 커스턴스와 메이어의 환원주의*식 가설이 옳다

---

* 복잡하고 고차원적인 사상이나 개념을 하위 단계의 요소로 세분화함으로써 좀 더 명확하게 정의할 수 있다는 견해이다. - 옮긴이

고 확신하지 못하겠다. 개가 행복한 사람보다 슬픈 사람에게서 더 많은 보상을 받는다는 것이 사실일까? 나는 이 개념을 테스트해 본 적이 없지만, 개인적으로는 우울할 때보다 즐거울 때 제포스에 게 간식을 더 자주 주는 경향이 있다. 나는 나만 특별히 예외적이 라고는 생각지 않고, 행복이 슬픔보다 더 관대함을 부추긴다고 말 하는 것도 과장은 아니라고 생각한다.

게다가 개가 보상에 대한 기대로 울고 있는 사람에게 접근한 다면, 왜 그들은 보호자 대신 울고 있는 낯선 사람에게 다가갔을 까? 두 사람 모두 실험의 모든 단계에 참여했다는 사실을 기억해 야 한다. 만약 울음이 간식에 대한 기대감으로 이어지는 것이라 면, 분명히 개를 키워본 적이 없는 낯선 사람보다는 과거에 종종 간식을 주었던 보호자에게 기대의 초점이 맞춰지리라 생각한다. 그럼에도 낯선 사람이 울고 있을 때 연구에 참여한 개들은 보호자 가 아니라 낯선 사람에게 다가갔다.

따라서 이러한 매혹적인 발견에 대한 가장 좋은 설명은 개가 슬픈 사람에게서 어떤 보상을 바랐기 때문이 아니라 감정이 상한 사람을 진심으로 걱정했기 때문에 그들에게 다가갔다는 것이다. 실험에 참여한 개들은 보호자든 낯선 사람이든 상관없이 우는 사 람에게 다가갔다. 그것은 공감이나 동정심을 경험했기 때문이고, 그 사람이 괴로워하는 것을 걱정했기 때문이다. 이 실험은 개들이 우리에게 일어나는 일에 관심이 있다는 확실한 증거를 제공한다.

커스턴스와 메이어의 연구는 내가 좋아하는 종류이다. 마리아 나 벤토셀라의 개 사교성 테스트와 마찬가지로 이 실험 역시 수행 은 매우 간단하지만 결과는 매우 설득력 있다. 개와 함께 산다면 직접 시도해볼 수 있을 정도다. 아무런 장비도 필요 없다. 단지 키우는 개와 보호자와 낯선 사람 한 명이면 된다. 소파나 의자 두 개를 가져다 두고 할 수도 있지만, 몸이 유연하기만 하다면 바닥에 앉아서도 충분히 시도할 수 있다. 단, 주의가 산만해지지 않도록 조용한 장소가 필요하고, 낯선 사람과 보호자가 20초씩 번갈아 가며 울거나 콧노래를 부르고 그사이 2분 동안은 휴식 시간을 가져야 한다. 그러면 자신이 키우는 개의 반응과 커스턴스와 메이어의 실험에 참여했던 개의 반응을 비교해볼 수 있다. 당신의 개도 당신과 낯선 사람의 고통에 신경 쓸까? 커스턴스와 메이어의 실험에 참여한 모든 개가 같은 식으로 행동했던 것은 아니기에 당신의 개도 내가 이 책에서 요약해놓은 내용과는 다른 식으로 반응할 가능성이 충분하다. 어쩌면 이 실험을 통해 키우는 개에 관한 놀라운 사실을, 그것도 긍정적인 방법으로 배우게 될지도 모르겠다.

개가 인간의 고통에 반응하는 방식을 살피는 이러한 연구들은, 개가 우리를 걱정하거나 적어도 우리를 중요하게 여기기 때문에, 우리가 고통받는 것처럼 보일 때 개도 감정적으로 반응한다는 사실을 암시한다. 그러나 개가 심장 마비를 일으키거나 무너진 책장 밑에 깔린 보호자를 돕지 않는다는 결과는 언뜻 이 연구들의 결론과 모순되는 것처럼 보인다. 이 명백하게 상반되는 결과를 우리는 어떻게 조정해야 할까?

이 표면적인 모순을 해결하는 한 가지 방법은 인간을 돕는 개의 사례를 실험실 밖에서 찾아보는 것이다. 물론 일부 유형의 개는 일상적으로 사람을 돕는다. 두 가지 명백한 사례로는 시각장애인을 돕는 안내견과 산에서 눈 속에 묻힌 사람을 찾는 세인트버나드 구조견을 들 수 있다. 그러나 이 개들은 훈련으로 사람을 돕는 법을 익혔기에 그 행동은 자발적이지 않고 훈련사의 의도를 반영한다. 따라서 그들의 행동은 하나의 동물 종으로서 개가 사람을 돕도록 동기를 부여받는지에 답하는 용도로는 사용될 수 없다.

하지만 고통받는 사람을 도와 놀라운 업적을 수행하는 평범한 개의 사례는 수도 없이 많다. 나는 사람들이 개가 하는 일을 해석할 때 매우 신중해야 한다고 믿는다. 개를 너무 사랑하면 판단력과 기억이 흐려질 수 있기 때문이다. 그러나 동시에 사람들이 심각하고 명백하며 일부러 꾸미지 않은 진짜 외상을 경험할 때 도움을 주려 애쓰는 개에 관한 셀 수도 없이 많은 이야기는 우리가 그 일화들을 진지하게 받아들여야 한다고 요구한다.

개가 인간을 돕는다는 사실을 명확하게 보여주는 사례 중에는 20세기의 가장 어두웠던 시기에 문서화된 것도 있다. 제2차 세계대전 기간 중 몇몇 영국 일간지는 폭파된 집의 잔해에서 보호자를 자발적으로 파낸 개에 관한 몇 편의 일화를 소개했다. 예를 들어 1940년 12월 《데일리 메일》에는 다음과 같은 기사가 실렸다. "마조리 프렌치를 구해낸 것은 12살 된 에어데일 테리어 친구인 첨이었다. 집이 파괴되었을 때 마조리는 방공호에 갇혔는데, 어느 순간 그 개의 앞발이 맹렬히 땅을 파헤치더니 그녀의 머리카락을 물고 잡아끌어 안전하게 밖으로 꺼냈다."[31]

여기서 우리는 개 보호자의 고통이 꾸며진 게 아니라 진짜였다는 사실을 알 수 있다. 고통에 찬 그녀의 외침은 분명 설득력 있었을 것이다. 첨이 해야 할 행동은 대부분의 개라면 너무도 당연히 할 수 있는 땅을 파는 일이었다. 확실히 그런 상황에서라면 개들은 실제로 그들의 보호자를 돕는다. (그건 그렇고, 첨은 후에 영국 최고의 동불 복지 단체인 '아워 덤 프렌즈 리그Our Dumb Friends League'*에서 주는 용맹 메달을 받았다.)

이것은 개가 자신이 아끼는 사람을 도울 것이라는 매우 설득력 있는 증거인데, 이와 비슷한 놀라운 이야기는 주변에서 얼마든지 찾아볼 수 있다. 그러나 시카고대학교에서 쥐를 대상으로 수행했던 아주 영리한 실험의 결과와 비교해보면 그런 일화도 그저 밋밋하게 느껴진다.

전면적인 폭로: 나는 한때 쥐를 반려동물로 키우는 여성과 사귄 적이 있다. 그 작은 녀석은 아파트 안을 열심히 돌아다녔지만, 그 생동감에도 불구하고 나는 쥐를 딱히 사회적인 동물이라고 생각해본 적이 없었다. 하지만 알고 보니 내가 틀렸다. 쥐들은 서로 아주 강한 유대를 형성하고, 같은 우리를 공유하는 두 마리의 쥐는 진정한 친구이자 동맹이 된다. 그 끈끈한 동지애 하나만으로도 쥐는 연구자들의 관심을 끌 만하고, 당연히 나도 쥐에 관심을 두었다.

같은 우리에 사는 쥐 두 마리 사이의 동지애를 측정하기 위해, 페기 메이슨Peggy Mason과 그녀의 그룹은 먼저 쥐가 들어가면 꽉 차는 작은 원통형 용기를 고안했다. 쥐가 이런 식으로 갇히는 것은 상당히 끔찍한 경험이기에, 가여운 작은 쥐들은 사람은 들을 수 없지만 자신들은 분명히 들을 수 있는 높은 데시벨의 소리로 괴

---

* 우리의 말 못하는 친구들 연맹이라는 의미이다. – 옮긴이

로움을 표현하며 울부짖는다. 용기에는 안쪽에 있는 쥐는 직접 열 수 없지만, 바깥에 있는 쥐는 얼마든지 열어줄 수 있는 미닫이문이 장착되어 있었다. 물론 바깥에 있는 자유로운 쥐가 갇혀 있는 동지를 구할 의향이 있기만 하다면 말이다.[32] 메이슨과 그녀의 동료들은 우선 갇혀 있는 쥐와 외부의 쥐가 같은 우리에 사는 친구들이라면, 동료를 꺼내기 위해 문을 열 것이라는 사실을 증명해 보였다. 메이슨 그룹은 같은 구역에 초콜릿 용기가 놓여 있더라도 쥐들이 그렇게 하리라는 사실을 계속해서 보여주었다. 즉, 자유로운 쥐는 두 용기의 문을 열고 나서 친구와 초콜릿을 공유할 것이다.

이 연구 결과에 관해 들었을 때 나는 만약 쥐들이 자신에게 중요한 대상을 자유롭게 풀어주는 것을 중요하게 여긴다면 개들도 반드시 그럴 것이라는 확신이 들었다. 이것은 개가 인간을 얼마나 아끼는지 알아볼 수 있는 이상적인 테스트가 될 듯했다. 나는 우리에게 필요한 것이 개가 열기에 어렵지 않은, 걸쇠가 겉에 달려 있고 인간이 안에 갇히도록 특별 제작한 상자와 그 안에 갇힌 채로 설득력 있게 울 수 있는 한 명의 지원자라는 사실을 깨달았다.

우리는 식료품 상자에 청테이프를 붙여 내가 '마분지 관'이라고 불렀던 것을 만드는 데서 시작했다. 커다란 상자 세 개를 해체해서 만든 그 함은 사람이 기어서 들어갈 수 있을 만큼 컸다. 상자 맨 윗부분은 테이프로 마감하지 않은 채 남겨두었고, 옆면에는 구멍을 뚫었다. 개가 안에 무엇이 있는지 확인할 수 있을 만큼 큰 구멍이었다. 상자는 주둥이를 구멍으로 밀어 넣으면 열리게끔 되어 있었다. 물론 그러기를 원한다면.

제포스는 이 최첨단 장치로 실험한 첫 번째 개였는데, 털어놓기 좀 부끄러운 일이지만, 내가 도와달라고 고함을 질러도 녀석은 그 무덤에서 나를 구해내려 시도하지 않았다. 이 프로젝트를 진행한 당사자인 내 아내와 내 제자인 조슈아 반 부르Joshua Van Bourg는 제포스가 분명히 엄청나게 괴로워하며 상자 주변을 이리저리 돌아다녔고, 아내의 도움을 받으려고 애를 쓰는 것처럼 보이기는 했지만, 스스로 상자를 열지는 않았다고 했다. 반면에 아내가 상자에 들어가 도움을 청하자 제포스는 곧바로 상자를 열고는 그 안에 갇혀 있던, 그다지 '무력해 보이지 않았던' 아내를 바로 구해냈다. 이 특정 결과는 일단 '혼합 결과'라고 하기로 하자.

이 첫 실험 이후로, 조슈아는 훨씬 더 튼튼한 상자를 만들었고, 많은 사람에게 안으로 들어가서 그들의 개에게 고통스럽게 도움을 청해달라고 요청했다. 이 연구는 이 글을 쓰는 시점에도 여전히 진행 중이지만, 조슈아는 보호자가 고통스럽게 도움을 요청하면 많은 개가 상자를 열어 그 사람을 구해준다는 분명한 증거를 이미 확보했다. 또한 쥐 연구 결과와 개 연구 결과 사이에도 차이점이 있음을 발견했다. 쥐를 장치에 넣었던 첫 번째 날, 쥐들 중 약 40퍼센트가 친구를 풀어주었다. 하지만 그렇게 하기까지 평균 1시간이 걸렸다. 실험을 매일 진행한 지 일주일이 지나고도, 오직 절반의 쥐들만이 서로를 풀어주었고, 그러기까지 대략 20분 정도가 걸렸다. 대조적으로, 조슈아가 실험한 개들은 단 2분간의 테스트에서 약 3분의 1이 보호자를 상자에서 꺼내 주었다.

내가 아는 한, 조슈아의 연구는 한 종의 개체가 다른 종의 구성원을 도울지 말지를 과학자가 최초로 테스트한 것이다. 이것이야말로 한계를 밀고 나가는 과학의 짜릿한 개척 정신이 아니고 무엇이겠는가. 그리고 나는 이 결과가 개에게는 보호자를 돕고 싶어 하는 강한 충동이 있다는 명확한 증거라고 생각한다. 여타의 다른 연구를 통해 우리는 개가 인간과의 교류에 흥미를 느낀다는 사실을 알아냈다. 그리고 이제는 이 실험 덕분에 개가 자신과 특별한 유대를 맺은 사람을 돕기 위해 애쓴다는 사실도 알게 되었다.

물론 이 연구에 참여한 개나 다른 연구에 참여한 개들 모두가 도움이 되는 쪽으로만 행동하는 것은 아니다. 하지만 나는 그것이 개 자체의 실패가 아니라 실험의 실패라고 생각한다. 도움을 청하는 외침이 지나치게 연습처럼 들리지 않게 하려면 이 실험들은 반드시 짧게 진행해야만 한다. 그래야 지원자도 끌어모을 수 있다. 게다가 개 보호자들이 모두 고통스러운 상태를 정말 설득력 있게 꾸며낼 수 있는 것은 아니다. 모든 개가 도움이 되는 행동을 하는 것은 아니라는 연구 결과는 확실히 이러한 문제에서 기인한 바가 크다.

나는 또한 어떤 개들은 도움을 주고 싶어도 뭘 어떻게 해야 하는지 전혀 파악하지 못했으리라고 생각한다. 맥퍼슨과 로버츠의 캐나다 실험에서도 분명히 일어났던 일일 것이다. 실험에 참여한 개들의 행동이 피상적으로는 재미있어 보일지도 모르지만, 그 개들 중 상당수가 보호자가 심장 마비를 일으키거나 책장 밑에 깔렸을 때 실제로 고통을 느꼈을 수도 있다. 단지 그러한 상황에서는 무엇을 어떻게 해야 하는지 전혀 단서가 없었을 뿐이다.

마찬가지로 우리 실험에 참여했던 일부 개들도 상자를 열어서 보호자를 밖으로 빼내는 방법을 이해하지 못했을 것이다. 이런 상황은 이런 종류의 행동 관찰 실험에서는 피할 수 없는 한계이다.

우리는 도움을 주고 싶어 하는 개의 관심과 욕구를 드러낼 수 있는, 가능한 한 간단한 방법을 이용하고자 이 연구를 설계했지만, 분명 이 실험은 여전히 많은 개에게 지적 도전으로 남아 있다. 짐작하겠지만 만약 집에서 반려견과 함께 이 테스트를 해보면 많은 개가 뭘 어떻게 해야 할지 몰라 어리둥절해 할 것이다.

그러나 연구에 참여한 개들을 촬영한 녹화분을 볼 때마다 우리는 개의 행동을 통해 그들이 얼마나 괴로워하는지 확인할 수 있다. 비록 상자를 열어 보호자를 꺼내주지는 않더라도, 실험 시나리오 탓에 힘들어한다. 게다가 우리의 테스트는 많은 개가 곤경에 빠진 보호자를 돕는다는 사실을 보여준다. 단 해결해야 할 문제가 개의 입장에서 봤을 때 매우 간단해야 하고 단순한 행동만으로 해결할 수 있어야 한다. 땅을 파고 잡아당기는 것은 개가 쉽게 할 수 있는 일이다. 우리가 이런 기본 매개 변수 내에서 실험한다면, 개들이 우리를 돕기 위해 다가오리라는 사실은 꽤 분명한 것 같다.

한 세기 전, 미국 동물 심리학의 선구자 중 한 명인 에드워드 손다이크Edward Thorndike(종종 파블로프처럼 행동주의의 창시자로 여겨진다)는 동물 심리학에 관한 최초의 책 중 하나에서 불평을 격하게 늘어놓았다. "개들은 수도 없이 길을 잃는다. 하지만 아무도 그것을 알아차리지 못한다. 또는 그것에 관한 논평을 과학 잡지에 보내지도 않는다. 그러나 어떤 개가 브루클린에서 용커스까지 집을 찾아가면, 그 사실은 즉시 모두가 회자하는 일화가 된다."[33]

손다이크의 지적은 좋은 의견이다. 우리는 태생적으로 신기하고 놀라운 이야기에 끌린다. 이런 이야기 속에는 약간의 진실이 포함되었을 수도 있지만, 자주 과장되어 전해지고, 사실상 동물이 실제로 할 수 있는 일을 대표하지도 않는다. 개에 관한 우리의 이해가 (개를 돌보는 방식의 이해라는 측면에 큰 이점을 부여하면서) 객관적이고 과학적으로 이루어지려면 우리는 논란의 여지 없이 개가 실제로 무엇을 할 수 있는지 규명할 실험을 설계해야 한다.

따라서 이 장에서 나는 개의 애정과 관심을 다루는 허구적이거나 간접적인 이야기는 언급하지 않으려 한다. 래시*의 공적을 다룬 이야기들이 과학적 무게를 거의 담지 못하는 것과 마찬가지로, 1940년 개 한 마리가 폭탄 맞은 집의 잔해 속에서 보호자를 구출했다고 보도한 《데일리 메일》의 기사 역시 내게는 아무런 의미가 없었다. 그것이 정말로 개가 할 수 있는 일인지 실험적으로 시험해볼 방법을 찾을 수 없다면(그러니까 실제로 누구의 집도 폭파하지 않으면서) 말이다. 개들이 곤경에 처한 인간을 도우려 하지 않는 것처럼 보였던 맥퍼슨과 로버츠의 실험이 증명해낸 사실은 내 제자 조슈아의 훨씬 더 긍정적인 연구 결과만큼이나 인간과 개의 관계에 관한 우리의 이해를 개선하는 데 매우 중요하다. 객관적인 증거가 없다면 나는 심지어 개들의 행복한 얼굴과 흔들리는 꼬리가 무엇을 의미하는지 의문을 제기할 것이다(하지만 고백하건대 아무리 나라도 흔들리는 꼬리가 기쁨을 전달한다는 사실에 의문을 제기하기는 힘들 듯하다).

나는 동물의 행동을 동물과 세상의 관련성을 보여주는 지표로 진지하게 받아들인다. 그리고 개가 진심으로 인간을 걱정한다는

---

* 소설에 등장하는 가상의 개로 팔려간 후 다시 집을 찾아 돌아온다. ─옮긴이

사실을 보여주는 행동 증거도 사방에 널려 있다. 개는 우리를 갈구한다. 우리와 함께하기 위해 음식도 무시한다. 우리가 보는 앞에서 꼬리와 얼굴로 기쁨을 표현한다. 우리가 곤경에 처하면 기꺼이 도우려는 의지를 보인다. 이 모든 것이 개가 인간과 정서적으로 강하게 교감한다는 것을 시사하는데, 그것은 대부분 과학자와 전문가가 간단히 인정하는 것보다 더 깊은 수준에서 우리가 개들에게 중요한 존재임을 보여주는 것이다.

그러나 나는 행동 연구만으로는 동기를 부여받기 힘들다는 사실 또한 알고 있다. 개는 사람이라는 존재를 어떻게 생각할까? 개의 행동이 이 질문에 대한 단서를 제공해줄지도 모른다. 하지만 실제로 그 해답을 안고 있는 것은 바로 그들의 몸이다.

제4장

몸과 영혼

제포스는 때때로 낑낑거림과 하울링을 섞어놓은 듯한 소리를 낸다. 그럴 때면 나는 녀석이 영어로 말을 하려 하는 거라고 농담을 한다. 이러한 언어 장벽에도 불구하고 나는 일반적으로 제포스를 제법 잘 이해한다. 나는 제포스가 산책과 인간 가족을 좋아하고, 함께 사는 고양이에게는 양가적인 감정을 느끼며, 개밥보다 사람이 먹는 음식을 더 좋아한다는 사실을 알고 있다. 그러나 제포스와 그 동족이 자신들의 느낌을 우리에게 직접적으로 말할 수 없다는 사실은 나 같은 과학자와 이 털북숭이 피실험자 사이에 효과적으로 장막 하나를 드리워놓는다.

그리고 우리는 그 장막 너머를 들여다보기 위해 심리학 도구들을 이용한다. 독창적인 실험을 통해 우리는 (특별한 사람이 나타난다거나, 어떤 사물을 가리키는 인간의 몸짓 같은) 세상에서 일어나는 일과 (사람에게 가까이 다가가려 한다거나, 물체를 가리키는 몸짓 지시를 따른다거나 하는) 개들의 행동 사이의 관계를 관찰할 수 있다. 이뿐만 아니라 다른 많은 실험도 확실히 유익한 정보와 함께 개에 관한 우리의 이해를 크게 높여주었다. 그러나 이런 식의 행동 연구만으로 행동에 기초가 되는 근본 동기를 얻어내기란 지극히 어려운 일이다.

따라서 갈수록 늘어가는 많은 연구 결과에도, 그리고 제포스가 내게 정서적 유대감을 느끼고 있다는 확신이 점점 커지고 있음에도, 나는 행동주의 기술의 한계점에 다가가고 있었다. 나는 또한 내 열정은 동물의 감정 연구 쪽으로 점차 기울고 있지만 많은 개 심리학자가 이를 공유하지 않는다는 사실을 통감하고 있었다. 따라서 그들도 내가 그 한계를 극복하는 데 딱히 도움이 되지는 않을 예정이었다. 그러나 심리학자들이 늑장을 부리는 동안, 다행히도 또 다른 과학자 그룹인 생물학자들은 전속력으로 질주하고 있다.

최근의 많은 과학 연구는 사람에 대한 개의 반응을 설명할 생물학적 토대를 찾는 데 중점을 둔다. 현재 개 과학 분야에서 계속 진행 중인 가장 흥미롭고 창의적인 연구 과제들도 그런 실험이다. 그리고 내 견해로는 그 연구 결과에는 개가 사람을 걱정하기 때문에 특별하다는 사실을 증명하는 데 필요한, 절대로 부인할 수 없는 확실한 증거가 포함되었을지도 몰랐다.

개가 우리 인간과 정서적인 교감을 나눈다면, 우리는 개의 몸에서, 구체적으로는 감정의 기반이 되는 생물학적 메커니즘의 활성화에서 그 증거를 찾아볼 수 있어야 한다. 오늘날 과학자들은 인간 고유의 정서적 경험과 상관관계가 있는 일련의 신경학, 호르몬, 심장, 그리고 다른 생리학적 표지* 등을 발견했다. 그런데 우

---

* 어떤 대상을 다른 대상과 구별해 인식하게 하는 표상적이거나 개념적인 특징 또는 표시 등을 의미한다. - 옮긴이

리는 모든 동물이 공통의 진화 역사를 통해 상호 연관되어 있음을 알고 있다. 그렇다면 비 인간종에서도 위에 나열한 표지(일련의 신경학, 호르몬, 심장, 그리고 다른 생리학적 표지)가 유사한 활동을 한다는 점은 그들도 인간과 유사한 내적 상태를 경험하고 있음을 암시한다고 볼 수 있다.

개가 진정으로 인간을 신경 쓰고 걱정한다면, 그들의 애정은 반드시 몸에도 깃들어 있어야 한다. 생물학 속에 묻혀 있는 개의 특별함은 우리가 그것을 조명할 수 있는 적절한 도구만 갖춘다면, 얼마든지 밖으로 끄집어낼 수 있을 것이다.

감정에 관해 이야기할 때, 우리는 자연스럽게 마음에 관해 말한다. 그리고 너무도 당연하게 우리의 감정은 문자 그대로 우리의 맥박을 빠르게 한다. 파블로프와 간트는 이미 1세기 전에 이 사실을 이해했다. 그들은 세계 최초로 개의 가슴에 전극을 붙이고 사람이 그 개가 있는 방에 들어서면 개의 심장 박동이 어떻게 변하는지 측정했다. 이 두 과학자는 친숙한 사람의 존재가 그 불안한 동물을 진정시켰다는 사실을 추론해냈다.

그리고 최근 두 명의 오스트레일리아 연구원(오스트레일리아 가톨릭대학교의 크레이그 덩컨Craig Duncan과 모내시대학교의 미아 코브Mia Cobb)이 이 계통의 연구를 이어나갔다. 둘이 함께 한 실험에서 그들은 개와 인간이 정서적으로 교감할 때, 두 심장이 말 그대로 하나처럼 뛰는 모습을 아름답게 포착해냈다. 이 연구는 어느 개 사료 회사의 지원을 받아 수행되었으며, 그 비디오는 온라인으로 찾아볼 수 있다(유튜브에서 〈혈통-함께 뛰는 심장Pedigree-Hearts Aligned〉"을 검색해보자). 나는 이 실험에 참여한 과학자들을 알고 있고, 이 연구에 관해 미아 코브와 대화도 나누었다. 유튜브에 올라있는 동영상은 너무 겉만 번지르르한 게 아닌가 싶기도 하겠지만, 연구 결과는 실제적이고 전적으로 설득력 있다.

덩컨과 코브는 심장 박동 모니터에 세 사람과 그들의 반려견을 연결했다. 이 장치는 누군가의 심장이 얼마나 빨리 뛰는지 뿐만 아니라, 두 사람이 동시에 기록될 때는 그들의 심장이 동기화되는지까지 감지한다.

이 연구를 위해 덩컨과 코브는 키우는 개와 유난히 강한 상호 의존적 관계를 유지하는 세 명의 피실험자를 선택했다. 건축가인 글렌은 빌딩 건축 현장에서 작업하던 비계가 무너지면서 크게 다쳤다. 그는 사고 후 자신이 "어두운 길"을 따라 내려갔다고 이야기했고, 다시 살아야겠다는 의지를 찾게끔 해준 공을 자신의 개 리릭에게 돌렸다. 앨리스는 태어날 때부터 청각장애인이었다. 그녀의 개 주노가 그런 그녀의 귀 역할을 하며, 주변에서 일어나는 일을 인식할 수 있게 해주었는데, 그건 주노가 아니었다면 불가능했을 일이었다. 그리고 어린 소녀인 시에나는 키우던 개 맥스의 죽음으로 엄청난 충격에 빠졌고, 그 이후로는 어떤 개도 자신에게는 맥스만큼 의미 있는 존재가 되지 않으리라 생각했다. 하지만 새로운 개 제이크는 그녀의 생각이 틀렸음을 증명해 보이기로 마음먹은 듯했다.

연구원들은 단순히 각 참가자에게 소파에 앉아달라고 요청했다. 그리고 그들의 가슴에 심박수 모니터를 부착했다. 세 번의 검사에서, 덩컨과 코브는 인간 피실험자 모두가 당면 상황에 약간

스트레스를 받고 있음을 컴퓨터 화면에 나타난 심장 박동의 흔적을 통해 알 수 있었다. 가슴에 전극을 부착하고 있는 것은 그것에 익숙하지 않은 사람의 경우 이상한 느낌일 테고, 눈 깜빡임 하나까지 전부 화면에 담아내기 위해 카메라가 지켜보는 가운데 소파에 앉아 있는 일은 적어도 약간의 불안감을 초래할 것이다. 일단 각 참가자가 자리를 잡고 나면, 역시 심박수 모니터를 연결한 참가자의 개도 방 안으로 들어간다.

개와 보호자가 함께 남겨지자마자, 인간의 심박수는 이완을 나타내며 떨어지기 시작했고 인간과 개의 심박 패턴이 빠르게 동기화되었다. 말 그대로 두 개의 심장이 하나처럼 뛰고 있었다. 그것은 인간과 개 사이에 존재할 수 있는 친밀감을 확인할 수 있는 더없이 아름다운 모습이었다.

물론 이 실험은 집에서 시도하지 말라고 조언하고 싶다. 설혹 집에 심장 박동 모니터가 있다 하더라도, 전문적인 도움 없이 개에게 그 장치를 연결하는 것은 별로 추천할 만한 일이 아니다. 하지만 키우는 반려견과 함께 앉아 있기만 해도 차분하고 깊이 이완되는 느낌이 끊임없이 밀려오기에, 그 느낌에서 우리는 이와 같은 현상의 증거를 찾아볼 수 있을 것이다. 개와 사랑을 나누며 사는 사람이라면 누구라도 이 평온함을 경험해봤으리라 생각한다.

심박수 모니터는 특별히 비싸지 않고 구하기 어렵지도 않아서, 이를 이용하면 특정 인간과 밀접한 관계에 있을 때 개의 몸에서 일어나는 일을 비교적 쉽게 연구할 수 있다. 그러나 조지아주 애틀랜타에 있는 에모리대학교의 그레고리 번스Gregory Berns의 연구는 훨씬 더 비싼 기구를 사용한다. 그는 개가 인간에게 어떻게 반응하는지 알아보기 위해 생물학을 기반으로 한 분석을 시도하며, 그의 연구는 우리의 모든 의도와 동기를 통제하는 장기인 뇌의 핵심 부위로 향한다.

2012년까지 번스는 새로운 신경경제학 분야에서 매우 확고한 명성을 쌓아온 교수였다. 신경경제학에서는 인간이 경제적 결정을 내리는 방식을 이해하기 위해 신경과학 도구를 이용한다. 번스와 그의 동료들은 자기공명영상MRI 스캐너에서 사람들이 가만히 누워 있도록 한다. 이 기계는 뇌가 깨어 있는 동안 환상적일 만큼 상세한 살아 있는 뇌의 사진을 찍기 위해 강력한 자기장을 사용한다. 과학자들은 다양한 정신 활동이 이루어지는 동안 얻은 뇌 이미지를 비교할 때 기능적 자기공명영상fMRI이라는 기술을 사용해 뇌의 어느 부분이 각각의 다양한 생각을 관할하는지 추론할 수 있다. 피실험자들이 다양한 종류의 경제 문제에 관해 골똘히 생각하는 동안 번스의 팀이 찍어낸 뇌 활동 사진은 매우 세분되어 있기에, 뇌의 어떤 부분이 경제 관련 정보를 처리하는 각기 다른 측면을 담당하는지 파악할 수 있다.

MRI 촬영 시에는 머리를 완벽하게 움직이지 않는 것이 실험의 성패를 좌우하기 때문에, 이 방식으로 뇌를 스캔할 수 있는 생물 종은 우리 인간뿐이었다. 번스는 항상 개를 가족의 일부로 간주해왔기에 자신이 사랑하는 이 애정 넘치는 동물이 살면서 대체 무슨 생각을 하는지 궁금해하지 않을 수가 없었다. 그러나 개의 뇌에서 일어나는 일을 좀 더 잘 이해하기 위해 fMRI를 이용할 수 있으리라는 생각은 해본 적이 없었다.

그러다가 2011년 5월 오사마 빈 라덴을 급습해 사살했다는 소식을 들었을 때, 한 가지 영감이 번뜩 떠올랐다. 그의 관심을 끈 것은 이 임무를 완수한 미국 해군 특수부대에 개, 특히 벨지안 말리노이즈가 있었다는 사실이었다. 번스는 자신의 매혹적인 회고록 속에서 이 새로운 연구 활동을 어떻게 계획했는지 설명하면서 비행기에서 낙하산을 타고 뛰어내리는 한 군인의 가슴에 끈으로 묶여 있던 군용견의 사진을 보고 충격을 받았음을 털어놓는다.[34] 그는 개가 그러한 극한 환경에 대처하도록 훈련받을 수 있다는 사실을 보고 깊은 감명을 받았다. 개도 (군인처럼) 산소마스크를 쓰고 있었다. 그토록 엄청난 높이에서 추락할 때의 느낌이 어떨지는 일단 접어두더라도, 항공기 소음 또한 의심의 여지 없이 극심했을 것이다.

개가 그러한 극한 조건에서 놀라운 위업을 수행하도록 훈련될 수 있다는 사실은 번스의 상상력에 불을 지펴서 마침내 그가 개의 뇌에 관한 일련의 획기적인 실험을 수행하도록 영감을 주었다. 후에 이 실험은 개를 특별한 존재로 만드는 것이 다름 아니라 인간과의 정서적 교감이라는 이론을 뒷받침할 강력한 증거를 제공하게 될 터였다.

번스는 최근에 기르던 그의 개인 캘리를 전문 훈련사인 마크 스피박Mark Spivak과 함께 하는 반려견 훈련 수업에 데리고 갔다. 그리고 스피박에게 개가 뇌 스캐너 안에 가만히 누워 있도록 훈련할 수 있다고 생각하는지 물었다.

번스는 개의 뇌를 찍은 fMRI 자료를 얻으려면 해당 개의 협조가 필요하리라는 사실을 알고 있었다. MRI 기계가 한 개인의 머릿속에서 벌어지는 상황을 보여주는 상세한 이미지를 생성하려면 환자나 연구 대상이 시끄럽고 구속적인 스캐너 안에서 완벽하게 움직임 없이 누워 있어야만 한다. 무해하다는 설명을 들은 사람들도 MRI 촬영에 불안해하는 경향이 있다. 하물며 설명을 통해서 안심시킬 수도 없는 개를 어떻게 그런 불편한 환경에서 완벽하게 가만히 누워 있도록 유도할 수 있을까?

스피박은 그것이 가능하다고 번스에게 빠르게 확신시켰다. 그는 현대적이고 인도적인 훈련 방법을 통해 개가 뇌 스캐너 속에 가만히 누워 있도록 하는 것이 가능하다고 주장했다.

번스와 스피박은 협업했다. 그들은 함께 간단한 나무틀을 만들었는데, 개는 그 속에서 앞발을 머리 양쪽으로 올려붙이고 스핑크스처럼 엎드려 눕도록 훈련받았다. 번스는 뇌 스캔 중에 MRI 기계가 내는 소음을 녹음했고, 스피박은 개들이 헤드폰을 착용할 수 있게 훈련했다. 그리고 스피커를 통해 기계의 불쾌한 소음을 계속 틀어주어서 개들이 스캐너의 딸깍거림과 윙윙거리는 소리에 완벽하게 익숙해지도록 했다.

그리고 나서 번스와 스피박은 개들이 스캐너의 좁은 터널에 들어가 있는 것에 익숙해지도록 MRI 스캐너의 모형을 만드는 일에 착수했다. 그들은 심지어 이 모형을 탁자 위로 옮겨놓고, 개가 계단을 올라가서 그 목재 스캐너 틀 안에 눕도록 훈련했다. 거기서 개들은 헤드폰을 통해 실제 MRI 기계 안에서 듣게 될 지긋지긋한 소리를 들었다. 연구에 참여할 개들의 행동을 신중하게 형성해가는 이 기나긴 과정 내내 스피박과 번스는 긍정적인 강화(간식 주기)만을 사용했고, 개들의 행동을 통해 그들이 진정으로 편안함을 느끼고 있으며 다음으로 나아갈 준비가 되었다는 사실을 확신할 때까지는 다음 훈련 단계로 넘어가지 않았다.

마침내 스피박과 번스는 몇 달간의 훈련을 마치고 두 마리의 개가 진짜 스캐너 안에서 꼼짝도 하지 않고 누워 있는 임무를 행할 준비가 되었다고 느꼈다. 훈련하는 동안, 이 개들은 뛰어난 수행 능력을 보여주었고, 연구자들은 실험 중에 발생하는 소음과 진동은 물론이고 이상한 터널 안에 갇혀 있는 상황에서도 개들이 훌륭히 대처할 수 있으리라 확신했다.

일단 그들은 개가 기계 안에서 편안히 자리 잡게 했고, 그 후 번스가 몇 가지 단계를 시행했다. 번스는 나와 동일하게 개가 그들의 인간에 대해 어떻게 느끼는지 알고 싶어 하는데, 그는 일단 개가 인간과 정서적으로 교감한다는 증거를 뇌에서 확인할 수 있는지 알아보기로 했다. 그러나 친밀한 인간과 함께 있는 상황에서 개의 뇌가 어떻게 반응하는지 해석하려면, 먼저 간식처럼 단순하고 논란의 여지가 없는 보상을 처리하는 뇌 영역을 이 기법으로 식별할 수 있는지 확인할 필요가 있었다. 간식이라는 명확한 보상에 개의 뇌가 어떻게 반응하는지 알아내야만, 개의 뇌 활동을 바탕으로 인간과의 교류가 주는 보상의 특성을 추론할 수 있을 터였다.

곧 보상을 받을 거라는 사실을 인식했을 때 개의 뇌에서 어느 부분이 활성화되는지 확인하기 위해 스캐너 안의 개에게 간식을 그냥 보여줄 수는 없는 일이었다. 개가 간식을 보면 안절부절못하며 침을 흘릴지도 모르고, 그러다가 몸을 꿈틀거리기라도 하면 선명한 뇌 활동 영상을 얻으려는 시도를 망칠 터였다. 대신 번스와 스피박은 개에게 두 개의 수신호를 가르쳤는데, 우선 왼손을 수직으로 들어 올리는 신호는 간식을 기대할 수 있음을 암시하고, 양손을 손가락이 서로 맞닿게끔 가까이 수평으로 들고 있는 신호는 간식이 오고 있지 않음을 암시했다. 두 마리의 개는 각각 번스와 그 동료들이 신호마다 뇌의 어느 부분이 활성화되는지 제대로 읽어낼 수 있도록 머리를 움직이지 않은 채로 완벽히 자세를 유지할 수 있었다.[35]

이 초기 연구에서 번스와 동료들은 관심을 끄는 무언가를 기대할 때 개의 뇌도 사람의 뇌와 똑같이 기능한다는 사실을 발견했다. 신경세포는 복부 선조체라고 불리는 뇌의 특정 영역에서 활성화된다. 선조라고 불리는 뉴런 송이의 하위 영역인 이 소구역은 뇌의 보상 시스템에서 중요한 역할을 하며, 이는 차례로 모든 종류의 행동과 관련이 있다. 따라서 보상을 기대하는 개의 뇌에서도 이 영역이 활성화되자 번스와 동료들의 접근 방식이 옳았음이 증명되었다.

이 초기 실험에는 오직 개 두 마리만이 참여했다. 그 방법이 결실을 보리라는 확신이 서지 않는 한, 번스와 스피박과 동료들은 더 많은 개를 훈련하는 데 시간과 노력을 쓸데없이 투자하고 싶지 않았기 때문이다. 그러나 이 초기 결과를 손에 쥐고 나서 연구팀은 더 많은 개를 훈련하기 시작했고, MRI 스캐너 안에서 완벽하게 가만히 누워 있을 수 있는 개를 90마리 이상 확보했다.

간식 보상에 반응하는 뇌 활동의 특정 패턴을 시각화할 수 있음을 입증하고 나서, 번스와 스피박과 팀원들은 그들이 쫓고 있는 것의 핵심, 즉 사람을 향한 개들의 애정을 입증할 뇌 활동 증거를 찾아 나섰다. 그들은 열두 마리의 개를 시험했는데, 각각의 개에게 자신의 체취를 묻혀놓은 천, 친숙한 사람의 냄새가 나는 천, 낯선 사람 냄새가 나는 천, 친숙한 개의 냄새가 나는 천, 마지막으로 낯선 개의 체취를 묻힌 천의 냄새를 맡게 했다. 이번에 연구원들은 주로 개의 주 양육자인 친숙한 사람의 냄새에 의해 복부 선조체가 활성화된다는 사실을 발견했다. 음식 보상과 관련된 뇌 중심부에 나타난 활동으로, 개의 뇌가 사랑하는 사람의 존재를 매우 큰 보상으로 처리한다는 것을 알 수 있다.[36]

냉소적인 사람은 개가 보호자의 냄새에 반응할 때 복부 선조체가 활성화된다고 할지라도, 함께 사는 인간을 떠올리게 하는 물건을 개가 보상으로 인식한다는 의미는 아니라고 말할지도 모른다. 그보다는 오히려 그 사람이 개에게 여러 번 먹이를 주었기 때문에 그 특별한 인간의 냄새가 음식을 떠올리게 해서 뇌의 보상 센터가 활성화된다고 주장할지도 모른다.

나는 어느 회의에서 그레고리 번스를 만나 이 불안감을 그에게 설명했다. 심지어 그에게 키우는 개와 공고한 관계를 맺고 있음에도 어떤 이유로든 먹이를 주지 않는 사람들과 실험을 진행해보라고 제안하기까지 했다. 그는 개와 함께 살면서 결코 먹이를 주지 않는 사람을 찾는 것이 오히려 더 힘들지도 모른다는 사실을 지적하고, 자신이 새로운 실험을 하나 진행 중인데 그게 확실히 내 걱정을 반영하고 있으니 불안을 누그러뜨려 줄 거라고 말하며 나를 안심시켰다.

아니나 다를까 번스와 에모리대학교의 연구팀은 내가 제안했던 것보다 훨씬 훌륭한 실험을 고안해냈다. 이 연구는 세 가지 단계로 이루어졌기에 좀 더 복잡했지만 그 성과는 매우 뛰어났기에, 충분히 검토해볼 가치가 있다.

먼저 번스와 그의 팀은 15마리의 개를 모집해서 MRI 스캐너에 가만히 누워 있도록 훈련했다. 개들이 각각 그 안에 누워 있는 동안 연구원들은 음식 보상이나 중요한 사람의 칭찬을 곧 받을 거라는 사실을 나타내는 신호를 보여주었다. 실험자가 긴 막대기 끝에 달린 플라스틱 장난감 자동차를 개에게 보여준다면 보호자가 3초 동안 칭찬하리라는 의미였다. 플라스틱 장난감 말은 작은 핫도그 조각을 먹게 되리라는 의미였다. 이런 식으로 과학자들은 음식 보상과 특별한 사람이 하는 칭찬이 각각 개의 두뇌 보상 센터를 얼마나 활성화하는지 측정했다.

두 번째 실험에서는 플라스틱 자동차 신호만으로 이 절차를 반복했다. 그러나 플라스틱 자동차가 제시된 후에 일반적으로 등장하는 보상(칭찬을 해주는 사람)을 가끔 제외하기도 했다. 약속된 보상이 없을 때 실망감을 나타내는 뇌 신호와, 보상이 일어남으로써 유도되는, 행복의 밑바탕이 되는 뇌 활동은 그 활성화 정도에서 확연히 차이가 난다.

이 두 번의 실험으로 번스와 그의 팀은 개가 인간에게 받는 사회적 보상을 얼마나 중요하게 여기는지 나타내는 두 가지 신경 신호를 알아냈다. 그들은 음식이나 사회적 보상 신호를 계속 전달하는 첫 번째 실험에서, 인간의 칭찬에 대한 복부 선조체의 뇌 활성화 정도를 측정하고 나서 음식에 대한 뇌 활성화 정도와 비교할 수 있었다. 이 두 신호의 차이가 각 개가 음식과 비교해서 인간의 칭찬을 얼마나 중요하게 여기는지 나타내는 첫 번째 척도가 된다.

두 번째 실험에서 기대하던 칭찬을 받을 때와 받지 못해 실망했을 때를 비교해 얻은 결과는 인간에게 받는 칭찬의 가치를 재는 두 번째 척도가 된다.

이 두 가지 척도는 밀접한 관련이 있는 것으로 나타났다. 번스가 "작고 활기 넘치는 골든 레트리버"라고 묘사했던 필 같은 개의 뇌는 음식보다 칭찬에 훨씬 강하게 활성화되었으며, 인간의 칭찬을 암시하는 신호 뒤에 그에 상응하는 결과가 뒤따르지 않았을 때의 뇌 활성화 차이가 가장 컸다. 한편 그와 정반대되는 지점에 있던 트러플스 같은 개는 칭찬받았을 때(음식과 비교해서) 뇌가 거의 흥분하지 않았으며, 칭찬이 뒤따르지 않았을 때도 실망했다는 신경학적 증거를 거의 드러내지 않았다.[37] 15마리의 개 중 2마리만이 인간의 칭찬보다 음식과 관련되었을 때 뇌가 더 활성화되었다. 다른 13마리 개의 뇌는 칭찬으로 더 활성화되거나, 이 두 종류의 보상 사이의 활성화에 아무런 차이를 보이지 않았다.

그러나 이 연구의 가장 독창적인 부분은 아직 시작하지도 않았다. 세 번째 실험에서는 똑같은 개들을 한 마리씩 큰 방으로 데리고 들어가 두 개의 길에서 하나를 선택하게 했다. 먼저 한쪽 길은 칭찬하고 쓰다듬을 준비를 하고 앉아 있는 보호자에게로 향했고, 또 다른 길은 맛있는 간식이 들어 있는 그릇으로 이어졌다. 앉아 있는 보호자와 밝은 노란색 그릇은 개가 양쪽 길 사이 선택을 해야 하는 지점에서 선명하게 보였다. 각각의 개는 스무 번씩 테스트를 받았다. 간식과 보호자의 쓰다듬는 손길 중에 하나를 선택할 수 있는 기회가 스무 번 있었다는 의미다.

번스와 동료들은 대부분 개가 음식 그릇보다는 보호자의 칭찬을 선호한다는 사실을 알아냈지만, 그들의 관찰은 간식과 보호자의 손길에 대한 평균적인 선호도 이상의 것을 가리켜 보여주었다. 이 개들의 뇌는 이미 MRI 기계로 촬영되었기 때문에 번스의 연구팀은 개의 행동을 뇌 활동 패턴에 비추어 고려해볼 수 있었다. 가장 흥미로운 발견은 보호자나 간식에 대한 각 개의 선호도가 스캐너에 나타난 뇌 활성화 패턴에 근거해 매우 정확하게 예측되었다는 것이다. 또한 뇌 검사에서 간식보다 인간의 칭찬에 강한 선호도를 보였던 펄과 같은 개는 두 개의 길 중에 원하는 경로를 자유롭게 선택할 수 있도록 했을 때, 칭찬해주는 사람을 선택하는 경우가 음식을 선택하는 경우보다 두 배 이상 많았다. 반면에 (음식과 비교했을 때) 칭찬에 뇌가 덜 반응하는 트러플스 같은 개는 역시 둘 사이에 직접적인 선택을 할 수 있을 때 음식을 인간보다 세 배나 더 자주 선택했다. 번스는 자신의 연구 결과를《뉴욕 타임스》에서 다음과 같이 요약했다. "우리는 대다수의 개가 적어도 음식을 사랑하는 만큼은 우리를 사랑한다고 결론지었다."[38] 하지만 그의 연구는 더 많은 사실을 보여준다. 바로 많은 개가 음식보다는 함께 사는 인간을 선호한다는 것, 그리고 인간에 관한 관심을 처리하는 개의 뇌 영역이 음식과 같은 기본적인 보상의 분석을 담당하는 영역과 동일하다는 사실이다.

개의 뇌가 인간에 대한 선호를 어떻게 처리하는지 그 신비를 밝혀낸 번스의 연구 성공은 실로 놀랄 만하다. 개가 우리의 언어를 말할 수 없을지는 몰라도, 번스와 그의 팀의 독창적인 연구를 통해 이제 개의 두뇌가 우리에게 직접적으로 말을 걸 수 있게 되었고, 그 메시지는 널리 퍼질 만할 뿐 아니라 분명하기까지 하다.

개가 인간에게 느끼는 친밀감은 뇌 속 깊은 곳에서 비롯되고, 뇌의 신경 활동이 그들이 우리를 얼마나 아끼는지 결정하기도 한다. 이제 내가 개는 사랑을 주기 위해 태어난 동물이라고 말한다 해도 과장은 아닐 것이다.

개를 뇌 스캐너에 가만히 누워 있도록 훈련하고 특별한 인간을 떠올리게 한 뒤 뇌의 활성화를 관찰하는 실험을 통해, 그레고리 번스와 그의 동료들은 전체 뇌 지형의 어느 영역에서 인간에 대한 개의 감정을 다루는지 알아냈다.

그러나 지형이 뇌의 전부는 아니다. 화학이야말로 뇌 활동을 특징짓는 대단히 중요한 또 하나의 차원이다. 사실상 뇌는 화학 물질 없이는 전혀 기능할 수 없다. 우리의 신경 세포는 신경 전달 물질인 전용 화학 물질을 사용해 서로 통신하고, 뇌도 역시 화학 호르몬을 통해 우리 몸의 활동을 조정한다.

이러한 신경 화학 물질 연구는 오늘날 생물학에서 가장 흥미진진한 연구 분야 중 하나이며, 과학자들이 인간과 다양한 종의 동물(그중에서도 개가 가장 중요하다) 사이의 언어 장벽을 극복하게끔 돕는다. 뇌의 지형을 통해 우리는 개에게 인간이 얼마나 의미 있는 존재인지 알려주는 강력한 단서를 얻을 수 있다. 마찬가지로 개의 뇌 속에 있는 화학 물질도 우리 두 종 사이의 관계에 관한 큰 통찰력을 제공하며, 우리가 개에게 정말 얼마나 의미 있는지 보여주는 몇 가지 놀라운 증거 또한 제공한다.

최근의 연구에서 과학자들은 개와 인간의 관계에서 주역을 맡은 특정 호르몬이 있음을 발견했다. 바로 '빠른 탄생'을 의미하는 그리스어에서 파생된 이름의 옥시토신이라는 호르몬이다. 이 물질은 영국인 헨리 핼릿 데일Henry Hallett Dale이 처음 발견했는데, 그는 1909년 뇌의 특정 부위에 있는 무언가가 자궁을 수축시킨다는 사실을 알아냈다.[39] 뱅상 뒤 비노Vincent du Vigneaud(프랑스 이름이지만 미국인이다)는 1955년에 그 화학 물질을 식별해 노벨화학상을 받았다.[40] 이로써 옥시토신은 과학자들이 온전히 그 특성을 설명한 최초의 펩타이드(아미노산으로 구성된 생화학물질)가 되었다. 옥시토신은 신경 펩타이드인데, 이는 뇌세포의 활동에 직접적인 영향을 미친다는 의미이다.

처음에는 출산과 모유 생산이라는 여성의 고유한 활동과 연관되었던 이 펩타이드가 현재는 수컷과 암컷 포유류 모두의 몸에 존재하며, 모든 종류의 친밀한 관계에서 폭넓은 역할을 한다는 사실이 알려졌다. 예를 들어 암컷 쥐가 임신하면 옥시토신 수치가 증가하고, 신경 펩타이드 수치의 변화로 새끼에 관한 관심이 높아진다. 출산하지 않은 쥐에게 이 모체 펩타이드를 주사하자 아기 쥐에 대한 관심이 늘었다. 양을 대상으로 한 연구에서도 마찬가지였는데, 출산 시 분비되는 옥시토신은 암양이 자신이 낳은 양의 냄새를 기억하게 해서 다른 양의 새끼와 자신의 새끼를 식별하고 돌볼 수 있게 한다.

각 개체들이 맺는 정서적 유대를 강화하는 데 옥시토신이 얼마나 중요한 역할을 하는지 살펴보는 연구는 개와 사람의 관계를 더 견고하고 새롭게 그릴 수 있는 초석이 된다. 그러한 연구는 인간을 향한 개의 애정이 행동을 넘어, 심지어는 뇌 스캔도 넘어 개의 신경 화학 수준에서 비롯된다는 것을 보여준다. 지금 우리가 찾는 개의 뇌 속 화학 물질은 신경 지형과 맞물려 작용하며, 개가 인간에 대해 정확히 어떻게 느끼고 우리를 향한 개의 애정이 뇌의 어디에서 어떻게 비롯되는지 알려줄, 외부 자극에 대한 감정적인 반응을 조율한다.

옥시토신이 어떻게 애정 어린 행동의 원인이 되는지에 관해 우리는 일부만 이해하고 있는데, 이는 미국 중서부의 평지와 캐나다 중부에 서식하는 한 작은 설치류 연구로 알려졌다. 흔히 프레리들쥐라고 하는 이 대초원에 사는 들쥐는 서로 밀접한 관련이 있는 다른 들쥐 종과는 달리 일부일처제이고, 두 부모 모두 새끼를 돌본다. 과학자들은 프레리들쥐가 배우자의 존재와 부재에 평생 어떻게 반응할지를 옥시토신이 조절한다는 사실을 발견했다. 예를 들어 암컷 프레리들쥐는 일반적으로 자기 짝을 선호하지만, 낯선 수컷과 함께 있을 때 옥시토신을 주사하면 그 수컷에 관심을 보인다. (수컷 프레리들쥐의 경우에도 비슷한 효과가 나타나는 것으로 보이지만 명확하지 않다.)

옥시토신은 프레리들쥐가 배우자뿐 아니라, 새끼에 반응하는 방식에도 큰 역할을 하는데, 이 신경 화학 물질에 가장 잘 반응하는 뇌의 영역도 마찬가지로 중요하다. 연구원들이 처음 이 사실을 깨달은 것은 암컷 프레리들쥐가 자기 종의 새끼에게 얼마나 큰 관심을 보이는지는 암컷마다 다르고, 이러한 가변성이 뇌의 특정 부분(이미 짐작했을지도 모르지만 일명 복부 선조체라 불리는 부분이다)에 얼마나 많은 옥시토신 수용체를 가졌는지와 밀접하게 관련되어 있음을 알아차렸을 때였다.

복부 선조체는 그레고리 번스와 동료들이 발견한, 중요한 사람의 존재를 보면 개들의 뇌 속에서 활성화되었던 그 위치이다. 선조라고 불리는 뉴런 송이의 하위 영역인 이 소구역은 뇌의 보상 시스템에서 중요한 역할을 하며, 이는 차례로 여러 종류의 행동과 관련이 있다. 그리고 의미심장하게도 그것은 옥시토신 자극에 반응하는, 신경 세포의 밀도가 매우 높은 뇌의 영역이기도 하다.

(쥐, 양, 그리고 다른 동물에 관한 연구뿐 아니라) 프레리들쥐의 연구로 얻은 이러한 발견을 통해 우리는 특정 뇌 영역과 특정 뇌 화학 물질이 함께 작용해서 정서적 유대를 맺은 같은 종의 개체 사이의 사회적 유대를 공고히 한다는 사실을 그 어느 때보다도 더 명확하게 이해하게 되었다. 최근 몇 년간 과학자들은 인간과 갯과 친구들 사이의 관계를 살펴보기 위해 이 연구를 확장해서 진행해왔다.

근래에는 다양한 다른 동물 종 사이의 유대를 조절하는 동일한 뉴런 및 신경 화학 물질이 개와 인간의 관계를 가능하게 한다는 증거가 점차 늘고 있다. 복부 선조체 속의 옥시토신은 개가 우리에게 보이는 관심에 결정적인 역할을 하는 것으로 보이는데, 이는 암컷 프레리들쥐와 그 배우자 또는 새끼 사이에서 옥시토신이 하는 역할과 거의 비슷하다. 아마도 이 현상에 대한 가장 놀라운 연구는 일본에서 나온 것 같은데, 그 연구는 정서적 유대감의 발전과 유지에서 옥시토신이 하는 역할에 초점을 맞추고 있다.

도쿄 교외에 있는 아자부대학교의 기쿠수이 타케후미菊水健史와 그의 동료들은 옥시토신이 어떻게 인간에 대한 개의 반응을 중재하는지를 이해하는 데 앞장선다. 2011년 6월 나는 운 좋게도 그들의 연구 시설을 방문할 기회를 얻었다. 솔직히 고백하건대, 나는 그들의 연구 환경이 무척이나 부러웠다. 기쿠수이의 연구팀은 행동 연구뿐만 아니라 호르몬 분석을 위한 설비까지 갖춘 개 연구 전용 건물을 가지고 있다. 하지만 내가 정말로 부러웠던 것은 집에서 실험실로 개를 데리고 다녀도 되는 업무 환경이었다. 내가 기쿠수이와 그의 동료들이 있는 사무실을 방문했을 때, 그곳에는 기쿠수이의 스탠더드 푸들 세 마리도 함께 있었다.

실험실 동물이 자신에게 중요한 사람에게 하는 행동에 옥시토신이 미치는 영향을 살펴보는 연구뿐 아니라, 우리 인간에게 옥시토신이 미치는 영향을 연구하는 것도 가능하다. 인간 지원자의 코에 옥시토신을 뿌리면 그 사람의 뇌에도 약간의 옥시토신이 들어간다. 일부 과학자들은 이 기법을 사용해 인간 피험자의 뇌 속 옥시토신의 양을 조작해 이 강력한 신경 화학 물질의 농도를 변화시킨다. 예를 들어 연구자들은 옥시토신 수치가 높아지면 낯선 사람을 더 신뢰한다는 사실을 입증했다. 또한 옥시토신의 수준을 인위적으로 증가시킨 사람들은 얼굴을 더 잘 기억하고 얼굴 사진에 나타난 감정 표현을 식별하는 일도 더 성공적으로 해냈다. 높은 옥시토신 수준이 다른 사람의 눈을 더 많이 응시하도록 유도하기 때문인 듯하다.[41]

기쿠수이 그룹은 몇 가지 연구 기법을 결합해 정말로 흥미로운 발견을 해냈다. 예를 들어 인간 지원자의 소변 샘플을 채취하고, 지원자의 개는 명령을 하면 소변을 보게끔 훈련함으로써 개와 인간이 상호 작용을 할 때 두 개체의 몸에서 변화하는 옥시토신 수치를 분석할 수 있었다. 연구자들은 이렇게 옥시토신 수치에 대한 정보를 얻는 동시에, 개와 인간 모두의 코에 옥시토신을 뿌려 이 신경 펩타이드 수치를 조작한다. 연구팀은 또한 개와 보호자가 상호 작용을 하는 동안 그들의 행동이 옥시토신 수치에 따라 어떻게 변화하는지 평가하도록 그 모습을 녹화할 비디오카메라를 설치했다.

인간과 갯과 피험자의 신경 화학 물질을 측정하는 이 혁신적인 접근법을 사용해서 기쿠수이와 그의 공동 연구자들은 인간과 개의 옥시토신 수치가 서로의 눈을 바라볼 때 치솟는다는 놀라운 사실을 발견했다. 이 효과의 정도는 개와 보호자 사이 정서적 유대감의 강도에 따라 달라진다. 키우는 개와 보호자의 정서적 유대가 강하면 강할수록 개가 더 오랫동안 보호자의 눈을 응시하는 것으로 밝혀졌다. 결과적으로 키우는 개와 강한 유대 관계를 맺은 사람의 옥시토신 수치는 그렇지 않은 사람보다 훨씬 높아진다. 기쿠수이의 연구팀은 또한 개에게 옥시토신을 사용하면 개가 보호자를 더 많이 바라본다는 사실도 발견했다. 그러고 나서 인간의 소변에서 옥시토신 수치를 측정했더니, 옥시토신을 투여받은 것이 개였음에도 불구하고 사람의 옥시토신 수치도 급격히 상승했다. 아자부 대학교 연구팀은 옥시토신을 투여받은 개는 사람이나 다른 개들과 놀고 싶어 하는 경향도 강해진다는 사실도 발견했다.[42]

이러한 발견은 인간 산모와 유아를 관찰한 결과와 아름다울 정도로 비슷하다. 즉 옥시토신 수치가 높은 산모는 수치가 낮은 산모보다 더 오랫동안 아기의 얼굴을 응시한다. 어머니들이 아기의 얼굴을 응시할 때 강하게 고조되는 감정에 부모라면 남녀 상관없이 누구든 공감할 것이다. 이 신경 기제와 정확히 같은 요소들이 격렬하게 활성화되는 동안, 비슷한 시나리오 속에서 인간과 개사이를 지나고 있을, 표면으로 드러나지 않는 감정의 깊은 흐름을 상상해보자.

이러한 발견은 매우 흥미진진하다. 하지만 이 발견은 빙산의 일각에 불과하다. 인간과 개 사이의 강력한 유대에서 옥시토신이 하는 역할에 관한 최첨단 연구가 오늘날 전 세계에서 진행되고 있다. 내가 인간-개 옥시토신 연구에 대한 국가별 기여도 순위를 매긴다면, 일본 외에 최고 자리를 노리는 또 다른 경쟁자는 스웨덴이 될 것이다.

최근 스웨덴을 방문했을 때, 나는 가능한 한 많은 스웨덴 옥시토신 연구자들을 만나고 싶었지만, 여러 요인 탓에 일정에 제약이 있었다. 내가 존경하는 젊은 과학자 중 한 명인 테리스 렌Therese Rehn도 갓 출산한 아기 때문에 시간을 내기 힘들었지만, 그래도 우리는 두어 시간 정도 짬을 내 스톡홀름 중앙역에서 만나 커피와 차를 마셨고, 그 짧은 피가(간식을 먹는 스웨덴의 휴식 시간) 동안 많은 얘기를 나눌 수 있었다. 렌은 그동안 옥시토신이 개와 인간의 유대감에 미치는 영향에 대해 더욱 놀랄 만한 세부적인 사항을 알아낼 수 있었다고 했다.

웁살라에 있는 스웨덴농업과학대학 동료들과 함께, 렌은 가족이 집을 비웠다가 돌아왔을 때, 개들이 반응하는 방식을 조사했다. 그것은 우리를 향한 반려견의 애정이 얼마나 깊은지 정확히 보여주는 지표 중 하나이며 항상 나를 놀라게 하는 현상이다. 그동안 내가 알아 왔던 개들이 그들의 감정을 어떻게 드러내 보였는지 생각해보면, 그 애정의 가장 강력한 표현이라 생각되는 것은 한동안 떨어져 있다가 다시 만났을 때 그들이 보여주는 행동이다.

여기 애리조나주 피닉스에서는 사람들이 개를 공항으로 데리고 나갈 수 있다. 아내나 아들이 보안 검색대를 통과해 나타날 때, 제포스가 열광하는 모습을 보는 것은 정말이지 흥분된다. 나는 제포스가 아내와 아들을 다시 만나서 얼마나 기쁜지 표현하는 자세와 행동을 보고 있노라면, 제포스의 표현력이 나보다 훨씬 낫다는 생각에 부러움을 느낄 지경이다. 영국인의 신중함을 타고난 탓에 나는 공공장소에서 사랑하는 사람을 수선스럽게 반길 수 없지만, 제포스는 그런 금기사항 같은 건 알지도 못한다. 녀석은 짖고, 몸을 낮추어 꼬리를 낮게 흔들다가 펄쩍 뛰어올라 얼굴에 입을 맞춘다. 낯선 사람이 시선을 돌려 빤히 응시해도 제포스는 부끄러움 자체를 알지 못한다.

나는 이 친숙하지만 불가사의한 순간에 개의 뇌 속에서 무슨 일이 일어나고 있을지 연구한다는 아이디어가 마음에 든다. 다른 종의 구성원을 향한 이 명백한 애정의 분출이라니. 실험을 위해서 렌과 그녀의 동료들은 12마리의 비글을 데려다 놓고 각 개에게 중요한 인간이 25분 동안 방을 떠나기 전과 후에 옥시토신 수치를 측정했다. 인간은 모두 세 그룹으로 나뉘었는데, 각 그룹은 이 짧은 이별 이후 개와 재회할 때 어떻게 행동해야 할지 서로 다른 지침을 받았다. 첫 번째 그룹은 개와 친밀한 언어적 육체적인 접촉(다정하게 말을 걸거나 쓰다듬어 주는 등)을 하도록 지시받았고, 두 번째 그룹은 단지 기분 좋은 목소리로 개에게 간단히 말을 걸도록 했으며, 마지막 그룹은 수동적으로 자리에 앉아 책만 읽을 뿐 아무것도 하지 말라는 지침을 전달받았다. 각각의 재회 순간에 인간과 개를 4분 동안 관찰했다.

렌의 팀은 재회 시에 인간이 개를 무시하더라도 개의 옥시토신 수치가 증가한다는 것을 발견했다. 그러나 개와 더 많이 언어적 육체적으로 교감할수록 개의 옥시토신 수치가 계속 증가했다. 이러한 결과는 특별한 사람의 재등장에 보여주는 개들의 명백한 감정적 반응이, 개인들 간의 가장 중요한 감정적 유대에 긴밀히 관여하는 두뇌 메커니즘에 의해 어떻게 보강되는지 증명한다.

스웨덴에 체류하는 동안 나는 또 다른 스웨덴 젊은이인 린셰핑대학교의 미아 페르손Mia Persson과도 이야기를 나누었다. 그녀는 인간과 개의 관계에서 옥시토신이 하는 역할을 더 깊고 흥미진진한 수준, 즉 옥시토신이 뇌에 영향을 미칠 수 있도록 옥시토신 수용체를 암호화하는 유전자 수준까지 파헤치고 있었다. 인간과의 접촉에 다소 흥분하는 개의 성향과 그 DNA의 관계를 살펴봄으로써, 페르손과 그녀의 공동 연구자들은 인간에 대해 개들이 느끼는 감정의 정도를 가장 깊은 생물학적 분석 수준에서 파헤친다.

페르손과 동료들은 60마리의 골든 레트리버를 그들의 보호자와 함께 한 마리씩 실험 장소로 데리고 들어갔다. 그런 다음 레트리버가 불가능한 문제를 해결하려 애쓰는 동안 코에 옥시토신을 분무했다. 레트리버는 특수 제작된 용기 안에 들어 있어서 눈에 보이지만 쉽게 꺼낼 수 없는 간식을 꺼내려 애쓰는 중이었다. 이런 상황에 놓인 개는 도움을 청하기 위해 재빨리 간청하는 눈빛으로 근처에 있는 인간을 바라볼 것이다. (이 부분은 독자들도 집에서 매우 쉽게 실험해볼 수 있다. 대부분 개는 도움을 청할 수 있는 사람이 옆에 있으면 무언가를 얻으려는 노력을 너무도 쉽게 포기해버려서 보호자를 상당히 당황스럽게 한다.) 앞서 일본의 연구에서 본 내용과 비교해보면, 아마 놀라운 결과일지도 모르겠지만, 옥시토신 수치가 치솟은 개들은 신경 화학 물질을 분무 받지 못한 대조군에 있는 개들보다 평균적으로 보호자 쪽을 덜 바라봤다.

그러나 페르손의 연구에는 추가 단계가 있었다. 그녀의 연구팀은 면봉을 사용해 각 개의 뺨 안쪽에서 DNA 표본을 채취했고, 이 유전 물질을 사용해 옥시토신으로 활성화되는 뇌 수용체를 담당하는 유전자를 분석했다. 그리하여 모든 개가 같은 방식으로 옥시토신에 반응하는 것은 아니라는 사실을 발견했는데, 이는 왜 인간에 대한 정서적 반응의 강도가 개마다 다른지 설명하는 데 도움을 준다.

린셰핑의 연구자들은 뇌의 옥시토신 수용체를 암호화하는 유전자가 DNA의 네 글자* 중 두 개, 즉 A와 G만을 사용한다는 것을 발견했다. 모든 유기체는 각각의 유전자 사본 두 개를 가지고 있기에, 모든 개가 다음의 방식 중 하나로 옥시토신 수용체 유전자를 가질 수 있다. AA (A의 사본 2개), GG (G의 사본 2개), 또는 AG (각 유형의 사본 1개씩). 이 작은 차이점이 개가 옥시토신을 처리하는 방식과 인간과 교류하는 방식에 큰 영향을 미치는 것으로 보인다.

옥시토신-수용체 유전자의 첫 번째 철자 배열을 가진 개들은 두 번째나 세 번째 배열을 가진 개보다 현저하게 인간 지향적인 행동을 보였다. AA 버전을 가진 개는 다른 두 버전 중 하나를 가진 개보다 빨리 보호자에게 도움을 구했고, 옥시토신이 코에 분사되었을 때, AA 유형의 옥시토신-수용체 유전자를 가진 개는 심지

---

* DNA를 구성하고 있는 네 가지 염기, 아데닌(A)·구아닌(G)·사이토신(C)·타이민(T)을 의미한다. – 옮긴이

어 그보다 훨씬 더 빨리 인간의 도움을 구했다.[43]

이 엄청난 발견은 우리에 대한 개들의 애정을 그들의(그리고 우리의) 가장 기본적인 생물학 구성 요소인 유전자 암호와 연관 짓는다. 페르손과 동료들이 수행한 연구(인간을 대하는 개의 행동에 관여하는 신경 펩타이드의 효과에 특정 형태의 유전자가 어떻게 영향을 미치는지 분석한 연구)는 생물학적 정체성의 가장 깊은 수준에서부터 정서적인 상태를 표현하는 가장 높은 행동 수준에 이르는 길고 구불구불한 선을 연결한다. 이것이 참으로 놀라운 일인 이유는, 인간에 대한 개의 감정 속으로 향하는 흥미진진한 새로운 연구의 물결에 첫발을 내딛는 것이기 때문이다.

연구자들은 개의 DNA와 개-인간 관계의 관련성에서 다른 흥미로운 차이점도 발견했다. 예를 들어 헝가리 부다페스트의 선구적인 연구 프로젝트인 패밀리 도그 프로젝트의 애너 키스Anna Kis 와 동료들은 개 유전학의 놀라운 복잡성을 입증해 보였을 뿐 아니라, 옥시토신 수용체 유전자에 대한 미아 페르손의 연구에 더욱 매혹적인 반전을 추가했다. 키스와 동료들은 서로 다른 두 종의 개를 조사해 다양한 결과를 도출해냈다. 그들이 저먼 셰퍼드와 보더콜리의 코에 차례로 옥시토신을 뿌리자, 각 개가 가진 옥시토신 수용체 유전자의 종류가 결과에 바로 영향을 끼치지 않고 유전자의 형태와 개의 품종의 조합에 따라 반응이 달라졌다. 저먼 셰퍼드가 옥시토신 수용체 유전자의 특정 형태를 가졌을 경우 코에 옥시토신을 분사하면 더 우호적인 태도로 반응했다. 그러나 보더콜리는 저먼 셰퍼드를 덜 우호적으로 만든 유전자 형태를 가지고 있을 때 더 친근하게 행동했다.

이 연구 결과는 유전자와 행동 사이의 관계가 얼마나 복잡한지 단적으로 보여준다. 신경 펩타이드 옥시토신에 대한 행동 반응에서 이렇듯 미묘한 차이를 유발하려면 저먼 셰퍼드와 보더콜리의 게놈은 그만큼 충분히 달라야만 한다. 구체적으로 말하자면, 이 두 품종의 서로 다른 유전자 암호가 각자의 옥시토신 수용체 유전자가 신경 화학 물질과 상호 작용을 하는 방식에 영향을 미치고, 그 결과 우리는 이 두 유형의 개에게서 확연히 다른 애정 표현 행동을 보게 되는 것이다.

애정을 표현하는 행동에서부터 애정을 느끼게 하는 호르몬까지, 그리고 이 호르몬을 만들어내기 위해 뇌의 수용체를 암호화하는 유전자에 이르기까지, 과학자들은 개의 몸이 정서적 유대를 위해 프로그래밍 되어 있다는 더 많은 증거를 찾아내며 개의 생물학적 본질을 점점 더 깊게 파고 들어가는 중이다. 그러나 이러한 증거가 설득력 있기는 해도 개가 그런 점에서 고유하다는 사실을 증명하지는 않는다. 애초에 내가 이 탐구에 흥미를 갖게 했던 질문, 즉 무엇이 개를 그토록 특별하게 만드는가에 대한 답이 되지는 않는다는 것이다.

행동주의 과학자로서 나는 당연히 개의 행동에 관한 연구에 가장 정통하다. 하지만 나는 행동에 관한 측면이든 아니든 간에 DNA로 요약해서 두 종(또는 아종亞種. 오늘날 대부분 동물학자는 개를 그 자체의 고유한 종이 아니라, 늑대의 아종으로 본다) 간의 결정적인 차이를 설명해야 한다고 여긴다.

개에게 뭔가 특별한 점이 있다면 나는 그것이 개의 유전자 때문이어야 한다고 생각했다. 늑대와 개 사이에 있는 지속적이고 양도할 수 없는 행동 양식 차이는 그게 무엇이든 유전자 암호로 작성되어 있어야 한다. 물론 찾기가 쉽지는 않을 테지만 어딘가에 반드시 있어야만 했다. 미아 페르손과 애너 키스의 연구 결과는 유전자가 개의 특징적인 행동에 어떤 영향을 미치는지 우리가 살짝 엿볼 수 있게 해주었지만 사실상 그와 같은 증거는 어딘가에 더 많이 있어야만 했다.

우리는 이제 개의 유전자 암호를 설명하는 큰 책에 들어 있는 모든 글자를 알고 있다. 그것은 2004년에 타샤라는 복서*가 매사추세츠주 케임브리지에 있는 브로에드(철자는 'Broad'이나 발음은 'Bro-ed'로 한다) 연구소의 커스틴 린드블라드-토Kerstin Lindblad-Toh가 이끄는 프로젝트에서 완전한 게놈 서열을 가진 네 번째 포유류가 되었기 때문이다. 개에게 암과 같은 유전 질환이 있을 때 이 정보가 엄청나게 유용하다는 사실이 계속 입증되고 있다. 이 하나의 돌파구에서 비롯된 발견들은 무엇이 개를 그렇게 특별하게 만드는가에 관한 신비를 풀어줄 열쇠도 가지고 있다.[44]

최초의 개 게놈이 발표된 해로부터 5년 후, 로스앤젤레스 캘리포니아대학교의 젊은 유전학인인 브리지트 폰홀트Bridgett VonHoldt가 이끈 한 연구팀은 "개의 가축화 뒤에 숨겨진 풍부한 역사"를 흥미롭게 폭로하려는, 다소 건조한 제목의 논문 한 편을 발표했다. 나는 그 논문에 매혹되었는데 사실상 내가 그 학술 기사에서 읽은 내용이 무엇이 개를 그토록 독특한 존재로 만드는가에 관한

---

* 군용견이나 경찰견으로 주로 일하는 독일 중형견이다. – 옮긴이

내 이해를 바꾸어 놓았다고 해도 과언이 아닐 듯하다.

폰홀트와 그녀의 동료들은 어떻게 자신들이 912마리의 개의 게놈(사실상 912마리의 개 게놈)을 늑대의 게놈(실제로는 225마리의 늑대 게놈)과 비교 추적해나갔는지 설명했다. 연구원들은 유전 물질의 작은 조각을 하나하나 살펴보면서 그것이 최근 진화의 징후를 보이는지 확인했다. 우리가 개에 관해 이야기할 때 '최근의 진화'란 특정 늑대가 개가 된 과정, 즉 일반적으로 가축화라 불리는 과정을 의미한다. 폰홀트와 그녀의 동료들은 본질적으로 개를 개로 만든 유전적 변화를 찾고 있었다.[45]

모두가 자신이 훈련받은 분야가 아닌 다른 과학 지식 분야의 언어를 꽤 어려워하겠지만, 내 경우에는 유전학자들의 언어가 그중 최악이었다. 당시 나와 내 대학원생 제자였던 모니크 우델(현재 오리건 주립대학교의 교수)은 폰홀트와 동료들이 쓴 그 논문을 읽고 또 읽었다. 그럼에도 처음에는 우리가 관심을 두고 있는 질문과 관련된 내용, 즉 심리적인 차원에서 개를 특별하게 만드는 게 무엇인지에 대한 내용은 전혀 찾을 수가 없었다. '기억 형성 및 행동 민감성'을 위한 유전자에 관한 몇 가지 사항과 다른 흥미로운 내용들도 조금씩 찾을 수 있었지만, 개가 그들의 지성 때문에 돋보이는지, 아니면 정서적 유대를 맺을 수 있는 능력 때문에 눈에 띄는 것인지를 다루는 내용은 전혀 찾아볼 수 없었다.

그러다가 우리는 어디선가 불쑥 튀어나온 유전자 관련 내용 한 조각과 마주쳤다. 실험에 참여한 연구원들이 "뛰어난 사교성 같은 사회적 자질로 발현되는, 인간의 윌리엄스-뷰렌 증후군에 책임이 있는 유전자"와 비슷한 돌연변이를 관찰했다는 내용이었다.[46]

"뛰어난 사교성", 이것이야말로 우리가 행동을 연구하면서 계속 보고 있던 현상의 완벽한 요약이 아니었을까? 그것이 인간과 개의 관계를 규정하는 강한 정서적 유대를 기술적으로 이야기하는 방식이 아니었을까? 나는 즉시 달려가서 이 윌리엄스 증후군(윌리엄스-뷰렌 증후군)을 조사하기 시작했고, 곧 윌리엄스 증후군에는 (일반적으로 알려진 바와 같이) 많은 증상이 있지만 과장된 사교성이 가장 두드러진다는 사실을 알게 되었다.

윌리엄스 증후군을 앓고 있는 사람에게는 '낯선 사람'이라는 개념이 없다. 그들에게는 모두가 친구다. 윌리엄스 증후군을 앓고 있는 사람에 대한 일반적인 설명은 "외향적이고 극도로 사교적이며, 매우 친근하고, 사랑스럽고, 타인에게 극단적인 관심을 보이며, 낯선 사람을 두려워하지 않는다"이다.

나는 텔레비전 쇼 〈20/20〉에서 다루었던, 이 증후군을 앓는 아이들을 위한 한 뉴욕 북부 지역의 여름 캠프 영상 일부를 ABC 뉴스 온라인에서 찾을 수 있었다. 그 캠프는 "모두가 당신의 친구가 되고 싶어 하는 곳"이라는 자막으로 소개되었고, 캠프를 취재한 크리스 쿠오모 기자는 자신이 받은 환영의 열기에 확실히 압도당했다.[47] 아이들은 카메라 앞에서도 전혀 주눅 들지 않고, 쿠오모에게 연신 질문을 던졌다. 아저씨는 어디서 왔어요? 아저씨는 무슨 색을 제일 좋아해요? 아저씨는 아이가 있어요? 어느 시점에서, 아마 열두 살쯤 되었을 듯한 어린 소녀 하나가 그에게 여자애들을 좋아하느냐고 물었고, 그가 "그래, 난 여자애들을 좋아해"라고 대답하자 소녀는 키득거리면서 부끄러움에 손으로 얼굴을 가렸다.

이 비디오를 본 나는 유튜브 채널에 올라가 있는, 사람들이 개의 행동을 흉내 내는 웃긴 영상들을 떠올렸다. 그중에서도 나는 지미 크레이그와 저스틴 파커의 〈고양이 친구 vs. 개 친구Cat-Friend vs. Dog-Friend〉를 특히 좋아하는데, 내가 이 글을 쓰는 시점에 그 영상의 조회수는 2,600만을 기록하고 있었다.⁴⁸ 개 역할의 저스틴 파커는 윌리엄스 증후군 아이들의 모습을 그대로 보여준다고 이야기된다. 매우 친절하고, 사랑스럽고, 매력적이고⋯ 등등 그는 마음속에 떠오르는 온갖 형용사 그 자체일 뿐 아니라, 〈20/20〉의 해당 코너에 등장했던 아이들의 모습을 너무도 잘 묘사한다.

나는 윌리엄스 증후군을 앓는 아이들의 모습이 다소 충격적으로 다가왔다는 사실을 인정해야만 하겠다. 어리석은 소리로 들릴지도 모르겠지만, 그 방송을 보는 동안, 나는 마치 개 흉내를 내는 아이들의 캠프를 바라보는 것 같은 기분을 느꼈다. 그리고 그런 생각을 하자마자 부끄러웠다. 내가 개를 얼마나 사랑하는지와는 상관없이, 아무도 (부디 희망하건대) 자기 아이를 개로 생각하게 하고 싶지 않을 것이다. 당시 내 아들도 그 방송에 나오는 아이들 또래였다. 나는 누군가가 그 애를 개에 비유함으로써 비인간화하는 것을 원하지 않았다.

나는 내가 보고 있는 것이 심정적으로 다소 당황스러웠지만, 과학적으로는 엄청나게 흥분했다. 윌리엄스 증후군을 가진 아이들의 행동과 개가 직관적으로 행동하는 방식 사이의 연관성이 강하게 느껴졌기 때문이었다. 이것이 누락된 연결고리일까? 무엇이 개를 주목할 만한 존재로 만드는지에 관한, 오랫동안 찾아온 단서일까?

내가 보고 있는 것이 과학적으로 어떤 의미가 있을지 생각하면 할수록, 과학적인 채찍질도 느끼기 시작했다. 개와 늑대의 행동을 비교하는 연구를 수행하면서 모니크와 나는 개나 늑대의 행동 방식이 특정한 유전적 유산의 직접적인 결과가 아니라고 종종 지적해왔다. 유전자의 영향은 삶의 경험에 따라 크게 변화한다. 늑대가 인간의 몸짓 지시를 따를 수 있는지 없는지에 관해 다른 과학자들과 논쟁을 하던 시절, 우리는 다른 종의 몸짓 지시를 따르는 능력은 강아지나 아이가 세상에 태어날 때 완전히 형성된 채로 타고나는 것이 아니라고 설명하는 데 어려움을 겪었다. 심지어 인간의 아이도 주변 사람들이 하는 몸짓 지시를 따르게 프로그래밍 되어 태어나지 않는다. 첫 돌이 지나고 어느 정도 시간이 흐른 뒤에야 아이들은 팔이나 다른 신체가 가리키는 것을 확실히 따를 수 있게 된다. 모니크와 나는 비록 개에게는 꽤 흔한 일이지만 늑대에게는 상당히 예외적인 상황에 해당하는, 인간 주변에서 인간의 손에 키워진 특정 늑대들은 실제로 인간의 몸짓 지시를 기꺼이 따르고 그 의미를 이해하려는 준비가 되어 있다는 사실을 보여줄 수 있었다.

지금껏 유전적 정체성보다는 경험의 중요성을 강조하는 데 큰 노력을 기울여왔던 모니크와 나는 유전학에서 발견해낸 사실에 그토록 흥분을 느낀 것이 조금 이상하다고 느꼈다. 그러나 우리는 개의 행동과 유전학의 관련성을 부정한 적이 한 번도 없었다. 그리고 무엇보다도 우리가 개라고 부르는 늑대의 아종과 여전히 늑대로 인식되는 늑대의 다른 아종을 구분하는 요소가 그들의 유전자 암호 속에 있어야만 한다는 것은 분명했다.

우리가 이 흥미진진한 순간을 공유한 직후, 모니크는 자신만의 연구실을 설립하기 위해 오리건 주립대학교로 떠났다. 물론 그녀와 나는 계속 연락을 취했고, 종종 우리가 공유하는 과학의 매력에 관해 이야기를 나누었다. 모니크가 내게 브리지트 폰홀트와 어느 학회에서 우연히 마주쳤다고 말한 것은 그녀가 오리건주로 이사한 지 채 1년이 되지 않았을 때였다. 브리지트는 윌리엄스 증후군 유전자를 늑대에서 개로 이행해가는 진화 과정의 중요한 유전적 변화로 봤다. 모니크와 나는 그 두 종의 갯과 게놈의 미세한 변화가 늑대와 개의 행동에서 볼 수 있는 근본적인 차이의 원인인지 실험할 방법을 찾고 싶었다. 우리는 이 흥미로운 문제를 공략하기 위해 협업을 하기로 했다.

모니크와 브리지트와 나는 늑대가 개로 진화하는 과정에서 변했다고 브리지트가 밝힌 유전자가 개의 '엄청난 사교성'에 책임이 있는지, 개의 성격과 관계없어 보이는 윌리엄스 증후군의 다른 증상들은 상관이 없는지 구별해낼 방법을 찾아야 했다.[49] 우리는 윌리엄스 증후군이 많은 수의 유전자(약 27개)와 관련이 있으며, 그 증후군을 앓는 사람은 우리의 흥미를 유발한 엄청난 사교성뿐만 아니라 다른 광범위한 증상도 보인다는 사실을 명심해야만 했다. 그들의 얼굴 구조는 요정을 닮았다 해서 '엘핀'으로 묘사된다. 또한 그들은 심장 문제를 겪을 수 있고 청각은 매우 민감하며 특히 지적인 제약을 주로 받는다.

내가 빈 수의과 대학에 있는 울프 과학 센터를 방문할 기회를 얻은 것은 바로 이 모든 것에 관해 한참 생각하고 있을 때였다. 나는 그곳에서 개와 늑대의 실로 엄청난 행동 차이를 구체적으로 볼 수 있었다.

행동 생물학자인 쿠르트 코트르샬Kurt Kotrschal, 프리데리케 레인지Friederike Range 및 소피아 비라니Zsofia Viranyi가 설립한 울프 과학 센터는 동일한 조건에서 개와 늑대를 키우면 누구라도 얻을 결과의 근사치를 내놓는다. 빈에서 남서쪽으로 약 한 시간 거리에 있는 와인 고장, 성 주변의 아름다운 마을에 위치한 울프 과학 센터에는 사람의 손에 길러져서 사람과의 친교를 쉽게 받아들이는 늑대가 스무 마리가 좀 넘게 살고 있다. 그 센터에 방문했을 때 나는 이미 인디애나에 있는 울프 파크에서 인간의 손에 양육된 늑대들과 여러 차례 시간을 보낸 적이 있었다. 따라서 늘 늑대의 고귀함에 경이로움을 느끼기는 했지만 딱히 그들만을 보고 싶었던 것은 아니다. 정말 내 흥미를 끌었던 것은 그 센터에 있는 개들이었다.

울프 과학 센터는 최대한 통제된 상황에서 늑대와 개의 행동을 비교할 수 있도록 센터에 있는 늑대들과 비슷한 조건에서 수십 마리의 개를 키우고 있다. 그 말은 강아지들이 생후 몇 주 지나지 않아 어미 개에게서 떨어져 인간 보호자의 손에 길러진다는 의미이다. 그런 다음 일단 강아지가 독립할 수 있을 만큼 충분히 자라면, 울타리 지역으로 옮겨가고, 그곳에서 주로 개들과 함께 생활한다. 인간이 그들을 키웠기 때문에 그 개들은 우리가 흔히 알고 있는 반려견과 마찬가지로 인간을 사회적 동반자로 기꺼이 받아들인다. 개와 늑대 둘 다 매일 사람을 만나고 교류하지만, 여전히 기본적으로는 같은 종 사이에서 삶을 영위해간다. 그리고 그곳의 개와 늑대는 거의 비슷하게 길러지기 때문에, 과학자들이 심리 검사를 통해 관찰할 수 있는 두 종 사이의 차이점은 확실히 양육 이

외의 다른 원인에서 기인한다.

내가 방문했던 쌀쌀한 2월의 어느 날 나를 반갑게 맞이한 소피와 프리데리케와 쿠르트는 센터 이곳저곳을 둘러보게 해주었다. 시설은 매우 훌륭했다. 늑대와 개를 수용하는 많은 보호 구역과 거의 숲속의 클럽하우스에 비견될 만한 연구동 건물이 있었다.

경내를 둘러보기 위해 나선 우리는 가장 먼저 늑대를 찾아갔다. 그들은 그 주 초 불어온 눈보라에서 녹지 않고 남은 눈 덩어리 사이사이에 평화롭게 누워 온화한 햇살을 만끽하고 있었다. 우리가 다가가는 소리를 듣자, 전부라고는 할 수 없지만 많은 늑대가 일어나서 기지개를 켜고 울타리 주변을 어슬렁거렸다. 함께 간 사람 중에 늑대와 친숙한 이들은 철망 사이로 늑대들을 쓰다듬어 주었다. 대부분의 늑대는 그 손길에 관심이 있었고 고마워하는 듯했다. 꼬리를 부드럽게 흔들면서 쓰다듬는 손길을 받기 위해 앞으로 나섰지만, 방문객을 향한 경계는 늦추지 않았다. 늑대 중 일부는 우리를 완전히 무시했다.

그러고 나서 우리는 개들이 사는 곳까지 더 멀리 걸어갔다. 우리가 채 울타리 앞에 도착하기도 전에 개들은 짖기 시작했고 신이 나서 낑낑거리며 우리를 향해 달려왔는데 그동안 꼬리는 끊임없이 세차게 흔들렸다. 우리를 처음 알아차린 개들은 뒤쪽에 있는 다른 개들에게도 사람이 왔다는 것을 알려주었고, 울타리에 가까워질수록 미친 듯이 흥분해 위아래로 펄쩍펄쩍 뛰어오르는 개들의 불협화음으로 귀가 멍해질 지경이었다.

그 순간 나는 잠시 멈춰서서 서로 밀접하게 관련된 이 두 아종의 동물에 둘러싸이는 상황이 어떻게 다를지 사색해봐야 했다. 울프 과학 센터의 늑대들이 지금껏 아무도 해치지 않았다는 사실을 알고 있다고 해도 마음 한구석에 신변 안전에 대한 약간의 불안도 없이 늑대 울타리 안으로 들어가기란 몹시도 어려운 일이었다. 반면 개들과 함께라면 우리는 안전을 걱정할 필요가 없었다. 나는 그저 눈이나 진흙 때문에 더러워질까 걱정했을 뿐이었다. 개들은 사람에게 뛰어오르는 일에 엄청난 열정을 가지고 있지 않은가.

사람을 대하는 늑대의 가벼운 관심과 개의 열광적인 환영 사이의 대조는 이 갯과 사촌들이 인간에 대해 얼마나 다른 애착 수준을 보여주는지를 매우 설득력 있게 증명했다.

나는 갯과에 속하는 이 두 아종이 얼마나 다른지에 대한 그 생생한 인상을 집에까지 품고 갔다. 그리고 그 인상은 내가 윌리엄스 증후군 유전자가 이 동물들의 매우 다른 행동의 근거일지도 모른다는 가설을 검증할 방법에 대해 모니크와 브리지트와 논의하는 과정에 영향을 미쳤다.

확실히 우리는 인간을 향한 개와 늑대의 열정에 대해 내가 울프 과학 센터에서 얻은, 일종의 비공식적인 인상을 극복할 필요가 있었다. 우리는 이종 간 애정에 대한 개와 늑대의 능력을 정량화하는 간단하고 빠른 검사를 이용해 과학적으로 비교하는 게 가장 이상적이라고 결론 내렸다. 그렇게 함으로써 우리는 인간을 그토록 따르고 좋아하는 개의 능력이 진화 과정에서 생겨난 것인지, 아니면 조상인 늑대로부터 물려받은 것인지, 그리고 물려받았다면 어느 정도까지 물려받은 것인지 알 수 있을 터였다.

고려해야 할 잠재적인 검사가 많았지만 나는 필요로 하는 것을 정확히 포착했던 훌륭한 과제 하나를 이미 수행했다는 사실을 깨달았다. 앞서 2장에서 나는 부에노스아이레스의 친구 마리아나 벤토셀라가 모니크와 나에게 내가 가장 좋아하게 된 실험 중 하나를 소개해준 과정을 설명했다. 탁 트인 공간에 지름 1미터의 원을 그리고 의자를 가져다 놓고 사람 한 명을 앉힌다. 그리고 2분 동안 개 한 마리를 그 공간에 데려다 놓고 원 안에서 보낸 시간을 측정한다. 울프 파크에서 우리는 늑대들과 함께 그 실험을 반복할 수 있었다.

마리아나가 울프 파크에서 실험한 늑대들은 그동안 낯선 사람을 거의 매일 만나왔음에도, 잘 알지 못하는 사람과 상호 작용을 할 의향을 거의 보이지 않았고, 친숙한 인간 친구가 원 안에 앉아 있을 때만 2분의 주어진 시간 중 약 4분의 1만 그 1미터 원 안에서 보냈다. 한편 개들은 늑대가 평생 알고 지내온 사람과 원 안에서 보낸 시간보다 훨씬 긴 시간 동안 낯선 사람과 원 안에 앉아 있었다. 그리고 친숙한 사람이 의자에 앉아 있다면 개는 2분의 실험 시간 전부를 그 사람 가까이에서 보냈다.

모니크와 그녀의 학생들은 또한 울프 파크에 있는 같은 늑대들과 오리건주의 개들에게 아주 간단한 두 번째 실험을 시행했다. 우선 늑대와 개들에게 잘게 자른 핫도그 조각이 들어 있는 플라스틱 음식 용기를 주었다. 과제를 아주 쉽게 하려고 그녀는 두꺼운 밧줄 조각을 뚜껑으로 통과시켜 어떤 동물이라도 원하기만 한다면 뚜껑을 쉽게 열 수 있게 해놓았다. 늑대는 보통 안에 있는 맛있는 음식을 먹기 위해 곧장 용기로 걸어가서 뚜껑을 벗겨 열었다. 그러나 대부분의 개는 근처에 사람이 있다면 음식을 향해 곧장 가기보다는 도움을 간청하는 듯한 눈빛을 하고 사람을 바라보았다.

이렇듯 근처에 있는 사람을 바라보는 경향은 그 동물이 사회적 접촉에 얼마나 관심이 있는지 측정할 수 있는 추가적인 척도를 우리에게 제공했는데, 이번 실험에서는 개나 늑대가 해결하고 싶은 문제를 안고 있었다는 게 다른 점이었다.

그 후 우리는 우리의 새로운 유전학자-공동 연구자에게 도움을 청했다. 모니크는 브리지트 폰홀트에게 위의 행동 테스트를 거친 개와 늑대들로부터 얻은 유전자 표본(면봉으로 입안의 뺨 쪽을 훑어 채집한 것)을 보냈다. 그것으로 브리지트는 이러한 실험에서 개와 늑대의 차이가 윌리엄스 증후군 유전자(그녀는 일찍이 이 유전자가 개들의 최근 진화와 관련 있음을 확인했다)에서 기인하는 것인지를 확인할 수 있었다.

비록 절차 수준에서는 유전학이 복잡하지만 우리가 던진 질문은 개념만 봤을 때는 간단하고 심오했다. 우리가 연구한 개와 늑대는 하는 행동이 서로 달랐고, 유전자도 역시 달랐다. 우리가 수행했던 두 가지 간단한 사교성 테스트에서 나타난 다양한 수준의 행동 참여와 우리가 테스트한 동물의 유전자 사이에는 관련성이 있을까?

비록 한껏 희망에 부풀어 있기는 했지만, 그래도 나는 앉아 있는 사람에게 다가가 애절한 시선으로 그 사람을 바라보는 단순한 행동 양식과 가장 기본적인 생물학 수준인 유전자 암호 사이에서 직접적인 연관성을 찾으리라고는 전혀 확신하지 못했다. 결과적으로 브리지트가 인간을 향한 개들의 과장된 관심이 인간의 윌리엄스 증후군과 관련된 세 가지 유전자와 관련이 있다고 이메일을 보냈을 때, 나는 몇 년 전 모니크와 내가 늑대들이 인간의 몸짓 지시를 따른다는 사실을 알게 되었을 때만큼이나 흥분했다. 이제 우리는 무엇이 개를 특별하게 만드는지, 개가 인간과의 공존에 성공할 수 있었던 비결은 무엇인지 알아냈다.

브리지트는 그 유전자 중 하나(시적이지는 않지만 WBSCR17라는 이름이 붙었다)가 개들의 최근 진화 과정에서 집중적으로 선택되었음을 증명해냈다. 다시 말해 그 유전자는 가축화되는 동안 변형되었다. 그러한 분석은 이 세 가지 유전자(WBSCR17, GTF2I, GTF2IRD1)가 개의 사회화 과정에서 변형을 일으켜 개와 늑대의 사회성 수준이 확연히 달라졌다는 사실을 밝혀냈다.[50]

이 연구는 늑대와 구분되는 종으로 진화하는 과정에서 개들에게 일어난 유전적 변화를 보여줬을 뿐만 아니라, 다른 두 가지 흥미로운 사실도 추가적으로 밝혀냈다. 첫째, 개들은 이 세 가지 유전자 중 한 가지 버전을 가지고 있다. 개의 품종이 다르면 유전자의 버전도 다르고, 유전자가 발현하는 방식도 우호적이거나 냉담하다는 전형적인 종별 묘사와 일치한다. 현재 모니크와 브리지트는 다양한 품종의 많은 개를 대상으로 유전적 변이가 어떻게 다양한 개들에게서 다양한 형태의 사교성을 끌어내는지를 더 정확히 파악하기 위해 실험을 진행 중이다. 두 번째로 밝혀진 놀라운 사실은 실험적으로 유전자를 조작한 생쥐에 대한 이전의 실험도 GTF2I와 GTF2IRD1 유전자가 사교성에 관여한다는 것을 직접적으로 입증했다는 점이다. 또 다른 흥미로운 반전은 윌리엄스 증후군을 앓는 몇몇 소수의 사람은 윌리엄스 증후군의 결정적인 측면인 과장된 사교성을 나타내지 않는다는 점이다. 이 사람들이 지닌 위의 두 유전자는 정상적인 형태를 띠고 있다.

이 모든 것은 개와 윌리엄스 증후군을 앓는 사람들 사이에 긴밀한 연관이 있음을 확인시켜준다. 스웨덴의 린셰핑에 있는 미아 페르손과 그녀 팀의 새로운 연구에 따르면, BICF2G630798942와 BICF2S23712114라는 훨씬 더 시적인 이름의 두 가지 다른 유전자도 사람에 대한 개의 관심에 영향을 줄 수 있다. 이 유전자는 인간의 자폐 증세와 관련이 있다. 자폐증은 사회적 접촉에 대한 관심 과잉이 아니라 관심 감소를 특징으로 하지만, 이 유전자의 변이체는 개에게 다른, 심지어는 반대되는 영향을 미칠 수 있다. 이것은 개의 유전자와 주목할 만한 행동 양식 사이의 연관성을 찾는 데 큰 도움이 된다.[51]

이런 흥미진진한 과학적 돌파구에 이바지했다는 사실이 감격스러웠음에도 불구하고, 나는 윌리엄스 증후군을 앓고 있는 아이들의 부모가 그들의 아이와 개 사이에 유전적 유사성이 있다는 우리의 발견에 기분이 상하지는 않을까 불안감이 들었다. 하지만 그건 기우였다. 그들에게도 둘 사이의 관련성이 즉시 직관적으로 이해되었기 때문이다. 우리의 조사 결과를 보도한 한 기자는 미국 윌리엄스 증후군 협회의 이사진 한 명을 인터뷰했다. 그녀는 이 아이들에 관해 언급하면서, "만약 꼬리가 있다면 그 애들은 그걸 흔들 거예요"라고 말했다.[52]

과학 문헌 속에서 윌리엄스 증후군을 앓고 있는 사람의 전형적인 행동 패턴은 '초사회성'이나 '극단적인 사교성'이라는 용어로 정의된다. 이것은 내가 과학 저술에서 사용하는 신중한 서술적 언어를 반영하기도 하는데, 나는 개가 인간에게 반응하는 방식을 특징짓기 위해 종종 '긴밀한 관계', '접촉 추구', '사교성' 같은 용어를 사용한다. 이러한 단어들은 객관적으로 측정할 수 있는 특정 행동을 분류한다. 나는 친숙한 보호자 없이 혼자 남겨질 때 개가 어떻게 우는지 관찰할 수 있다. 개가 친숙한 사람에게 인사하기 위해 쏟아붓는 에너지도 볼 수 있다. 즉, 개가 어떻게 자세를 낮추는지, 그리고 그 사람의 입술을 핥기 위해 어떻게 펄쩍펄쩍 뛰어오르는지. 나는 상심한 듯 보이는 사람을 위로하기 위해 개가 어떻게 행동하는지도 측정할 수 있다.

나는 과학 용어의 정확성을 중요하게 생각한다. 하지만 개별 행동만을 분류하고 세는 것은 이제 그만둘 때가 되었다는 사실도 믿는다. 그것은 숲은 안 보고 나무만 보는 것에 해당하기 때문이다. 개가 사람과 유대 관계를 맺으면, 내가 방금 언급한 행동, 신경, 그리고 호르몬 반응 패턴이 다른 많은 패턴과 함께 더 큰 그림에 더해지는데, 그 그림은 단순히 '사회성'이나 '사교성' 이상의 것으로 불릴 만한 가치가 있다.

개는 단지 사교적일 뿐 아니라 실제적이고 진실한 애정을 보여주는데, 이 애정은 만약에 개를 우리 종의 구성원으로 가정한다면 일반적으로 사랑이라고 부를 만한 그런 애정이다. 윌리엄스 증후군을 앓고 있는 사람과 마찬가지로 친밀한 관계와 따뜻한 사적 관계를 맺으려는, 즉 사랑하고 사랑받으려는 욕구가 개의 가장 본질적인 요소이다.

윌리엄스 증후군이 있는 아이들의 놀라운 행동을 목격한 이후, 그리고 그 증후군의 독특한 유전적 변화와 개의 애정 어린 행동을 관련시키는 혁신적인 실험에 참여한 이후, 나는 나 자신을 설득할 무언가가 더는 필요치 않았다. 과학적 증거의 범위를 고려하고 독특한 유전자 표지를 공유하는 개와 인간 사이의 유사성을 본 나는 사실을 사실이라고 말하는 것이 전혀 불편하지 않았다. 내가 인간에 대한 개의 사랑을 선포할 자신감을 얻은 것은, 그리고 내가 일찍이 회의적으로 여겼던 모든 확신을 다시 그러안고 그렇게 할 수 있었던 것은, 오직 이 기나긴 과학 여정 덕분이었다. 나는 개가 한편으로는 뛰어난 지능을 가지고 있으며, 다른 한편으로는 인간을 향한 애정 어린 유대감을 경험한다는 가능성을 주저 없이 좇았다. 내가 두 가지 가능성 모두에 도전장을 내민 것은, 개를 사랑하는 많은 사람이 보기에는 기껏해야 불필요하고 최악의 경우에는 심술궂고 속 좁은 행위일 뿐이었다. 오랜 비행기 여행에서 만난 낯선 사람부터 가장 친한 친구들에 이르기까지 많은 사람이 주저 없이 내게 그렇게 말했다. 나는 종종 걱정은 그만하고 내 개를 사랑하라는 말을 들었고, 제포스와 함께 하는 일상에 관한 한 나는 바로 정확하게 그렇게 했다.

그러나 체계적인 탐구, 즉 가능한 한 선입견을 버리고 편견 없는 방식으로 증거를 수집하기 위해 노력하는 일에는 보상이 따른다. 그 보상은 바로 확고한 근거를 마련하고 그에 입각한 결론에 도달한다는 엄청난 흥분이다. 윌리엄스 증후군 유전자와 미아 페르손의 자폐증 유전자에 관한 연구 결과와 함께, 우리는 생명체 구성의 가장 근본적인 수준, 즉 생명을 기록하는 코드인 DNA를 보고 있다.

그리고 우리는 개의 유전 물질을 통해 그들이 우리를 돌볼 준비가 되어 있다는 명백한 징후를 볼 수 있다. 그리고 호르몬과 뇌 구조를 통해서, 인간과 그들의 개가 서로를 찾을 때 함께 뛰는 심장을 통해서 그 징후를 되짚어갈 수 있다. 그 과정에서 우리는 개가 자신이 아끼는 사람과 함께 있을 때 보여주는 행복한 반응과 그들과 떨어져 있을 때 보여주는 고통스러운 반응에 주목하고, 개에게 자기 사람과 가까이 지내는 것이 어떻게 때로는 음식만큼이나 큰 보상이 되는지, 그리고 친한 인간이 곤경에 처했을 때 개가 그를 도울 방법을 이해할 수만 있다면 어떻게 도우려고 애쓰는지 지켜보면서, 그 징후를 추적해갈 수 있다. 전 세계에 퍼져있는 독립적인 연구 그룹이 시행하는 모든 연구와 모든 단계의 분석에서 우리는 하나같이 빛을 발하는 다음의 메시지를 본다.

개의 본질은 사랑이다.

그리고 사랑이야말로 개를 실로 특별하게 하고, 인간에게 진실로, 독보적으로 잘 어울리는 동반자로 만들어준다. 사랑의 능력이 개를 그들의 가장 가까운 친척인 늑대를 포함한 지구상의 다른 모든 동물과 구분한다. 개는 친숙한 사람과 가까워지고 다정하게 상호 작용을 하기 위해 매우 열심히 노력하지만, 낯선 사람에게도 흥미를 보인다. 이 점에서 개는 그들의 야생 친척과는 완전히 다르다. 늑대는 태어나자마자 어미와 떨어져 전적으로 인간의 손에 키워지더라도 이 정도의 감정적인 친밀감은 보여주지 않는다. 심지어 대리모에게도 다르지 않다. 늑대도 인간과 우정을 형성할 수 있지만, 그 관계에는 개가 인간을 상대로 발전시키는, 모든 것을 아우르는 사랑은 절대로 포함되지 않는다.

개가 사랑할 줄 아는 존재라는 사실에 어렵게 도달한 지금, 나는 종종 내가 아주 특별한 걸 들고 있다고 느낀다. 이제 난 동물계에서 개가 두드러지는 이유를 안다. 나만의 전문적이고 개인적인 성배를 찾았다.

그러나 이 지식은 내가 더 많은 것을 갈망하게 했다. 이 책의 나머지 장에서 살펴볼 다음의 몇 가지 중요하고 새로운 질문으로 이어진다.

첫째, 개는 어떻게 이렇게 되었을까? 우리는 이제 개가 열려 있는 사랑의 능력을 조상인 늑대와 공유하지 않는다는 것을 알고, 이 지식은 또 다른 위대한 신비 쪽으로 길을 열어준다. 그러니까, 개들은 언제 어떻게 이 사랑의 능력을 얻었을까?

둘째, 개별적인 개의 삶에서 사랑은 어떻게 자라날까? 나는 개에게 인간을 사랑할 능력이 있다고 해도, 모든 개가 다 똑같이 인간을 사랑하는 건 아님을 전 세계의 떠돌이 개들을 보고 알게 되었다. 사랑은 어떻게 발전하는 걸까? 우리는 그 사랑을 어떻게 키울 수 있을까?

마지막으로, 그리고 가장 비판적으로, 개의 애정 어린 본성은 개와 함께하는 우리의 삶에서 어떤 의미를 가질까? 개의 본질이 사랑의 능력이라는 통찰은 우리가 그들과 공유하는 관계에서 무엇을 시사할까? 지금껏 내가 나에게 던진 모든 질문 중에서 이것이야말로 가장 중요하고 긴급하며, 심오한 질문이다.

제5장

기원

사랑은 모든 개가 태어날 때부터 누리는 권리이다. 그런데 개는 그것을 어떻게, 그리고 언제 소유하게 되었을까?

개의 애정에 관한 첫 설명은 문자가 만들어졌던 때까지 거슬러 올라간다. 2,000년 전 고대 그리스 니코메디아의 아리아노스는 비교 대상을 찾을 수 없을 정도로 감정적이고 강렬한 글귀를 적었다.

철학자이자 역사가이자 군인이었던 아리아노스는 알렉산더 대왕의 공훈에 관해 연대기를 써서 명성을 얻었다. 청년 시절 아리아노스는 로마 황제 하드리아누스와 가깝게 지냈는데, 하드리아누스는 로마인이었던 그를 발탁해 제국 원로원의 자리에 올려 놓았다. 그러나 나이를 먹고 삶을 되돌아보기 시작했을 때 아리아노스의 마음은 하드리아누스나 다른 인간 친구들을 향해 있지 않았다. 그는 오히려 자신의 개를 더 생각했다.

아리아노스는(심지어 그보다 먼저 개에 관한 저술을 한 작가에게 경의를 표하기 위해 자기 자신을 '아테네의 크세노폰*' 이라고 부르기도 했다) 하

---

* 그리스의 철학자이자 역사가로 사냥에 관한 논문에서 개에 관해 적었다. - 옮긴이

운드와 함께 사냥하는 방법에 관한 책을 쓰고 있었다. 그는 자신의 글에서 사냥개의 이상적인 자질을 나열하다가 갑자기 글의 방향을 바꾸어 자신의 개 호르메를 찬양했다. 그가 글을 쓰는 동안 호르메는 발치에 누워 쉬고 있었다. 아리아노스는 어떻게 자신이 "회색 중에서도 가장 진한 회색빛 눈동자를 가진 하운드를 키우게 되었는지" 설명한다.[53] 그 개는…

세상에서 가장 온순하고 인간을 너무도 좋아하며, 지금까지 내가 키웠던 그 어떤 개보다도 나와 함께 있기를 갈망한다. (…) 그 개는 김나지움*까지 나를 바래다주고, 내가 운동하는 동안에는 가만히 앉아 기다리며, 돌아갈 때면 앞서 걸어가면서 혹시라도 내가 길을 벗어나 사라지지는 않았는지 확인하느라 자주 뒤돌아보는데, 내가 뒤에 있다는 걸 확인하면 미소 지으며 다시 앞서 걸어간다. (…) 아주 짧은 시간이라도 우리가 헤어졌다가 다시 만나면, 마치 환영하는 것처럼 위아래로 가볍게 펄쩍펄쩍 뛰어오르고 애정을 드러내면서 인사를 하듯이 컹컹 짖는다. (…) 따라서 나는 먼 미래에도 이 개가 살아남게끔 하기 위해 이곳에 이름을 적어두는 것을 망설이지 말아야 한다. 즉, 아테네의 크세노폰에게는 매우 빠르고, 매우 영리하며, 참으로 훌륭한 호르메라는 이름의 개가 있었다.

---

* 그리스의 체력 단련장이다. –옮긴이

아리아노스가 자신의 사랑하는 하운드에게 바친 이 감동적인 헌사는 인간이 개에게 느낄 수 있는 깊은 사랑만 포착해내는 것이 아니라, 개가 사람에게 애정을 표현하는 방법도 아름답게 묘사한다. 그리고 인간을 향한 개의 사랑이 현대에 접어들어 나타난 어떤 애정이 아니라, 이 놀라운 동물과 우리 인간의 관계 속에서 수천 년 전부터 지속해서 이어 내려왔음을 분명히 한다.

이 깊은 관계의 뿌리는 이 2,000년 전의 예보다 훨씬 더 오래 전으로 뻗어 간다. 내가 찾은 인간과 개 사이의 정서적 유대를 나타내는 가장 오래된 기록은 4,000년 전의 고대 이집트 무덤에 적힌 비문이다. 단 64개의 단어로 적은 이 간단한 기록은 개가 어떻게 사람을 대하는지는 전혀 언급하지 않지만, 이 단어들이 돌에 새겨진 채로 수천 년 동안 살아남았다는 그 사실 자체가 고대부터 이어져온 우리 두 종 사이의 애정을 엿볼 수 있게끔 해준다.

국왕을 경비하던 개.[54] 그의 이름은 아부티유다. 국왕 폐하는 그를 매장하고 왕실 국고로 관을 제작하고, 훌륭한 천으로 폭신하게 안감을 대고 향을 피우라고 명하셨다. 폐하는 향유 연고를 하사하고, 일단의 석공에게 그를 위한 무덤을 지으라고 명령하셨다. 폐하는 그의 명예를 기리고자 그렇게 하셨다.

천, 향, 향수, 소중한 관, 특별히 지어진 무덤. 만약 지금 이 비문을 읽으면서 훗날 자신의 무덤이 이 개의 무덤 절반만큼이라도 웅장할 수 있을지 궁금한 사람이 있다면, 부디 실망하지 않길 바란다. 그렇게 생각하는 사람이 비단 혼자만은 아닐 것이기 때문이다. 수천 년 동안, 이 이집트 통치자의 개 사랑은 이 무덤의 비문을 우연히 발견한 수많은 사람에게 분명 깊은 인상을 주었을 것이다. 다시 한번 말하지만, 그게 바로 요점이다.

고대 문헌은 사람과 개 사이의 강력한 유대를 엿볼 수 있는 단편적인 자료들을 자주 제공하지만 문서 기록은 우리를 딱 거기까지만 데려갈 수 있다. 정체를 알 수 없는 어느 이집트 통치자의 아부티유('Abuwtiyuw'라는 이름을 발음할 수 있는 사람이 있다면 추가 점수를 받을 수 있을 것이다!)에 대한 생각을 표현한 이 글만큼 복잡한 글은 아마도 그 상형문자가 돌에 새겨진 시기보다 몇 세기쯤 앞선 때에는 존재하지 않았을 것이다.

운 좋게도 우리는 시기상으로 이러한 기록을 앞서는, 개에 관한 엄청난 양의 고고학적 기록을 가지고 있다. 그러나 이 증거 자료가 얼마나 오래전까지 거슬러 올라가는지에 관해서는 고고학자들 사이에서도 아직 의견이 분분하다. 이 증거가 대부분 뼈로 구성되어 있기 때문인데, 뼈가 품은 비밀을 해독하기란 끔찍이도 어렵다. 사실상 너무도 어려워서 어떤 뼈가 개의 것이고 어떤 것은 아닌지를 두고도 과학계에서 격렬한 논쟁이 벌어진다.

오래된 개 뼈를 오래된 늑대 뼈와 구별하는 것이 간단해 보일지도 모르지만, 고고학적인 표본은 생각보다 훨씬 더 구별하기가 어렵다. 고대의 개와 늑대는 해부학적으로 매우 유사하다는 것이 문제다. 오늘날 현대인은 늑대는 크고 두려운 동물로, 개는 훨씬 작고 온순한 동물로 생각하지만 개가 처음 인류 역사에 등장했던 오래전에는 이러한 차이점이 그다지 극명하게 드러나지 않았다.

초기의 개는 늑대와 매우 유사했을 것이다. 개가 생겨나는 데 필요한 모든 유전적 변화가 갑자기 한 뭉텅이로 나타났을 가능성은 거의 없기에, 다음과 같이 확신할 수 있다. 두 갯과의 개체군이 완전히 차별화되는 데 오랜 세대를 거쳤을 것이라고. 바로 이 진화 기록상의 넓고 애매한 영역 때문에, 초기 개 역사의 재구성에 필요한 만큼 정확하게 고대의 늑대 뼈와 개 뼈를 구분하는 일이 극도로 어려워진다.

이 주제에 관심 있는 모든 고고학자가 가장 오래된 갯과 동물의 것이 맞는다고 기꺼이 동의하는 유골이 있는데, 정확하게 1만 4,223년 전(58년 정도 차이가 날 수 있다)까지 거슬러 올라가는 7개월 된 강아지의 것이다. 이 뼈들은 한 세기 전에 독일 본 근처의 채석장에서 발견되었으며 오랫동안 잊힌 채 박물관 서랍 속에 보관되어 있었다. 최근에야 최신 기술로 세심하게 분석되었으며, 이제는 초기의 개들이 인간과 유대 관계를 맺고 있었는지, 그랬다면 어떻게 그럴 수 있었는지에 관한 매혹적인 단서들을 제공한다.

본에서 발견된 강아지 뼈에 대한 최근의 재분석에 따르면 그 뼈는 인간이 동물의 안녕에 관심이 있었다는 사실을 암시하는 것일 수 있다. 네덜란드 라이든대학교의 뤼크 얀센스Luc Janssens가 이끌었던 연구팀은 그 강아지가 바이러스성 질병인 디스템퍼를 앓고 있었기에 그만큼이라도 생존하기 위해서는 반드시 사람의 돌봄이 필요했으리라고 주장했다. 이 결론은 1만 4,000년 이상 땅속에 묻혀 있던 치아의 법랑질에 새겨진 표시를 해석하는 능력에 의존하기에 다소 논란이 된다.[55] 그러나 만약 사실이라면, 그것은 이 오랫동안 죽어 있던 강아지와 인간 보호자 사이에 유대 관계가 형성되어 있었음을 증명하는 강력한 증거가 될 것이다.

본에서 발견한 뼈가 어떤 상황에 해당하든, 개가 수천 년 동안 (상호적이었든 아니든 상관없이) 인간을 사랑해왔다는 증거는 수도 없이 많다. 실제로 나는 고대 그리스인의 저서와 고대 이집트의 무덤 비문, 그리고 다른 많은 글에 기반해서, 역사를 통틀어 개를 피해 다녔을 사람조차도 이 동물들이 그들에게 강하게 끌린다는 사실만은 인식했으리라고 확신한다. 물론 가장 초기의 기록들은 많은 사람이 개에게서 받은 사랑을 열심히 돌려주었다는 증거를 많이 담고 있다.

아직 많은 세부 사항이 모호하게 남아 있기는 해도 이 기나긴 관계의 역사는 매혹적이고, 기록된 역사의 여명이 밝기 이전부터 다른 종족 사이에서 있었을 놀라운 사랑 이야기를 들려준다. 일단 개가 우리를 사랑하는 능력을 갖췄다고 결론 내리자 역사적인 배경 이야기는 내 마음의 최전선에 자리 잡았다. 정확히 그 사랑의 능력은 어디에서 비롯된 것일까? 천성적으로 소수와의 강렬한 관계를 선호하는, 상대적으로 냉담한 늑대들이 어떻게 그들과 대조적으로 이종 간의 애정에 열린 태도를 보이는 개로 변했을까? 개의 사랑의 힘은 어디에서 어떻게 시작되었을까?

늑대에서 개로의 이행은 사람들이 지켜보는 동안 이루어졌지만, 아무도 그 과정이 어떻게 전개되었는지 알려줄 만한 증거를 남기지 않았다. 아마도 당시에 사람들은 다른 일로 너무들 바빴던 모양이다. 더군다나, 남은 것들은 추측의 여지를 많이 남겨둔다. 개의 진화 여행의 잔재가 어찌나 모호한지 수수께끼 같은 개의 기원에 관심이 있는 고고학자와 유전학자들은 개가 어떻게 진화했는지, 그리고 그 과정에서 인간은 어떤 역할을 했는지에 대해서 거의 의견의 일치를 보지 못하고 있다.

다행히도 우리는 개가 어떻게 처음 사랑의 능력을 얻었는지 이해하기 위해 개들이 생겨난 정확한 날짜에 집착할 필요는 없다. 개가 진화해온 과정과 이 진화의 역사에서 사랑이라는 개의 위대한 능력이 맡았던 역할이야말로 중요하다.

어쩌면 오늘날 개의 기원에 관해 가장 자주 반복되는 한 가지 이야기는 사냥과 채집을 하던 우리의 선조들이 사냥에서 도움을 받기 위해 가장 우호적인 늑대 새끼를 입양해 키우면서 개가 생겨났다는 것이다. 18세기 프랑스 자연주의자 조르주 퀴비에Georges Cuvier가 이 모델을 처음 제안한 사람일지도 모른다.[56] 그는 여러 세대에 걸쳐 한 배에서 난 새끼 중에 가장 온순한 새끼를 다음 세대의 부모로 선택함으로써 그 동물이 점차 오늘날 우리가 알고 있는 개로 만들어졌으리라는 이론을 세웠다. 이 설명은 오늘날 많은 사냥꾼이 개를 유용한 사냥 조력자로 여긴다는 사실로 지지를 얻는다. 게다가 역사 초기의 일부 개 묘사는 그들이 정확히 이 역할을 했음을 보여준다.

고대 개들이 했던 인간의 사냥 동반자 역할은 아마도 그들의 진화에 중요한 영향을 끼쳤을 것이다. 더 나아가, 이 장의 후반부에서 설명하겠지만, 나는 인간을 사랑하는 개들의 능력이 그들이 오랫동안 사냥꾼으로서 함께 일하며 자신을 증명했던 공동 작업에 큰 영향을 받았다고 믿는다. 하지만 나는 이스라엘 여행에서 한 가지 경험을 했고, 그 후 사냥꾼이었던 우리 조상이 개를 창조했다는 공로를 인정받을 수 있을지 의문이 들었다.

2012년 우리 가족이 제포스를 입양했던 바로 그해에 나는 이스라엘 순례를 다녀왔다. 많은 사람이 자기 종교의 발상지를 보기 위해 성지를 방문한다. 하지만 나는 그와는 다른 좀 더 원초적인 것, 즉 개의 기원을 찾고 있었다.

당시 나는 가장 오래된 개의 유골이라고 여겨지던 것을 보기 위해 이스라엘로 떠났다. 그 유골은 약 1만 2,000년 전에 한 여성과 함께 묻힌 강아지의 뼈로 여자의 손이 강아지의 배에 얹혀 있었다. 이 고고학적 발견으로 개가 중동에서 기원했다는 믿음이 생겼으며, 너무도 당연하게 나는 그 뼈들을 직접 보고 싶었다.

또한 중동에서 서식하는 늑대의 아종인 아랍 늑대도 보고 싶었다. 이 늑대는 내게 익숙한 북미 늑대보다 상당히 작다. 대략 커다란 래브라도 레트리버 정도의 크기다. 나는 이 늑대 아종이 내가 이미 만나본 커다란 회색 늑대보다 길들이기 쉬울지가 특히 궁금했다. 만약 그렇다면 개가 세계의 그 지역에서 기원했을 가능성에 힘이 실릴 터였다.

이스라엘에서 보낸 일주일의 마지막 날이 되어서야 나는 몇 마리 아랍 늑대에 가까이 다가갈 수 있었는데, 나에게 갈릴리해에서 남쪽으로 3킬로미터쯤 떨어진 키부츠*인 아피캄을 방문해보라고 조언해준 한 박물관 직원 덕분이었다. 그 경험은 개의 발생에 관한 내 관점을 급진적으로 바꾸어놓았다.

그 키부츠에는 다큐멘터리 영화 제작자인 요시 위슬러와 모셰

---

* 이스라엘의 집단 농장 혹은 생활 공동체이다. - 옮긴이

알퍼트가 살고 있었다. 박물관 직원은 모셰가 요시와 작업 중인 다큐멘터리 영화에 출연시킬 목적으로 아랍 늑대 새끼 몇 마리를 직접 키우고 있다는 사실을 알고 있었기에 그들을 방문해보라고 했다. 영화의 주제: 수천 년 전 사냥꾼들은 어떻게 늑대를 길들여 사냥을 돕게 했고, 결국 개를 탄생시켰는가.[57]

안타깝게도 모셰는 내가 찾아간 날 너무 바빠서 그와는 거의 말 한마디도 나눌 수가 없었다. 반면 요시와는 대화할 시간이 충분했다. 그는 친절하게도 모셰와 함께 찍을 계획인 다큐멘터리에 재정적 지원을 얻으려고 만든 4분짜리 단편 영화를 보여주었다. 그것은 상당히 단순했지만 놀라웠다. 영화가 시작하면 허리에 천 하나만 두른 남성 한 명이 활과 화살을 들고 두 마리의 어린 늑대와 사냥을 하러 다닌다. 사슴을 발견한 그가 화살을 쏜다. 장면이 바뀌고 늑대들이 사슴을 에워싸고 있는 동안 사냥꾼이 사슴을 따라잡아 사냥하고 죽은 동물을 어깨에 짊어지고 집으로 향하는 모습을 보여준다. 늑대들은 충성스럽게 사냥꾼과 나란히 걸어간다.

너무도 간단한 시퀀스처럼 들리겠지만 내게는 모든 장면이 실로 놀라웠다. 처음에 나는 요시의 설명을 잘못 이해했다고 생각했다. 이 동물들은 늑대가 아니라 개가 아닐까? (그들은 늑대라기보다는 체코슬로바키아산 늑대개처럼 보였다.) 아니, 그들은 실제로 모셰가 직접 키운 아랍 늑대들이었다. 그렇다면 고대 사냥꾼을 연기하는 배우가 늑대 앞에서 사슴을 간단히 들어 올리는 것은 어떻게 가능했을까? 울프 파크에서 보았던 늑대들은 주둥이 아래 놓인 먹잇감을 누가 제거해버리는 상황을 절대로 용납하지 않았을 것이다.

나는 잠시 아랍 늑대가 내게 익숙한 거대한 회색 늑대보다 훨씬 다루기 쉬운 늑대의 아종일 거라고 생각했다. 만약 아랍 늑대와 함께 지내기가 정말 이렇게 쉬웠다면, 개들의 선조인 늑대의 특정 아종은 인간에 대한 애정을 이미 가지고 있었을지도 모른다.

이 비디오 장면들에 함축된 광범위한 의미들을 추측하느라 내 머리는 정신없이 돌아가고 있었지만, 좋든 나쁘든 내 혼란은 오래 가지 않았다. 요시는 영화의 실제 제작 과정은 최종 영상물이 보여주는 것처럼 매끄럽게 진행되지 않았다고 설명했다. 무엇보다 요시 자신도 늑대가 두려웠다. 영화를 감독하는 동안 그는 내내 차 안에 앉아 살짝 내린 창문 밖으로 지시 사항을 외쳐 전달했다.

이쯤에서 1960년대 이스라엘 전쟁 중에 요시가 낙하산병이었다는 사실을 언급해야만 할 것 같다. 나는 늘 낙하산병이 모든 군인 중에서 가장 용감하다고 생각해왔다. 하늘에 무방비 상태로 둥둥 떠 있는 동안 지상에 있는 사람들이 발사하는 총탄에 맞아 죽을지도 모른다는 두려움을 추가하지 않더라도, 날고 있는 비행기에서 뛰어내리는 상황 자체가 충분히 무시무시하기 때문이다. 그러니 요시는 용감한 사람임이 분명했다. 이어지는 그의 설명을 들어보니 늑대에 대한 그의 두려움은 완전히 비이성적인 것이 아니었다.

요시는 사냥꾼을 연기한 배우가 죽은 사슴 쪽으로 처음 손을 뻗었을 때 늑대들이 꽤 살벌하게 그를 공격했다는 사실을 말해주었다. 그래서 배우를 치료하기 위해 촬영을 중단해야 했다고 한다. 그들이 그 장면을 다시 촬영할 때는 배우가 죽은 사슴을 들어 올리는 동안 모셰가 늑대들을 뒤에 붙잡아 두었다.

이 사실, 늑대들이 사냥꾼과 전리품을 공유하기를 거부했다는 사실은 내가 늑대의 행동에 기대했던 바에 훨씬 잘 부합했다. 또한 어떻게 늑대가 사냥에서 사람을 도울 수 있었는지 보여주기 위해 촬영한 단편 영화는 오히려 늑대가 사냥을 돕게 하는 건 오직 허구 속에서만 가능하다는 사실을 아주 분명하게 보여주었다.

여기에는 확실히 하고 싶은 것이 하나 남아 있다. 요시는 자신과 나머지 키부츠 사람들은 늑대를 무서워했지만, 모셰와 그의 아이들에게는 늑대들이 아무런 위험도 초래하지 않고 온순하게 행동했다고 말했다. 이 늑대들은 어떤 사람은 사납게 공격하면서, 또 어떤 사람과는 유대를 맺을 수 있는 것일까?

모셰는 마감일에 맞춰 영화를 편집하느라 몹시도 바빴다. 그는 자신의 키부츠에 나타난 이 낯선 학자와 함께하는 질의응답 시간에는 참여하길 원치 않았지만 인사와 악수 정도는 나누고 싶어 했다. 충혈된 눈은 그가 밤새워 일하고 있다는 걸 확실히 알려주었다. 그는 내게 오직 한 가지 질문만 허락했다.

"당신이 키운 늑대가 당신과 당신 가족 주변에서는 완전히 안전하게 행동한다는 게 사실인가요?"

모셰는 조용히 오른쪽 셔츠 소매를 걷어 올렸다. 길게 남아 있는 줄무늬 흉터는 그가 키운 늑대와의 상호 작용이 늘 순조롭지는 않다는 사실을 조용히 증언했다. 그는 내가 알고 싶어 하는 것을 모두 말해주기 위해 굳이 입을 열어 말을 할 필요도 없었다. 직접 기른 늑대와 함께 사냥하는 일은 완전히 현실성이 없고 위험하다. 개의 진화적 기원은 어딘가 다른 곳에 있어야만 한다.

솔직히 늑대가 훌륭한 사냥 동반자가 아니라는 사실에 내가 매우 놀랐다고는 말하지 못하겠다. 개 과학 세계의 영웅이자 개의 기원에 관해 내가 알고 있는 많은 사실을 알려준, 이제 고인이 된 위대한 레이 코핑어Ray Coppinger 덕에 나는 이미 마음의 준비를 하고 있었다.

레이는 개의 기원이 사냥꾼의 조력자였다는 생각에 최초로 균열을 낸 사람이었다. 그는 이 이론을 경멸을 담아 '피노키오 가설'이라고 불렀다. 거짓말을 하면 길어지는 피노키오의 코 때문이 아니라(물론 레이는 그렇게 관련 짓는다고 해도 신경 쓰지 않았을 것이다.), 가난한 장인 제페토가 자신의 외로움을 달래기 위해 꼭두각시 인형인 피노키오 인형을 만들었던 그 초반의 이야기 때문이었다.

그는 아내 로나 코핑어Lorna Coppinger와 함께 『개: 개의 기원, 행동, 그리고 진화에 관한 새로운 이해Dogs: A New Understanding of Canine Origin, Behavior, and Evolution』라는 매우 설득력 있는 책을 썼는데, 이 책은 사냥을 돕게 하려고 우호적인 늑대를 선택해서 개를 창조하는 게 불가능한 이유를 개괄하고 있다.[58] 코핑어 부부는 그들의 저서에서 왜 이 명제가 진지하게 받아들여질 가치가 없는지 그 이유를 열거한다. 그들의 요점은 여기에 요약해도 좋을 만큼 여전히 가치가 있다.

첫째, 늑대에게는 인간의 사냥을 도울 동기가 전혀 없다. 만약 당신이 키우는 늑대와 사냥을 한다면, 그 늑대 친구는 끈을 풀자마자 수 킬로미터쯤 멀어져 당신이 길을 잃고 굶주린 채 숲을 배회하는 동안 행복하게 배를 채울 것이다. 만족스럽게 배를 채운 늑대가 몇 시간 뒤에 다시 돌아올지도 모르지만 그렇다고 해도 당신의 상황이 나아지지는 않을 것이다. 늑대는 당신에게 음식을 가져다주지도 않을 테고 먹잇감이 있는 곳으로 안내하지도 않을 것이다.

둘째, 늑대는 특히 어린아이에게 너무 위험하기에 우리 조상들은 어느 시점에서 늑대들을 더는 용납할 수 없었을 것이다. 물론 나는 인간의 손에 키워진 늑대들과 친근하고 보람 있는 상호 작용을 많이 해왔고, 내 경험을 증명하기 위해 보여줄 흉터도 없다. 그러나 내가 만난 늑대들은 온순함과 친근함을 기르는 과학적인 양육 방식(이 주제에 관해서는 다음 장에서 다시 살펴볼 것이다)을 바탕으로 길러졌다. 이런 식으로 길러졌다고 해도 아무런 위험 없이 낯선 사람에게 소개할 수 없다. 내가 만났던 늑대들이 3.6미터 높이의 울타리 뒤편에서 살던 데는 이유가 있다.

셋째, 고대 인류가 번식을 위해 우호적인 늑대를 선택하려면 우리의 생각보다 훨씬 더 큰 통찰력을 필요로 했을 테고, 유전학에 관해서도 많이 알고 있어야 했을 것이다. 1만 4,000년 전(또는 그보다 더 오래전)에는 길들여진 다른 동물은 없었다. 몇 세기 동안 계속해서 선택 번식을 시도한다면 자기 곁의 무시무시한 육식동물이 언젠가는 친근하고 유용한 동반자로 변하리라는 사실을 알아낼 방법이 없었을 것이다.

레이와 로나 코핑어는 최초의 개들이 인간의 사냥 동반자 지위를 차지했던 게 아니라고 주장했다. 그들은 오히려 개들이 그보다 훨씬 평범하고, 심지어 불쌍하기까지 한 역할, 구체적으로는 초기 인간의 거주지 주변을 킁킁거리고 돌아다니던 쓰레기 청소부 역할을 하도록 진화했을 가능성이 더 크다고 역설했다. 코핑어 부부는 사람들이 정착해 살기 시작하면서 엄청난 쓰레기를 배출했으리라고 지적했다. 이러한 쓰레기는 아무리 최선의 노력을 기울여도 많은 종의 동물을 계속해서 끌어모았을 것이다. 그들은 특정 늑대들이 그런 쓰레기를 뒤지고 다녔을 것이라는 이론을 세웠다.

우리 조상들이 찾아내서 몇 년, 심지어는 몇 세대에 걸쳐 정착해 살았던, 사냥과 채집에 좋고 자원이 풍부한 지역에서 개가 기원했을 가능성이 크다. 한곳에 정착한 인간은 불가피하게 우리 종의 고유한 표지인 쓰레기 더미를 생산해낸다. 그렇게 함으로써 조상들은 새로운 기회를 만들어냈다. 쓰레기는 인간에게는 가치 없는 물질이지만, 다른 종에게는 얼마든지 가치 있을 수 있다. 아리스토텔레스는 이렇게 말했다. "자연은 진공 상태를 싫어한다."* 인간이 고기를 벗겨낸 뼈에도 여전히 다른 종이 이용할 수 있는 영양소가 남아 있다.

오늘날에도 세계 여러 지역에서 다양한 생물 종이 쓰레기장으로 모여든다. 인도 콜카타에서는 소가 도시 쓰레기장을 돌아다닌다. 알래스카에서는 쓰레기 더미를 뒤지고 다니는 북극곰을 조심해야 한다. 수천 년 전에 늑대도 마찬가지로 우리 선조들의 정착지 주변을 배회하며 먹을 수 있는 쓰레기를 킁킁거리고 다니는 전략을 채택했을 것이다.

일부 지역의 늑대들은 쓰레기를 뒤지고 다니는 습성을 여전히 가지고 있다. 나는 이스라엘 여행 중에 그 장면을 직접 볼 기회가 있었다. 여행 초기에 나는 야생에서 아랍 늑대들을 보기 위해 이

---

* 세상에 무의미한 것은 없다는 의미이다. ─옮긴이

스라엘 남쪽에 있는 네게브 사막을 찾아갔었다. 친절하게도 나를 데리고 이 동물들을 찾으러 갔던 국립공원 경비원은 곧장 사막에 흩어진 마을 쓰레기 처리장으로 향했다. 경비원의 설명에 따르면, 그 쓰레기 처리장이 네게브 사막에서 늑대들이 모일 가능성이 가장 큰 곳이었다. 사막 환경에서는 먹을거리를 거의 찾을 수 없으며, 확실히 쓰레기 처리장만큼 뭔가가 잔뜩 쌓여 있는 곳도 없기 때문이다.

전 세계에 산재한 많은 증거가 늑대들이 인간의 쓰레기장에 끌리는 방식을 증언해준다. 개도 마찬가지다. 아니, 더하면 더했지 덜하지 않다. 부유한 선진국 정부들은 도시 쓰레기장에서 이 동물들을 멀리 쫓아버리기 위해 담장을 두르고 개 포획업자를 고용하는 등 다방면으로 투자한다. 그들의 노력이 아니었다면 쓰레기를 뒤지는 개들의 모습은 지금보다 훨씬 더 익숙했을 것이다. 그리고 오늘날 제아무리 나라가 발전했다 하더라도 쓰레기 더미 속의 개를 찾기 위해 그 번영의 경계 밖으로 멀리 여행을 떠날 필요는 없다. 나는 시칠리아, 바하마, 모스크바와 같은 다양한 장소에서 쓰레기를 뒤지는 개들을 보았다. 이 도시 중 어느 곳도 제삼세계라고 할 만한 곳이 아니지만, 그럼에도 불구하고 각 도시에는 울타리도 없고 경비도 없는 쓰레기 더미 주변에서 생계를 이어가는 개들이 수도 없이 많다.

어떤 종의 동물이든, 갯과든 그렇지 않든 인간이 만드는 쓰레기로부터 이익을 얻으려면 인간의 존재를 용인해야 하고 역시 인간도 그들을 용인해야 한다. 늑대와 개는 여러 면에서 비슷하지만 이 점에서만은 매우 다르다. 불행히도 내가 이스라엘에서 방문했던 마을 쓰레기장은 물론이고 개와 늑대가 나란히 인간의 쓰레기에 의존해서 삶을 영위하는 여러 다른 장소에 관해서는 아무런 연구도 이뤄지지 않고 있다. 그러나 과학자들은 쓰레기를 뒤져서 먹고사는 스웨덴의 늑대와 에티오피아의 개를 따로따로 조사했다. 스웨덴의 늑대는 200미터 이내로 사람이 접근하면 도망친다. 에티오피아의 개들은 낯선 사람이 5미터 이내로 접근하기 전까지는 달아나지 않는다.

생물학자들이 '도주 거리'라고 부르는 단일 측정치의 차이는 밀접하게 관련된 두 종의 갯과 동물이 인간의 쓰레기장에서 얻는 음식의 양에 엄청난 차이를 만든다. 인간을 좀 더 용인하고, 또 좀 더 그들에게 용인됨으로써, 개는 늑대보다 인간의 쓰레기장에서 훨씬 많은 것을 얻을 수 있다. 따라서 사람의 존재를 용인하는 능력은 적어도 쓰레기를 뒤져 먹는 상황에서는 개가 적응하는 데 주요 이점으로 작용한다.

사냥꾼이 늑대 새끼를 주워 사냥감을 쫓도록 키운다는 이야기보다 개가 쓰레기장에 서식한다는 생각이 훨씬 매력이 없다는 사실은 나도 인정한다. 언론인 마크 데어Mark Derr는『개는 어떻게 개가 되었는가How the Dog Became the Dog』에서 개의 기원에 관해 설명할 때, 사랑스러운 갯과 친구들이 쓰레기를 뒤져 먹는 동물에서 기원했을지도 모른다는 생각에 상당히 역겨움을 드러내며 흥분했다.[59] 그는 "늑대는 자진해서 애처로운 쓰레기 전문가, 고약한 성미에 살금살금 걸어 다니는 마을의 내장 처리자, 그리고 기저귀 해결사가 되었을 것이다"라는 생각에 엄청난 혐오감을 표현했다.[60] 하지만 우리가 말을 타고 사냥 다니는 영주와 귀부인의 모습으로 조상을 떠올리고 싶더라도, 실제로는 우리 대부분이 자투리 땅에 의지해 근근이 생계를 꾸려온 농부의 자손이라는 사실을 직시해야만 한다. 그리고 우리의 이런 진실은 우리의 가장 친한 친구들에게도 진실이다.

우리가 아무리 원한다 해도 과거는 선택할 수 없다. 우리와 우리의 갯과 친구들은 모두 일종의 청소부인 셈이다. 아마도 그 공통의 역사에 적합한 무언가, 즉 둘이 공유하는 절차 같은 것이 있을 것이다. 그게 인간을 향한 개들의 애정을 설명할 수 있을까? 아니면, 개의 진화적 기원이 어딘가 다른 곳에 있어야 할까?

현재 나와 있는 과학적인 증거로는 초기의 늑대-개들이 오늘날 개가 우리를 사랑하는 방식으로 사람을 사랑했는지 알 길이 없다. 그러나 나는 그들은 그렇게 하지 않았을 거라고 추측한다.

개의 초기 진화 단계, 기본적으로는 여전히 늑대였을 때(비록 이들이 먹이 사냥을 포기하고 쓰레기장에서 음식을 먹기 위해 인간에 대한 더 큰 관용을 기르게 되었을지라도), 이 동물은 대부분 늑대 같은 성격이었을 것이다. 아마도 그들은 자신들의 종에 속한 소수의 구성원과 변함없이 강한 유대 관계를 형성하고 있었을 것이다. 다시 말해, 이 최초의 개들은 오늘날 우리의 가장 친한 친구들처럼 아무나하고 잘 어울리는 사회적 동물이 되지는 못했을 것이다.

그렇다고 해서 이 동물이 늑대와 다르다는 사실을 우리 조상들이 눈치채지 못했으리라는 것은 아니다. 이 초기의 개들은 그들의 인간 이웃에게 '진짜' 늑대보다 훨씬 적은 두려움을 불러일으켰을 것이다. 이 초기의 개들이 더는 살아 있는 먹이를 사냥하는 일에 열중하지 않았기 때문에, 아마도 덜 사납고 덜 무시무시하게 느껴졌을 것이다. 당연하게도 그 개들은 더 작고 덜 강한 턱과 이빨을 발달시켰을 테고, 행동 발달이 느려지기 시작했을지도 모른다. 그래서 성견이 되어서도 어린 강아지들처럼 놀거나 우정을 형성하는 행동을 유지했을 것이다. 그들은 자신들이 두려워하는 동물(곰이나 '진짜' 늑대 등)이 정착지 주변에 나타나면 짖기의 전조 반응이라 할 수 있는, 가쁘게 숨을 몰아쉬며 식식거리는 소리를 냈을지도 모른다. 늑대들은 그런 소리를 거의 내지 않는다. 이러한 경고성 발성이 그들을 인간 보호자들에게 어느 정도 유용한 존재로 만들었을지도 모른다.

그러나 이러한 구분들은 차치하고라도, 이 동물들을 오늘날 우리와 집에서 함께 생활하며 기쁨을 나누는 최고의 사랑꾼들과 동일한 존재로 보고 싶지는 않다. 적어도 과학이 그 사실을 증명해줄 때까지는(물론 머지않아 확실히 그리될 것 같기는 하지만) 그 결론에 맞설 것이다.

개가 언제부터 오늘날 우리가 볼 수 있는 고도로 사회적이며 사랑이 넘치는 존재가 되었는지 알아보고자 한다면, 과학자들은 개의 진화론적 역사의 어느 시점에서 개의 게놈이 (4장에서 기술된) 윌리엄스 증후군 유전자를 포함하도록 변형되었는지 확인해야 할 것이다. 현재 내 친구이자 옥스퍼드대학교의 공동 연구자이고, 동물학자이자 유전학자인 그레거 라슨Greger Larson은 이러한 유전자의 징후를 찾기 위해 초기 개들의 고고학적인 유물을 찾고 있다. 어쩌면 그가 곧 우리에게 해답을 줄 수도 있을지 모르겠다. 만약 라슨이 그럴 수 있게 된다면, 그리고 그렇게 될 때, 인간과 개가 사랑에 빠지게 된 정확한 순간이나 아니면 인간을 향한 개의 사랑이 우리에게도 비슷한 감정을 불러일으키기 시작했을 때가 조명되고 우리 두 종의 깊은 역사에 밝은 빛이 들 것이다. 그동안 우리는 정보가 있더라도 검증할 수 없는 추측만으로 만족해야만 한다.

개인적으로 나는 개가 그들 종의 역사에서 초기에 해당하는 쓰레기 청소 단계가 아니라, 진화의 최근 단계에서 사랑의 능력을 얻었다고 믿는다. 내 생각에 결정적인 변화는 개의 조상과 인간의 조상이 개가 쓰레기를 뒤지고 다니던 정착지를 떠나 함께 사냥에 나섰을 때 일어났을 것 같다.

앞서 설명했듯이 늑대는 인간에게 실용적인 사냥 동반자가 될 수 없다. 그러나 이 새롭게 인간 내성을 기른 갯과 동물은 늑대가 아니었다. 그들은 늑대와 같은 공격적인 성향이 없었을 테고, 아마도 독립적으로는 사냥을 잘하지 못했을 것이다. (늑대는 바로 이 특징, 즉 사냥을 혼자서도 능숙하게 한다는 사실 때문에 인간에게 사냥 파트너로서는 형편없다.) 게다가 그들은 우리 종의 역사에서 결정적인 순간, 즉 우리가 특히 개의 도움이 필요했던 시기에 인간을 좀 더 용인할 수 있게끔 진화했을 것이다.

과학자들은 이제 개가 적어도 1만 4,000년 전에 생겨났다는 것을 안다(그리고 일부 고고학자들은 개가 그보다 훨씬 이른 시기에 생겨났다고 생각한다). 그러니 우리도 개가 마지막 빙하기에 등장했다고 꽤 확신할 수 있게 되었다. 수만 년 동안 지구를 뒤덮고 있던 얼음판은 약 1만 2,000년 전에 사라지기 시작했다. 개가 이 빙하기의 어느 시점에 기원했다는 것은 분명하다.

누구라도 상상할 수 있듯이 이 수만 년에 걸친 강추위는 그 당시 살았던 사람들에게 전례 없는 압박을 가했다. 하지만 지구가 다시 따뜻해지기 시작했을 때쯤에는 그들도 그 기후에 익숙해져 있었다. 나는 빙하기 시대에 살아가는 상황은 생각해보고 싶지도 않지만, 우리 선조들은 그 추운 시대에 적응할 시간이 충분히 있었기에 그 속에서 살아남는 법을 배웠다. 그 시점에서 현대 인류는 20만 년 정도 존재해왔는데, 그들에게 익숙했던 세계는 우리가 아는 세계보다 훨씬 더 추웠지만 그곳에는 오늘날 우리가 보는 것보다 더 많은 거대 동물들이 살았다. 매머드와 커다란 땅늘보 같은 거대 동물이 툰드라를 돌아다니면서 우리 조상들에게 훌륭한 사냥 기회를 제공했다.

사람들이 이 빙하기 환경에 적응한 후에는 더워진 지구가 그들에게 심각한 두통을 가져다주었을 것이다. 온도의 변화는 새로운 도전뿐 아니라, 음식을 구할 새로운 기회도 제공했다. 우리 두 종 모두에게 다행스럽게도, 개는 인간이 이러한 새로운 문제를 해결하도록 도울 이상적인 채비를 갖추고 있었다.

작고 보잘것없던 우리 선조들은 뛰어난 시력 덕분에 소나무가 드문드문 있는 숲과 대초원이라는 빙하기 환경에서 사냥꾼으로 성공할 수 있었다. 우리는 멀리서 효과적으로 쏠 수 있는 무기를 개발했다. 창, 창 발사기, 활과 화살은 모두 인간의 접촉 범위를 확장해 가공할 만한 포식자로 만들었다. 그러나 마지막 빙하기가 끝나갈 무렵이 되자, 한때 나무가 드문드문 서 있던 숲(스칸디나비아와 북아메리카를 떠올려보라)은 인간이 헤치고 다니기 어려울 만큼 우거졌고, 숲의 바닥에도 덤불이 빽빽하게 들어차기 시작해서 우리의 강력한 시력은 점점 무용지물이 되어버렸다.[61]

이 과도기의 낯설고 새로운 세상에서 사냥을 성공적으로 끝내려면 뭔가 새로운 기술이 필요했다. 빽빽한 숲속 낮은 곳의 무성한 덤불 속에 있는 먹잇감을 탐지할 수 있는 능력과 덤불을 통과해 재빨리 이동할 수 있는 능력이 필요했다. 또한 이 기술을 쓸 존재에게는 먹잇감을 쫓아서 궁지로 몰아넣을 동기와 속도가 필요할 테지만, 그 존재는 스스로 사냥을 완수하는 것을 포기할 수 있거나, 적어도 그러고 싶어할 수 있어야 할 터였다. 목표한 동물을 발견해서 달아나지 못하도록 구석으로 몰아넣으면, 인간 사냥꾼들이 그 위치를 알 수 있도록 소리를 지르고 인간이 따라잡아 사냥감을 가지고 가도록 그 자리에서 기다려야 할 터였다. 한 가지 더, 인간에게 해를 끼칠 위험이 거의 없어야 할 것이다.

늑대에게는 이러한 자질이 없다. 하지만 이러한 기술은 개들의 능력으로는 가능하다. 개는 늑대 조상으로부터 매우 민감한 코를 물려받아서 시력이 쓸모없는 상황에서도 먹이를 찾을 수 있다. 또한 조상으로부터 사냥의 동기를 물려받았으며, 일반적으로 매우 작아서 울창한 숲을 관통해 지나가는 것이 별다른 도전거리가 되지 않는다. 그러나 목표물의 숨통을 끊어버리는 능력은 상당히 퇴색해버렸기에, 사냥의 마지막 단계에서는 남에게 기꺼이 도움을 청하게끔 되었다. 이 일련의 과제에 적합한 개의 특징은 우리의 배고픈 조상들에게 필수적인 도움을 제공했다. 익숙하지 않은 따뜻한 환경에 적응하기 위해 고군분투하던 인간의 눈에 개들은 거의 마법 같은 존재로 보였을 것이다.

나는 사냥꾼과 개의 동반자 관계는 마을의 쓰레기 더미를 먹고 살았던 몇몇 초기의 개들이 사냥을 나가는 남자들을 따라가 보기로 함으로써 우연히 시작되었을 거라고 생각한다. 하지만 빠르게 끈끈한 관계로 발전해서 양쪽 다 서로에게 강한 감정을 느끼게 되었으리라고 확신한다. 이때 바로 인간과 개 사이의 유대감이 오늘날 우리에게 익숙한 강한 정서적 유대 관계로 한 단계 올라섰을 것이다. 쓰레기 뒤지기는 인간을 용인할 수 있는 개들이 들어가기에 꼭 맞는 진화적 틈새를 만들어냈다. 사냥은 이 최초의 개들이 인간에게 자신의 가치를 증명할 기회를 주었을 것이다. 앞으로 설명하겠지만, 인간과 함께하는 사냥 역시 개를 오늘날과 같은 애정 넘치는 동물로 만든 바로 그 유전적 돌연변이를 촉진했을 것이다.

개가 어떻게 인류의 사냥을 도울 수 있었는지, 그리고 일반적으로는 감정이, 그리고 구체적으로는 사랑이 이 유대를 맺으려는 노력에서 어떤 역할을 했는지, 정말로 이해하기 위해 나는 개와 사냥하는 게 어떤 것인지 내 눈으로 직접 봐야만 했다.

나는 인류의 조상이 했을지도 모를 방법으로 여전히 개와 사냥을 하는 전 세계 다양한 사람들에 관해 인류학자들이 알아낸 사실을 적은 자료들을 찾아 읽기 시작했다. 그 과정에서 나는 마양그나Mayangna 사람들의 사냥 관행을 자세히 분석한 신시내티대학교의 연구원 제레미 코스터Jeremy Koster의 연구 자료를 우연히 보게 되었다. 마양그나 사람들은 온두라스 국경 근처 니카라과의 외딴 지역에 있는 보사와스 생물권 보호 구역에 사는 토착민이다. 그들은 농사를 짓는다. 콩과 채소도 재배하고 벼도 키우지만, 코스터의 연구가 분명히 보여주듯이, 개와 함께하는 사냥이야말로 이 사람들에게 실질적인 이익을 준다. 사냥에서 나온 고기는 그들의 식단에서 몇 안 되는 양질의 단백질 공급원이다.

운 좋게도 그의 학술 논문을 발견한 직후, 나는 신시내티에서 열린 한 회의에 참석했고, 거기서 코스터에게 연락해 맥주나 한잔 하자고 제안했다. 아마도 우리는 그날 한 잔이 아닌 너무 많은 맥주를 마신 모양이었다. 그다음 날 내가 니카라과로 가서 마양그나를 방문하는 코스터의 다음 여행에 합류하기로 했다는 사실을 깨달았다.

코스터는 그가 연구를 진행하고 있는, 마양그나 사람들이 사는 아란독 정착지까지 정말 수월하게 갈 수 있다고 내게 장담했다. 니카라과의 수도인 마나과에서 도로와 배로 불과 사흘밖에 소요되지 않을 테고, 마이애미에서 마나과까지는 불과 2시간 30분만 비행하면 되는 거리였다. 그가 언급하지 않았던 것은 도로로 하루 꼬박 여행하는 날에는 다른 두 명의 승객과 함께 도요타 랜드 크루저 앞 좌석에 끼어 앉아서 점점 울퉁불퉁해지는 도로 위에서 이리저리 흔들려야 한다는 점이었다. '배'로 가는 이틀은 알고 보니 통나무 속을 파낸 카누를 타는 것이었다. 모터가 장착된 대형 카누였지만, 어쨌거나 카누는 카누였다. 내 평생 가장 불편한 여행이었다.

그러나 일단 바위와 급류를 통과해가서 마양그나 영토로 들어가자, 여행은 실로 감동적이었다. 마치 쥐라기 공원에 발을 들여놓는 것처럼 완전히 다른 세상으로 들어가는 것 같았다. 없는 거라고는 공룡뿐이었지만, 우리가 발견한 것은 혼을 쏙 빼놓을 만큼 놀라운 광경이었다. 개들이, 수천 년 전에 그들의 조상이 우리 선조들과 맺었을지도 모르는 방식의 관계를 맺고 인간과 함께 살고 있었다.

　마양그나 사람들은 강둑을 따라 세워 놓은 기둥 위에 튼튼한 나무 오두막을 짓고 산다. 우리가 시야에 들어오자, 그들은 해안으로 달려와서 이 낯선 사람들은 누구일지 조금 불안한 시선으로 우리를 빤히 바라봤다. 하지만 내가 손을 흔들며 미소를 지어 보이자, 그들도 환한 미소를 지으며 열정적으로 손을 흔들어주었다. 코스터를 알아본 사람들은 그를 매우 따뜻하게 맞이했다. 어느 시점에서 우리가 네 명의 남자가 타고 있는 작은 통나무 카누와 나란히 가게 되었을 때는 거기 타고 있던 사람들이 각자 코스터를 열렬히 껴안아 주려 하는 바람에 카누가 거의 뒤집힐 뻔했다.

　손님용 오두막에서 우리가 사용할 해먹을 매달고 나서 저녁 식사로 고기 몇 덩이를 곁들인 쌀밥을 한 그릇 먹고, 다음 날 아침 식사로는 고기를 곁들이지 않은 쌀밥 한 그릇을 더 먹은 후, 나는 마양그나 남성들과 함께 사냥에 나섰다. (이곳에서는 오직 남자만 사냥을 했다.) 남자들은 장화를 신고, 마체테*를 챙긴 후, 소리쳐서 개를 불렀다. 그리고 출발했다!

　처음에 나는 마양그나의 사냥 원정과 내가 어릴 때 벤지와 함께 했던 숲 산책 사이의 유사성에 놀랐다. 첫 번째 규칙, 개에게 목줄을 맨다. 마양그나 사람들에게 목줄 같은 건 없었지만 개의 목에 밧줄을 느슨하게 매서 데리고 갔다. 끈은 오직 마을을 통과하는 동안에만 매고 있었다. 숲에 도달하면, 끈을 풀어주고 개는 자유롭게 다닐 수 있게 된다.

---

*　날이 넓고 큰 무거운 칼이다. ─옮긴이

이 시점에서 벤지와 마양그나의 개들이 거의 같은 방식으로 행동하는 듯했다. 하지만 인간의 행동은 상당히 달랐다. 어린 시절 벤지를 데리고 산책하러 나갈 때면 나는 벤지가 너무 멀리까지 혼자 가지 못하게 주의를 기울여야 했다. 행여라도 벤지를 집에 데려가지 못한다면 큰일이기 때문이었다. 녀석은 집 근처 숲속에서 발견한 냄새와 소리에 잔뜩 흥분해 있었기에 나는 녀석을 시야에 붙잡아 두기 위해 계속해서 소리쳐 불러야 했다. 대조적으로 마양그나 남성들의 사냥 원정에서 요점은 개가 울창한 숲속에서 찾아낸 것을 그게 무엇이든 자유롭게 쫓아 따라가게 하는 것이다. 만약 개가 곁에 가까이 붙어 있기라도 하면 남자들은 짜증을 내면서 어서 사냥이나 하라고 몰아붙였다. 때때로 그들은 언덕 꼭대기에 멈춰서서 개들의 소리에 귀를 기울였다. 가끔은 "술루"라고 소리 지르기도 했는데, 이것은 그들의 언어로 '개'라는 의미였고 '우' 발음을 매우 길게 늘여서("수우우우우우울-루우우우우") 외쳤다.[62] 그들은 개가 무언가를 찾았다는 표시인, 흥분해서 짖는 소리나 낑낑거리는 소리가 들려오길 기대했다. 이 소리가 들리면 남자들은 개를 따라잡기 위해 전속력으로 달렸다.

개를 따라잡으려고 질주하는 마양그나 남자들은 내가 따라잡기 힘든 속도로 달리면서 마체테로 밀림을 쳐 길을 내며 뚫고 지나갔다. 보나 마나 그들을 졸졸 따라다니던 느려터진 그링고* 때문이었겠지만, 내가 따라갔던 사냥에서 그들은 아무것도 잡지 못했다. 하지만 나는 그 과정에서 굉장히 좋은 느낌을 받았다. 개의

---

* 라틴 아메리카 국가에서 미국인을 이르는 말로 저자를 의미한다. ─옮긴이

임무가 고도의 지능을 요구하는 일이 아니라는 것은 나도 알 수 있었다. 딱히 특별한 훈련이 필요 없다는 의미였다. 전적으로 개 고유의 성향과 능력에 달려 있었다. 먹잇감을 탐지하고 추적하는 능력과 스스로 그 먹잇감의 숨통을 끊으려 하지 않는 능력. 사냥감을 찾아서 막다른 곳으로 몰고 나면 개는 인간을 향해 짖었다. 개가 좌절감에서 짖는 것인지, 아니면 사냥감의 숨통을 끊어 놓는 것은 인간이 와서 해야 할 일임을 알고 있기에 짖는 것인지까지는 난 알 수 없다. 물론 어느 쪽이든 효과는 똑같다. 사람들이 달려와서 사냥을 완료하는 것이다.

마양그나족과 사냥하러 다녀온 후, 나는 개가 직접 사냥감을 죽이지 않고 오히려 크게 짖어서 인간을 그들 쪽으로 데려가는 게 얼마나 중요한 일인지 절감했다.[63] 만약 개가 늑대처럼 행동하고 자신이 찾은 것을 스스로 죽여 먹어 치워 버린다면, 그들은 인간에게 전혀 도움이 되지 않을 것이다. 이것은 인류의 조상이 늑대와 함께 사냥했을 가능성이 전혀 없다는 사실을 강조한다. 그들이 좋은 동반자를 사냥에 끌어들이기 위해선 개의 존재가 나타나기를 기다려야 했다.

이 털북숭이 작은 사냥 동료가 오늘날에도 똑같이 효과적으로 일한다는 사실은 인간과 개의 유대가 얼마나 강하고 견고한지 보여주는 증거이다. 코스터의 자료에 따르면, 마양그나의 개는 일반적으로 약 9킬로그램 정도 나가지만 개 한 마리가 매달 평균적으로 4.5킬로그램 정도의 고기를 집으로 가져다준다. 이 기여량은 사람의 단백질 필수 섭취량에서 상당한 비중을 차지한다. 이 때문에 성공적인 사냥은 사람과 개 양쪽 모두 큰 감정적인 분출을 경험하게끔 한다. 이 긍정적인 경험은 의심할 여지 없이 인간과 그들의 갯과 동료들 사이의 유대를 강화한다.

마양그나 사람들이 모여 사는 주요 마을인 아란독에서는 두 남성이 소총을 가지고 있다. 코스터는 앙상하게 뼈만 남은 그들의 개가 사냥감을 가져오는 데 총만큼이나 효과적이라는 사실을 알게 되었다.

마양그나 사람들과 그들의 개가 함께 사냥하는 것을 지켜보면서, 나는 그들의 강한 유대감에 충격을 받았다. 개의 입장에서 인간의 사냥을 돕는 것은 쓰레기를 뒤지고 다니는 것과는 완전히 다른 기술이 필요했다. 쓰레기를 뒤지고 다니는 건 꽤 외로운 일이다. 마을의 쓰레기 더미를 뒤지느라 바쁜 개들은 인간이든 개든 간에 무리를 이루는 데는 관심이 없다. 반면 마양그나 남성들과 함께 밀림 속을 돌아다니던 동안, 나는 그 활동을 하려면 개와 남자들 사이의 조정과 상호 이해가 필요하다는 강한 인상을 받았다. 사냥의 성공은 정확한 의사소통에 달려 있었다. 남자들이 개에게 이제 먹잇감을 찾을 때라는 사실을 알려주면, 개는 목표물을 탐지해서 추적해야 한다. 일단 사냥감을 찾으면 개는 그 사실을 사람들에게 알려야 하는데, 그때 자신이 울창한 숲속의 어디쯤에 있는지도 알 수 있게끔 해야 한다. 사냥꾼들은 심지어 개의 울음소리로 개가 무엇을 잡았는지까지도 알 수 있다고 주장했지만, 내가 함께 따라나섰던 두 번의 사냥에서는 아무것도 잡지 못했기에 그 사실을 직접 확인할 수는 없었다.

니카라과에서 돌아와서 나는 '어쩌면 사냥이 개가 인간을 사랑하는 능력을 발달시킨 이유를 설명해줄 열쇠가 될 수도 있지 않을까'라는 질문에 약간 집착하게 되었다. 사실 레이 코핑어의 추종자로서, 나는 사냥이 개의 기원과 중간 관계를 맺는 개의 능력에 어떤 의미 있는 역할을 했다고 생각하기가 꺼려졌었다. 레이는 인간이 사냥 동반자 역할을 하게끔 개를 '창조'했다는 이론에서 허점을 찾아냈을 뿐 아니라, 오래전에 사람이 개와 함께하는 사냥에서 많은 이점을 발견했을 가능성에 대해서도 회의적이었다. 그는 개를 훈련하는 데 너무 큰 노력이 들어간다고 생각했다. 또한 사냥과 관련된 모든 것이 경제적인 이득을 얻기 위한 관행이라기보다는 남자가 여자에게 좋은 인상을 주기 위해 이용했던 일종의 '남성 과시'에 가깝다고 생각했다.

그러나 이제 나는 그 견해를 재고하고 있었다. 비록 사냥이 개가 늑대와 갈라지는 진화 과정을 시작하지는 않았을지라도, 개가 인간의 동료로 진일보하는 데 도움을 주기는 했으리라는 게 내 생각이었다.

나는 인간과 강한 유대감을 형성하도록 유전적 변이를 거친 개들이 여전히 인간에게 냉담한 개들보다 좀 더 유리한 상황에 있었으리라고 추측한다. 이 우호적인 개들은 사람의 사냥 원정에 따라가서 목표물의 숨통을 끊기 위해 인간에게 도움을 청할 가능성이 컸으므로, 사냥의 이익을 나눌 가능성도 좀 더 높았을 것이다. 이것이 생존 가능성을 높이고 더 많은 새끼를 낳을 확률도 높여, 결국에는 이 우호적인 개들의 유전자가 널리 퍼졌을 것이다.

나는 사람과 개 사이의 끈끈한 관계는 빙하기 이후 인류가 사냥에 도움이 필요했던 시기에 맺어졌으리라는 가능성에 한 줄기 빛을 비춰줄 증거를 고고학자 친구들이 보여줄 수 있을지 궁금했다. 우리 선조들에게 개가 얼마나 중요한 존재였는지에 특별히 관심을 두고 있는 영국 더럼대학교의 동물학자인 앙겔라 페리Angela Perri는 내 제안에 기쁘게 응해왔다. 그녀는 사냥개와 사냥을 나가는 게 대세가 되었을 무렵, 인류가 개에게 깊은 애정을 품고 있었다는 증거를 내게 보여주었다. 그것은 개와 인간의 강한 정서적 유대가 그들의 급성장하던 포식적 동반 관계와 상호적으로 관련되어 발전했다는 증거였다. 물론 상호관련성이 인과 관계를 증명하지는 않는다. 하지만 앙겔라의 연구는 두 가지 획기적인 사건 (인간과 개의 합동 사냥과 그 두 종간의 강한 정서적 유대의 형성) 사이의 강한 연관성을 지적해 보여준다.

박사 과정 연구 주제로, 페리는 개와 함께 묻힌 사람들의 매장지가 아닌, 매우 신경 써서 개만 매장한 장소를 선택했다. 그녀가 개만 매장한 장소를 강조하는 이유는 동물과 사람이 함께 묻힐 수 있는 이유는 많기 때문이다. 그리고 대개 우리는 함께 묻힌 사람과 동물이 어떤 관계였을지에 관해 알아야 할 필요가 없다. 1만 2,000년 전 강아지와 함께 묻힌 여자의 뼈를 수지로 뜬 사본을 소장하고 있는 예루살렘의 이스라엘 박물관 전시실에는 사슴뿔이나 거북의 등딱지, 여우의 이빨, 그 외에도 기타 다양한 동물의 부위와 함께 매장된 사람들의 뼈를 넣어 놓은 유리 진열장이 있다. 이들 중 어느 것도 그 시대 사람들이 사슴이든 거북이든 여우든, 또는 그 무엇이든 간에, 그 동물들과 정서적인 유대를 발전시켰다는 증거로 받아들여져서는 안 된다.[64] 이 여성을 매장했던 사람들에게는 그들의 친척을 무덤에 묻을 때 동물의 일부를 함께 넣어주는, 현재는 사라진 의식을 행할 이유가 있었을 뿐이다.

죽은 사람과 개를 함께 매장하는 것에 관해 더 깊이 생각하다 보면, 그 개가 어쩌다가 무덤 속까지 들어가게 되었을까 궁금해하지 않을 수가 없다. 같은 시기에 우연히 죽었을까, 아니면 무덤을 꾸미기 위해 고의로, 또는 죽은 사람이 사후세계로 여행하는 동안 동행할 수 있도록 죽인 것일까? 보호자의 죽음과 거의 동시에 반려동물이 저절로 자연사하는 일이 그렇게 자주 일어나지 않는다는 점을 고려해보면(비록 찰스 다윈의 마지막 개 폴리는 보호자가 마지막 숨을 내쉰 지 사흘 후에 죽었지만), 사람과 개를 함께 매장한 행위는 그 개 대다수를 의도적으로 죽였음을 나타낸다. 물론 우리가 수천 년 전 사람들이 무슨 생각을 하고 있었을지 알아낼 방법은 없다. 그들이 개와 애정 어린 관계를 유지하는 게 전적으로 불가능한 일은 아니었겠지만, 그렇다고 이것이 개가 사랑했던 사람과 그 개를 함께 묻으려고 일부러 개를 죽였을 가능성을 배제해주지는 않는다.

페리가 지적했듯이, 개-인간 합장의 정서적인 함축성은 기껏해야 모호하다. 그러나 사람이 개를 애정과 존경을 담아 따로 묻어준 경우에서는 훨씬 더 명확한 의미를 추론해볼 수 있다.

무덤에 사람이 없으면 개를 묻은 사람에게 그 개가 어떤 의미였는지는 전혀 모호하지 않다. 우리 조상들이 특정한 시기에 그랬던 것처럼, 만약 개가 그 당시 인간의 무덤처럼 세심하게 주의를 기울여 화려하게 장식한 무덤에 매장되었다면, 우리는 사람들이 그 개를 얼마나 신경 썼는지 분명히 알아볼 수 있다.

페리는 세계의 세 부분에 있는 고대의 개 매장지를 찾아 분석했는데, 거기에는 일본 동부와 북유럽(스칸디나비아 포함), 그리고 켄터키, 테네시, 앨라배마 및 기타 여러 주를 포함하는 미국 동부 지역이 포함되어 있었다. 그녀는 이 세 곳의 다양한 지역에서 수백 곳에 이르는 개 매장지에 관한 보고서를 검토했다. 각 매장지에 개가 언제, 어떻게 묻혔는지도 조사했다. 그들은 풍성한 물품은 물론이고 보살핌과 존경의 징표와 함께 묻혔을까? 아니면, 그저 평범하고 우연히 그렇게 묻힌 듯이 보였을까? 다시 말해, 상호간의 사랑과 애정의 흔적이 보였을까? 아니면, 사람들이 그저 냄새나는 늙은 개의 사체를 얼른 치워버리고 싶었던 것일까?

페리가 주목했던, 널리 분포한 그 지역들에서 특히 흥미로웠던 점은 인류 역사의 중요한 발전이 이 세 지역에서 꽤 다른 시기에 일어났다는 것이다. 마지막 빙하기가 끝나고, 우리 선조들이 그 어느 때보다도 울창한 숲속에서 사냥을 다니며 겪었을 어려움, 사냥꾼의 조력자로서의 개들의 유입, 그리고 마침내 사냥에 대한 인간의 의존도를 낮춘 농업의 발전은 이 세 지역에서 각기 수천 년의 간격을 두고 일어났다.

페리가 실로 놀라운 발견을 한 것이다. 그녀는 빙하 시대부터 비교적 최근까지(여기서 최근이란 고고학자들에게는 여전히 수천 년 전을 의미한다), 장소별로 시간의 경과에 따라 신중하게 의도적으로 개를 매장한 횟수를 도표로 그렸다. 모든 경우에서 그녀는 도표가 동일한 일반적인 형태, 즉 뒤집힌 U자형(∩모양)을 취한다는 사실을 발견했다. 우리가 각 장소에서 과거로 충분히 시간을 거슬러 올라가다 보면, 사람들이 개를 특별히 정성을 들여 묻어주려 애쓰지 않았던 시기를 만나는데, 그곳이 바로 그래프에서 가장 낮은 지점이다. 시간을 훨씬 앞당기면 그래프의 선은 다시 낮아진다. 이때도 역시 사람들은 그다지 신경 쓰지 않고 개를 묻어주었다. 그러나 각 장소에는 그래프 중심의 '혹'이 있다. 그건 전 세계 세 군데 각 지역의 사람들이 그들의 개 동료를 매장하는 데 엄청난 관심과 노력을 기울였던 긴 시간을 의미했다.

이 기간의 정확한 날짜는 지역마다 다르지만, 인류 역사상 이 일이 일어났던 시점은 동일했다. 사람들은 지구가 따뜻해지고, 사냥이 점차 더 어려워지던, 마지막 빙하기가 끝난 이후 개 매장에 대한 관심이 극대화되었다. 수십만 년 동안 누구의 도움도 없이 혼자서 성공적으로 사냥을 해온 이후에 인류가 맞이한 역사의 그 시점에, 우리의 조상들은 울창한 숲에서 제대로 볼 수도, 움직여 앞으로 나갈 수도 없이 곤경에 빠지게 되었다. 사람들이 매우 신경 써서 개를 매장했던 것이 바로 그 시기이다. 그리고 이 사람들이 멀리 떨어진 세 장소에 흩어져 살았다. 이 기간, 그러니까 지금으로부터 3,000~9,000년 전 사이에(북유럽에서는 더 최근에, 북미 지역에서는 더 일찍이) 이 사람들은 아마도 서로에 대해 아무것도 몰랐을 것이다. 따라서 그들이 개를 애정을 담아 새로운 방식으로 매장하기로 한 것은 완전히 독자적으로 내린 결정이었을 것이다. 각 지역에서 나타났던 이러한 관행은 농업의 출현과 함께 점차 줄어들었다.

간혹 페리가 분석한 개들은 굉장히 고급스럽게 매장되어서 원래 그 매장지를 발견했던 고고학자들이 그 유골이 단지 개의 것에 불과하다는 사실을 믿지 못할 정도였다. 한 고고학자는 이 개들이 시체가 없는 인간 전사자를 대신해 매장한 '세노타프'일지도 모른다고 생각했다.[65] 이에 대해 페리는 크게 반론을 펼친다. 이 고대 사람들은 그들이 매장한 개가 가치 있는 인간을 대신하는 존재가 아니라 정말 개라고 이해했으며, 그들이 사냥이라는 중요한 활동을 도움으로써 그 가치를 증명했기 때문에 사치스러운 무덤 용품과 함께 매장했던 것이라고. 짐작하건대 우리 조상은 경의도 크게 표했을 것이다. 개들이 주위 사람들에게 강한 애정을 표현해왔기에 당연히 그에 보답하고 싶은 마음을 느꼈을 리가 분명하기 때문이다.

종합해보면 이 고고학적 증거는 다음 사실을 강력하게 암시한다. 비록 인간 사냥꾼을 돕는 것이 개라는 종을 창조해내지는 않았다고 할지라도, 개가 단백질을 포획하는 데 없어서는 안 될 도구가 되었던 것이 인간과 개 사이의 강한 애정의 유대를 가능하게 했을 것이다. 고고학적인 기록이 아직은 우리에게 말해주지 않는 사실은 개가 인간의 사랑에 보답할 수 있게 해준 유전적 돌연변이도 역시 이 정확한 기간에 일어났는지의 여부다.

우리의 고생물학 유전학자 친구들은 아직 고대에 살았던 개 뼈의 유전자 분석을 끝마치지 못했지만, 약간의 운만 따라준다면 이 잔해들은 개의 사랑에 관한 유전적 기반인 초사회성 유전자가 언제 처음으로 갯과 동물에게 나타나기 시작했는지 우리에게 알려 줄 것이다. 7,000~8,000년, 혹은 9,000년 전의 인류와 이야기할 수 없는 상태에서, 이 유전자 분석은 우리가 고대의 개들이 어떻게 인간과 상호 작용을 했는지 알 수 있게 해줄 최고의 보고서라 할 수 있다.

나는 부디 그 유전적인 증거를 손에 쥘 수 있기를 학수고대한다. 하지만 그럼에도 여전히 개가 언제 어디서 어떻게 오늘날과 같은 애정 어린 존재가 되었는지에 관한 상세한 설명은 절대로 들을 수 없으리라는 사실에 슬퍼하지 않을 수가 없다. 물론 개의 역사에서 중요한 이 시기에 함께 살았던 사람들은 이미 오래전에 사라지고 없기에 그들과 인터뷰도 할 수 없을 것이다. 나는 지금 진행 중인 연구에 만족하기 위해 최선을 다하고 있는데, 이 연구는 지금까지 내가 논의해온 사례들에서 나온 결과조차도 기쁘게 넘어서고 있다.

오늘날 우리는 개가 어떻게 그들의 야생 조상의 유전적 태피스트리에서 비교적 짧은 기간 내에 출현하게 되었는지에 관한 과학적 증거를 가지고 있다. 그 증거는 늑대가 아니라 또 다른 가까운 갯과 친척인 여우에게서 나온다. 그리고 그것은 빙하 시대 유럽의 쌀쌀한 풍경이 아니라, 하고많은 곳 중에서도 소비에트 연방의 시베리아에 있다. 1959년에 진화와 관련해서 지금껏 시행된 가장 큰 규모의 실험 중 하나가 시작되었는데, 그것은 진화가 사랑을 창조할 수 있는지 알아보고자 하는 직접적인 실험이었다.

소련의 시베리아가 개의 사랑의 역사를 연구하기에는 적절하지 못한 실험 장소처럼 보일지도 모르겠다. 일찍이 소련은 유전학 분야의 개척자였지만, 스탈린은 이 부르주아 과학을 못마땅하게 여겼고, 1930년대에는 유전학자들을 강제 노동 수용소로 보내 살해하기도 했다.

하지만 1953년에 스탈린이 사망하자 소련에서는 유전자 연구가 부활했다.[66] 유전학 분야의 차세대 과학자들을 이끌었던 지도자 중 한 명은 드미트리 벨리아예프Dmitri Belyaev였다. 역시 유전학자였던 그의 형제 니콜라이는 1937년 자신의 과학적 신념 때문에 처형당했다.

드미트리 벨리아예프는 진화가 필연적으로 자연에 관한 냉혹한 결론, 즉 자연은 "인정사정 봐주지 않는" 존재라는 결론으로 이어지는 것만은 아니라는 사실을 보여주는 실험을 통해 수용소에서 살해된 형제의 무죄를 입증하고 싶어했다.[67] 사실상 진화는 애정의 통로, 심지어는 사랑으로 이어지는 길을 형성할 수도 있기 때문이다. 벨리아예프는 당시로써는 급진적인 개념인, 인간을 향한 동물의 친밀감이 유전될 수 있다는 사실을 증명하고 싶었다. 비록 체형이 유전된다는 사실은 널리 알려져 있었지만, 복잡한 행동 패턴이 진화할 수 있는지는 그다지 명확하지 않았다.

이 문제를 조사하기 위해 벨리아예프는 여우와 함께 실험을 진행하기로 했다. 여우 모피는 추운 소련에서는 매우 중요한 물품이었다. 하지만 개들의 주목할 만큼 애정 어린 천성의 기원에 무엇이 깔려 있는지 조사하기에 여우는 매우 현명한 선택이기도 했다. 개와 늑대처럼 여우도 갯과에 속하지만, 개와 늑대와는 달리, 개속에는 포함되지 않는다. 이 사실은 매우 중요하다. 그것은 여우가 개의 기원을 밝히기 위해 대신 실험해도 좋을 만큼 늑대와 개에 밀접히 관련되어 있음을 의미한다. 또한, 여우는 늑대나 개와는 명확히 구분되기에 우리는 여우가 개나 늑대 어느 쪽과도 절대로 종간 교배를 하지 않았다는 사실을 확신할 수 있다. 이것은 벨리아예프가 그의 실험을 통해 어떤 사실을 밝혀내든 간에, 그 여우를 개나 늑대와 종간 교배하게 하는 것으로 결과를 오염시킬 수 없음을 의미하기도 한다.

매년 봄 벨리아예프는 인간에게 가장 우호적이며 사납지도 않은 여우를 다음 세대의 부모로 선택했다. 그의 연구가 3년 차에 접어들었을 때, 이미 몇 마리의 여우는 우리에 갇힌 야생 여우의 포악한 특성을 드러내기보다는 스스로 갇혀 있기를 선택했다. 그 실험에서 4세대였던 엠버는 인간이 접근해오는 것을 보고 꼬리를 흔들며 좋아서 흥분했던 최초의 여우였다.[68] 1985년 벨리아예프가 사망했을 무렵에는 그의 실험이 완전히 성공했음은 두말할 필요도 없을 것이다.

소련이 1950년대에 시베리아에서 사랑의 진화에 관한 실험을 시도했다는 소식을 처음 들었을 때, 난 너무도 어이가 없어 믿기 힘들 지경이었다. 나는 (예전) 소련 세포 및 유전학 아카데미의 여우 농장을 직접 방문해본 적이 있고, 거기서 무슨 일이 있었는지에 관한 글도 읽었기에, 러시아인들이 수행한 실험이 그들이 내내 주장해온 바라는 사실을 이해한다. 그것이 제임스 본드 영화에 등장할 법한 소재는 아닐지 모르지만, 허니 라이더와 푸시 갤로어* 에 대한 사춘기 시절 향수에도 불구하고, 진실은 여느 진부한 냉전 통속극 속의 음모보다 훨씬 놀랄 만하다.

냉전기에 영국에서 성장한 나는 소련이 지구를 점령하려고 설치는 사악한 제국이라고 배웠다. 그러나 비행기로 모스크바에 도착했다가 다시 시베리아 횡단 철도가 오브강을 가로지르는 곳에 있는 거대 산업 도시인 노보시비르스크까지 세 시간을 비행해가기 전까지는 러시아가 얼마나 거대한 땅덩어리를 차지한 국가인지 진정으로 이해한 적이 없었다. 지도상에서 노보시비르스크는

---

* 이언 플레밍의 소설 007 시리즈에 등장하는 가상 인물들이다. ─옮긴이

시베리아를 채 반도 지나지 못한 지점에 있지만, 모스크바와는 아주 다른 느낌이었고, 전날 내가 떠나온 플로리다와는 완전히 다른 행성에 있는 듯한 기분이 들게 했다.

노보시비르스크 공항에서 동물 진화 유전학 연구소(간단히 여우 농장이라고도 알려져 있다)로 가는 여정에서, 나는 너무 오래되어서 오직 높은 굴뚝에서 뿜어 나오는 시커먼 연기구름만이 그것들이 아직 가동 중임을 알려주는 공장 지대를 지나고, 벌써 추운 9월의 날씨에 맞서 온몸을 꽁꽁 싸맨 채 뒤집어 놓은 양동이에 걸터앉아 농산물과 꽃을 파는 왜소한 러시아 노파들을 지나쳐 갔으며, 집단 농장 기념비와 거의 폭탄 분화구처럼 보이는 오래되고 거대한 구덩이들을 지나갔다. 차로 30분 정도 달리고 나서야 마침내 우리는 연구소 입구에 도착했다.

농장 문 안쪽에는 사용하지 않는 여우 우리가 사방에 널려 있었고 여러 곳에 무너지거나 무너질 지경에 이른 콘크리트 건물이 서 있었다. 잡초와 풀이 인간이 사용하던 그 복합 건물의 상당 부분을 차지하고 있었지만, 지역 주민들도 역시 그 땅에 대한 소유권을 주장했다. 남자 하나가 한쪽 구역에서 감자를 수확하고 있었고 일렬로 늘어선 여우 우리 사이사이에는 꽃들이 만발해서 가망 없어 보이는 장소를 아름답게 장식하고 있었다.

우리는 오래된 여우 우리 구조물 주위를 천천히 걸으며 동물들을 살펴봤다. 길든 여우들은 우리가 도착하자 흥분해서 낑낑거리며 몸을 떨었다. 인간과의 접촉을 필사적으로 바라는 듯했다. 그 모습을 보면서 나는 친근하고 외향적인 열정으로 사람들을 대하는 어린 강아지들을 떠올렸다.

안내원 중 한 명이 케이지 문을 열자, 여우 한 마리가 말 그대로 그녀의 품 안으로 뛰어들었다. 실로 놀라운 광경이었다. 그 여우는 내게 넘겨졌는데, 내게 안겨 있다는 사실도 녀석에게는 매우 흥분되는 모양이었다.

여우를 껴안는 내 실력은 풋내기에 지나지 않았을 테지만, 그 여우는 나를 가르치기로 굳게 맘먹은 듯했다. 전혀 낑낑거리지도 않았고, 그 커다랗고 털이 북슬북슬한 꼬리를 흔들면서 내 목에 주둥이를 얹어 놓았기 때문이다. 몇 마리의 여우가 우리에서 풀려나와 주변을 돌아다녔는데, 모두 같은 반응을 보였다.

처음에는 모두 흥분으로 몸을 떨었지만, 곧 빠르게 진정하고는 사람의 손에 안기는 것을 정말로 즐기는 듯했다. 나는 다양한 색깔의 길든 여우와 함께 사진을 찍었다. 각각의 여우가 가장 친밀한 방식으로 주둥이를 내 얼굴에 밀착시켰다. 그들이 여우처럼 보이긴 했어도 사실상 어떤 의미에서는 벨리아예프가 만들어낸 개와 훨씬 가까운 새로운 짐승이었다.

나는 시베리아에서 종을 뛰어넘은 관계에 관심이 없는 야생동물로 사랑에 빠진 가축을 만들어내는 방법을 보았다. 드미트리의 처형된 형제 니콜라이가 믿었던 것처럼, 선택은 단 몇 세대 안에 동물을 극적으로 변화시키는 엄청난 힘일 수 있다. 벨리아예프의 오랜 여우 실험은 선택만으로도 개처럼 길이든 동물을 만들 수 있다는 걸 우리에게 알려준다. 그것은 진화가 어떻게 동물계에 속한 인간의 가장 친한 친구를 만들어낼 수 있었는지, 그 비밀을 가리고 있던 베일을 적어도 조금은 들어 올려준다. 이것은 개가 어떻게 친근하고 애정 어린 동물로 바뀌었는지를 가장 직접적으로 시연해 보인 사례라 할 만하다.

드미트리 벨리아예프가 여우 실험을 통해 무엇을 증명할 수 있었는지 파악하는 것도 중요하지만, 그의 실험이 증명하지 못한 것을 명확히 하는 것도 중요하다. 불행히도 벨리아예프 팀은 사실상 여우에게 먹이를 주고 번식시키는 것 외에는 아무것도 하지 않았다. 여우와 사냥을 한다거나, 다른 어떤 협력적인 작업도 시도하지 않았다. 따라서 우리는 사냥과 같은 어떤 특정 활동이 개의 우호적인 성격 발달에 영향을 미쳤는지는 이 실험에서 직접적으로 추론할 수 없다. 그것은 고고학과 인류학으로 뒷받침되는 추측으로만 남을 것이다.

게다가 시베리아에서 벨리아예프와 그의 동료들이 농장에서 다음 세대의 부모가 될 여우들을 직접 골랐다고 해서, 고대인들도 기르던 개 중에서 새끼를 가질 개를 직접 선택했으리라고 가정한다면 큰 실수가 될 것이다. 사람이 하든 자연이 하든, 선택은 선택이다. 다윈 자신도 지적했듯이 '인공적인 선택'(다음 세대의 부모가될 대상을 인간이 직접 선택하는 것)은 '자연적인 선택', 즉 인간의 개입 없이 자연에서 일어나는, 생물학적 유산을 남기려는 투쟁의 초라한 반영일 뿐이다. 둘 다 같은 결과로 이어질 수 있다. 벨리아예프의 서사적인 실험은 선택이 더 우호적인 동물을 형성할 수 있음을 보여준다. 그것은 개의 경우에는 누가, 또는 무엇이 그 선택을 수행했는지 우리에게 말해주지 않는다.

앞서 말했듯이, 나는 인간이 최초의 개를 만들었다고 믿지 않는다. 오늘날 전 세계에서 너무 많은 사람이 너무 많은 개를 번식시키고 있지만, 우리 조상들이 동물의 짝짓기를 통제했다고는 상상할 수 없다. 개가 처음 등장했을 때 인간에게는 다른 종의 성생활을 통제하는 데 필수적인 목줄, 끈, 우리, 심지어는 벽이나 높은 울타리 같은 것을 만들어낼 기술이 없었다.

우리 선조들이 생물학자가 완곡하게 '접합 후 선택post-zygotic selection'*이라고 부르는 관행을 수행했을 가능성이 있기는 하다. 다시 말해서 우리 선조들이 마음에 들지 않는 새끼들을 도살했다는 것이다. 하지만 그조차도 진화에 큰 영향을 미치기에는 너무 엉성했을 것이다. 만약 누구라도 어미 늑대의 새끼들을 도살할 생각이라면, 나는 "행운을 빈다"라고 말해주겠다. 내 추측으로는 새끼와 어미를 모두 도살하는 것이, 그들 중 몇 마리만 선택해 죽이고 나머지는 살리는 것보다는 쉬웠을 것이다. 일부만 선택적으로 도살하고 나머지는 다음 세대의 부모로 남겨둠으로써 늑대를 더 우호적으로 바꾸는 데 어떤 진전이 있기를 바랄 수야 있겠지만, 솔직히 말해서 나는 그게 가능하다고 생각지 않는다.

우리 조상들도 다른 종의 번식에 개입하려면 반드시 알고 있어야 하는 유전에 대한 이해가 부족했을 것이다. 순수 혈통의 개처럼 지속적으로 근친 교배한 동물들만이 "같은 특질의 새끼를 낳을 수" 있다. 당신에게 흰 순종견이 두 마리 있다면, 그 자손도 흰 털을 가지고 태어날 가능성이 크다. 그러나 두 마리의 잡종견이 있다면, 그 새끼들은 여러 가지 색으로 태어날 수 있다. 유전학

---

* 두 개의 배우자 세포가 성 생식을 통해 결합할 때 형성된 초기 세포, 또는 수정란을 '접합자(zygote)'라고 하므로 '접합 후 선택'은 수정된 후의 선택을 의미한다. ─ 옮긴이

은 매우 복잡한 분야이기에, 나조차도 오늘에 이르기까지 완전히 이해하지 못한다. 따라서 1만 4,000년 전의 선조들은 어떻게 부모의 특질이 다음 세대로 유전되는지를 거의 알지 못했으리라 짐작된다.

모든 경우의 수를 참작했을 때, 나는 개를 만든 것은 틀림없이 자연선택이었으리라고 확신한다. 인간을 용인함으로써 얻는 이점은 우리가 버린 쓰레기 더미에서 안식처를 찾았던 늑대 같은 동물에게는 너무도 큰 것이어서, 그들은 적어도 사람들이 그들과 더 가까워질 수 있게끔 허락하는 능력을 키우는 쪽으로 자연선택되었을 것이다. 빙하기가 끝나고 우리 조상들이 사냥에 도움이 필요해졌을 때, 인간을 용인하는 개의 능력은 오늘날에도 여전히 빛을 발하는 열려 있는 사랑에 그 자리를 내주었을 가능성이 크다.

한 가지 확실한 것은, 개는 여러 세대에 걸쳐 일어나는 유전적 변화 덕분에 생겨났다는 것이다. 개가 오늘날 우리가 아는 동물이 되기까지 과연 몇 세대가 필요했는지까지 알아낼 수는 없을 것이다. 돌연변이 한두 마리가 무작위로 태어나서 간단히 인간을 용인하던 동물에서 갑자기 오늘날 우리가 사랑하는 동물로 변화했을 가능성도 있다. 그들은 우리를 그저 너그럽게 이해하는 데 그치는 것이 아니라, 적극적으로 우리를 찾아내서 그들을 돌보라고 설득한다. 이 동물들은 우리가 유기 동물 보호소에 가서 새로운 개 동반자를 찾고 있을 때, 자신들이 우리를 선택했다는 사실을 전달할 수 있다. 이 생물체의 게놈과 늑대의 게놈이 정확히 어떻게 달라졌는지는 오늘날 개 과학 분야에서 가장 흥미로운 연구 주제이다.

하지만 어떤 개도 암컷 혹은 수컷 유전자 하나만의 산물은 아니다. 그보다는, 모든 개의 개별적인 특이한 점(애정 어린 행동을 포함해서)은 개의 유전자와 환경 사이 미묘한 상호 작용의 결과물이다. 개의 삶이 어떻게 개를 사랑스러운 존재로 만드는지는 그 자체로 매혹적인 주제다. 그리고 개와 인생을 함께 하는 우리에게 있어서, 어떻게 이 소중한 동물들 안에서 애정이 무럭무럭 자라날 수 있었는가 하는 문제는 애초에 그들이 어떻게 사랑할 준비가 되어 있었는가 하는 문제보다 어쩌면 훨씬 더 중요할지도 모른다.

제6장

개가 사랑에 빠지는 법

개의 유전자야말로 그들을 특별하게 만드는 열쇠다. 그러나 유전자는 레고 세트 조립 설명서가 완성된 장난감의 모양을 보증하는 식으로 완제품의 형태를 결정하지는 않는다(조립 세트에서 레고 블록 하나를 잃어버렸다고 가정해보라). 오히려 각 유기체의 유전적 청사진은 백번을 반복하면 백 개의 다른 유기체를 만들어내는 발달 과정의 출발점에 가깝다.

내가 키우는 소중하고 사랑스럽고 특이한 개는 비록 의도하지 않았음에도 이 사실을 끊임없이 상기시킨다. 지금 내 뒤에 누워 있는 제포스는 누가 집에 찾아올지도 모른다는 기대감에, 또는 내가 무엇을 하고 있는지 알아채기 위해, (안타깝게도 그럴 일은 거의 없지만) 벌떡 일어나서 자신을 데리고 나가 산책을 하거나 차에 태울지도 모른다는 기대를 하면서 눈과 귀를 반쯤 열어놓고 있다. 물론 그러기 위해 제포스는 눈과 귀뿐 아니라, 이런 종류의 정보 처리를 가능하게 하는 뇌를 만들기 위해 단백질을 암호화하는 유전자를 가지고 있어야 한다. 하지만 제포스가 실제로 자신이 하는 일을 하려면 유전자 이상의 요소가 필요하다. 제포스가 엄청나게 상냥한 성격과 특별히 좋아하고 싫어하는 것을 가진 제포스가 되려면, 유전자뿐 아니라 특정한 삶의 경험도 필요하다.

개가 생물학의 모든 이야기에서 한 역할을 하듯이, 유전자가 개들의 사랑 이야기에서 중요한 역할을 한다는 것은 분명한 사실이다. 또한 개와 그들의 야생 조상 사이에 존재하는 유전적 차이점의 발견, 특히 우리의 동반자인 개들의 따뜻한 본성에 이바지하는 유전자의 발견은 최근 개 과학에 있었던 가장 흥미로운 발전 중 하나이다. 그러나 개를 둘러싸고 있는 세상도 그 개가 어떤 개가 되는가에 대한 책임을 공유한다.

어떤 특정한 개가 사랑에 적합한 모든 올바른 유전자를 가지고 있다 하더라도 그것만으로는 그 개가 사람을 사랑하는 존재가 될 거라고 보장해주지 않는다. 타고나는 기질뿐 아니라 어떻게 키우는가도 중요하기 때문이다. 내 발견의 여정에서 길잡이 역할을 했던 용어들을 다시 언급해 설명하자면, 개들의 사랑 이야기는 단순한 계통 발생(세대에 걸친 진화적 변화)의 이야기일 뿐 아니라 개체 발생(각 개체의 개별적인 발전)의 이야기이기도 하다. 물론 그것은 100만 달러의 가치가 있는 다음의 의문을 불러일으킨다. 만약 개가 진화의 결과로 인간을 사랑하는 힘을 부여받았지만 반드시 사랑할 필요는 없다면, 어떻게 개들은 우리를 사랑하게 된 것일까?

나는 가수 바브라 스트라이샌드가 자신이 너무도 사랑했던 코통드 튈레아르 품종 반려견, 새미를 어떻게 복제하게 되었는지를 다룬 기사를 어느 대중지에서 우연히 읽었을 때, 개의 사랑의 우발성에 관해 생각 중이었다. 복제된 동물은 그들이 유래한 동물과 모든 유전자를 공유한다. 따라서 그 둘은 일란성 쌍둥이처럼 유전적으로는 전혀 구분할 수 없다. 계통 발생과 개체 발생의 효과를 비교하고 싶다면, 일란성 쌍둥이보다 더 좋은 선택은 없다. 과학자들은 유전학과 환경 사이의 복잡한 상호 작용으로 인간이 어떻게 형성되는지 알아내고자 수십 년 동안 일란성 쌍둥이를 연구해왔다. 복제가 천성 대 양육이라는 개와 관련된 문제에 대해 유사한 통찰력을 제공할 수 있을까?

스트라이샌드가 키웠던 개, 새미에 관해 내가 읽은 대부분 기사는 복제 관행과 관련된 막대한 비용과 윤리적 관심사에 중점을 두고 있었다. 첫 번째 개는 2005년 한국에서 복제되었는데, 123마리의 암컷 개에 난자를 이식해 각 개가 새끼를 한 마리씩 낳게 했다. 이렇게 많은 암컷 개를 이런 식으로 이용하는 일은 분명히 큰 윤리적 문제를 안고 있다.[69] 그 후 10여 년이 지나는 동안 그 과정은 간소화되었고, 텍사스의 한 단체에서는 개의 볼 안쪽에서 약간의 세포를 채취하기만 하면, 단일 대리모견을 이용해 사랑하는 반려견을 복제해준다. 비용은 5만 달러다.

나는 반려동물 복제 비용에 관한 많은 사람의 놀라움에 공감하고, 윤리적인 문제 또한 나를 괴롭혔다. 그렇지만 스트라이샌드가 그 개들에 관해서 했던 말은 흥미로웠다. 그녀는 복제로 태어난 네 마리의 강아지가 모두 똑같아 보였다고 이야기했다. 하지만 《뉴욕 타임스》에는 다음과 같이 말했다. "각 강아지는 독특하고 나름의 개성을 타고났어요. 강아지의 모습을 복제할 수는 있지만, 영혼을 복제할 수는 없잖아요."[70] 나는 그게 정말로 흥미로운 발언이라고 생각했다. 그녀는 "영혼을 복제할 수는 없잖아요"라는 말로 정확히 무엇을 전달하고자 했던 것일까?

안타깝게도 스트라이샌드는 내 연락 시도에 응답하지 않았다. 하지만 나는 2017년에 자신의 개를 복제한 어느 남성이 나와 20분 거리에 살고 있다는 사실을 알게 되었다. 바브라 스트라이샌드와 마찬가지로 리치 하젤우드도 5만 달러와 사랑하는 테리어 혼합종 재키오의 입에서 채취한 세포를 텍사스로 보냈다. 5개월 후 그는 두 마리의 개를 새로 얻어 지니와 젤리라고 이름 붙였다. 하젤우드는 비록 복제견들의 모습은 상당히 비슷해 보이지만, "성격은 완전히 다르다"라고 전화로 말했다. "지니는 모견의 판박이예요. 완전히 운동선수죠. 사냥꾼이고 달리기도 잘해요. 한 번도 멈추지 않고 5~6킬로미터는 가뿐히 달릴 수 있어요." 하지만 젤리는 지니와 완전히 똑같은 DNA를 가지고 있음에도 그보다 더 다를 수 없을 만큼 다르다고 했다. "젤리는 사람으로 치면 일종의 카우치포테이토라고 할 수 있어요. 굉장히 똑똑하지만 그다지 활동적이지는 않아요."

하젤우드에 따르면, 복제견들은 또한 그들의 어미(또는 자매, 또는 DNA 기증자, 또는 명칭이야 뭐가 되었든 간에)와는 현저히 달랐다. 재키오는 4분의 3은 잭 러셀 테리어 품종이고, 나머지는 스코티시 테리어와 잉글리시 불도그의 피를 받았다. 그 결과 짧고 곱슬거리는 털(주로 흰색에 갈색 반점 무늬가 들어갔다)을 가진 작고 아름다운 잡종견으로 태어났다. 지니와 젤리는 재키오와 비슷한 얼굴 표지를 가졌지만 완전히 똑같지는 않다. 재키오는 엉덩이에 갈색 반점이 있지만 지니와 젤리는 목 아래로는 완전히 흰색이다. 이는 자궁 속에서의 삶을 포함해 삶의 초기에 있는 아주 작은 차이조차도 신체가 취하는 정확한 형태에 큰 영향을 미칠 수 있음을 보여주는 증거다.

하젤우드의 복제견 두 마리는 확실히 쌍둥이라고 해도 될 만큼 닮았지만, 당시 내 대학원 제자였고 현재는 내 동료이며 공동 연구자이기도 한 리사 건터Lisa Gunter와 함께 그들을 방문했을 때, 두 복제견의 행동은 하젤우드가 말했듯이 완전히 달랐다. 지니는 우리에게 달려와서 주변을 맴돌며 반갑게 뛰어올랐고 우리가 자리에 앉자마자 무릎 위로 올라와서 우리가 거기 있는 내내 눈을 반짝이며 앉아 있었다. 젤리도 와서 우리를 맞이하기는 했지만 곧 소파로 가서 잠이 들었다.

놀랍게도 두 어린 복제견의 어미(또는 자매…)는 여전히 살아 있다. 이제 18살이 된 재키오가 우리에게 다가와 짖었다. 그리고 또 짖었다. 그 가여운 노견은 이제 눈이 멀었고, 아마 귀도 먹었을 것이다. 재키오는 우호적이었고, 나이치고는 놀랄 만큼 움직임도 자유로웠지만, 딸들을 따라잡을 수는 없었다. 재키오는 바닥에 내내 누워 있었고 한참이 지나서야 짖는 것을 멈추었다. 하젤우드는 재키오가 어렸을 때는 지금의 지니처럼 매우 활기 넘치는 성격이었다고 말했다.

하젤우드가 키우는, 유전적으로 동일한 개 세 마리를 만나기 전에 나는 개 복제의 가치에 관해 냉소적인 태도를 견지했고 지금도 여전히 그 관행을 장려하지는 않는다. 그러나 이 개들과 함께함으로써 하젤우드가 느끼는 크나큰 기쁨에 직면하자 회의적인 태도를 고수하기가 어려웠다. 그는 몇 년 전까지만 해도 자신의 인생이 바닥을 쳤고, 사랑하는 재키오와 더는 함께할 수 없으리라고 생각하자 엄청난 상실감을 느꼈다고 했다. 개를 복제하는 게 가능하다는 말을 듣자마자 그는 번개처럼 텍사스로 전화를 걸었다.

다음이 그가 내린 결론이다. "내가 이 일을 통해 인생에서 경험하게 된 기쁨은 5만 달러 이상의 가치가 있어요." 지니가 그의 무릎에 앉아 있고, 젤리가 소파 위 그의 옆에서 잠들어 있는 동안, 하젤우드가 두 마리 개에게서 얻는 명백한 기쁨을 못마땅해하기란 사실상 매우 힘든 일이었다.[7]

복제견을 실제 내 눈으로 본다는 것은 상당히 놀라운 일이었다. 나는 성격이 유전적으로 완전히 고정될 수 없다는 것을 기본적인 과학 원리로 알고 있었다. 그러나 똑같은 유전자를 가지고 같은 어머니의 뱃속에서 동시에 잉태되어 거의 동시에 태어나 같은 환경에서 양육되고 같은 집에서 계속 살아간 두 개체는 비슷한 행동을 하리라고 상상하고 있었다. 영혼까지 복제하는 것은 불가능하다는 스트라이샌드의 언급은 그토록 많은 요소를 계속 일정하게 유지하더라도, 여전히 성격이 변할 가능성이 있으며, 그 범위는 어느 정도일지에 관해 내가 생각해보게 했다. 그러나 나는 여전히 지니와 젤리의 현저한 차이에 놀랐다. 우리가 지니와 젤리의 성격을 공식적으로 검증한 것은 아니었지만, 지니의 성향은 내가 아는 외향적인 개들 중에서도 상위 20퍼센트 속하는 것처럼 보였고, 젤리는 내향적인 성격으로 파악되었다.

확실한 것은 개가 살아가며 겪는 일의 아주 미세한 차이도 유전자가 발현되는 방식에 막대한 영향을 미칠 수 있다는 사실이다. 달리 말하면 개의 DNA는 개의 운명이 아니다. 그리고 이 원칙은 우리가 지니와 젤리가 공유하는 모든 유전자에 관해 말하는 것인지, 아니면 개가 사랑을 표현할 수 있게 하는 더 좁은 의미의 유전자 집합에 관해 말하는 것인지에 따라 달리 적용된다. 강아지는 사랑을 가능하게 하는 유전자를 가지고 태어나지만 사랑 넘치는 개를 키우는 데는 여전히 온 마을이 필요하다.

개의 애정 어린 본성을 들여다보면, 다른 종의 구성원을 사랑하게 하는 유전자 없이는 개들이 절대로 오늘날 우리가 아는 개가 될 수 없었으리라는 사실을 알 수 있다. 그러나 올바른 양육은 그 행동 양식이 발현되도록 하는 데 필수적이다. 새끼가 사람에게 냉담하고 심지어는 공격적이 되도록 장려하면서 키운다면 얼마든지 그렇게 성장하게 할 수 있다는 사실은 널리 알려져 있다. 그러나 어린 강아지가 인간 이외의 다른 종을 사랑하도록 길러질 수 있다는 사실을 아는 사람은 거의 없는데, 이 사실을 인식하는 것은 개가 우리를 사랑하면서 자란다는 게 과연 어떤 것인지 이해하는 데 엄청나게 중요하다.

이제 내가 한 가지 비밀을 털어놓으려고 하니 독자들은 부디 속상해하지 않기를 바란다. 개는 우리를 사랑한다. 물론이다. 하지만 우리를 향한 그들의 사랑은 우리가 특별하기 때문에 주어지는 것이 아니다. 개들이 특별하기 때문에 있는 것이다. 당신의 개는 당신을 사랑한다. 하지만 당신의 개는 거의 모든 사람을 사랑할 수 있다. 심지어 인간뿐 아니라 모든 존재를. 만약 땅돼지나 얼룩말에게 키워졌다면, 당신의 개는 당신을 사랑하는 것처럼 그들을 사랑하며 성장했을 것이다.

개가 사람을 사랑하는 능력은 단지 사랑을 하는 능력일 뿐이다. 그것은 우리 종에 특별히 초점을 맞추지 않는다. 이것은 단지 당신이 인간이기 때문에, 따라서 개가 주로 다른 사람과 상호 작용을 하는 것만 보기 때문에 놀랍게 느껴지는 것이다. 그건 얼마든지 용서할 만한 실수이다. 물론 실제로 시도된 적은 없을 테지만, 어쨌든 땅돼지와 함께 키워진 개가 자라서 그 종을 사랑하게 되리라고 말하는 것은 과언이 아닐지도 모른다. 만약 당신이 악바쉬Akbash*나 아나톨리아 셰퍼드 같은 가축 보호견에게 보호받으며 자란 염소이고, 따라서 개는 염소만 사랑한다고 생각하게 된다면, 그것도 얼마든지 용서받을 수 있는 일이다.

심지어 오스트레일리아 멜버른 서쪽의 그레이트 오션 로드를 따라 차로 약 두 시간 거리에 있는 워넘불의 작은 마을 외곽의 한 섬에서는 펭귄도 개들이 베푸는 사랑의 수혜자가 되어왔다. 해안가 바로 외곽에 있는, 딱히 시적으로 지어진 이름이라고는 할 수 없는 미들섬은 쇠푸른펭귄** 공동체의 고향이다. 쇠푸른펭귄은 단지 작기만 한 게 아니다. 그들은 에우딥툴라 미노르라는 독특한 펭귄 종으로 오직 오스트레일리아와 뉴질랜드에만 서식한다.[72] 나는 쇠푸른펭귄을 보러 웨스턴오스트레일리아의 (역시 다소 평범하게 명명된) 펭귄섬에 다녀왔다. 그들은 귀여운 새 중에서도 가장 사랑스러웠다. 쇠푸른펭귄은 일반적으로 키가 약 30센티미터쯤 되고, 등은 잿빛과 짙은 남색 사이의 푸른빛을 띤다. 황제펭귄이나 킹펭귄과 같은 더 큰 사촌들의 움직임이 더 효율적이고 심지어 약

---

* 터키 토종견으로 주로 양치기 개로 키워진다. ─옮긴이
** 푸른색과 흰색의 깃털을 가진 유일한 펭귄이라 쇠푸른펭귄으로 부르지만, 원래는 세계에서 가장 작은 펭귄이라 리틀펭귄이라는 이름이 붙었다. ─옮긴이

간은 엄격해 보일 정도인데, 쇠푸른펭귄은 그 작은 크기와 쾌활한 뒤뚱거림 때문에 훨씬 더 사랑스럽고 장난기 가득해 보인다.

나는 펭귄섬에서 쇠푸른펭귄을 보기 위해 썰물 때 둑길을 걸어갔다. 지방 정부는 날씨가 갑자기 변하면 위험할 수 있기에 산책을 권장하지 않았지만, 어쨌든 나는 아무런 피해도 입지 않았다. 길이가 800미터도 되지 않고 항상 적어도 몇 미터 깊이의 물로 덮여 있는 이 둑길은 펭귄을 본토의 포식자들로부터 안전하게 보호하는 데 효과적이다.

하지만 불행하게도 미들섬의 펭귄은 그렇게 운이 좋지 않다. 그 섬은 해안에서 겨우 18미터 떨어져 있으며, 해변의 모래가 이동하면 거의 모든 생명체가 걸어서 건널 수 있는 환경이 된다. 안타깝게도 2004년에는 여우들이 그 섬으로 몰려 들어가서 대부분의 펭귄을 죽였다. 섬에 서식하는 펭귄의 수는 한때 800마리가 넘었지만, 2005년에는 겨우 여섯 마리만 발견됐다. 당시 지역 주민들은 거의 제정신이 아니었지만, 그 상황에 대체 어떻게 대처해야 할지 알 수 없었다. 섬을 육지에서 더 멀리 옮겨다 놓을 수도 없는 일 아닌가.

인근에서 양계장을 운영하는 스웜피 마시라는 한 농부가 펭귄을 지키기 위해 가축 보호견을 배치하자는 기발한 아이디어를 냈다. 마시는 닭을 자유롭게 풀어 키우고 있었는데, 마렘마 시프도그를 들여 닭들을 지키게끔 하기 전에는 여우의 공격을 거의 포기했었다. 그는 목초지에서 여우를 겁주어 쫓아버리는 마렘마 시프도그의 뛰어난 실력에 깊은 감명을 받았다. 마시의 첫 마렘마 시프도그인 벤은 여우를 도로까지 쫓아갔다. 마시는《뉴욕 타임스》

에 말했다. "완전히 으깨버렸어요. 여우 피자를 만들어버렸죠."[73]

마렘마 시프도그는 토스카나 남부의 한 지방이 원산지인 오래된 견종으로 한 영국 신문은 "세련되지만, 신중한"개라고 평가했다.[74] 가축 보호견은 포르투갈부터 터키에 이르는 지중해 북부 전역에서 중동 지역까지 두루 발견된다. 가축을 보호하기 위해 개를 이용하는 관행은, 관광이 유럽 남부의 주요 수익원으로 자리 잡기 수천 년 전에 시작되었다. 3,000년 전 작품으로 추정되는 『오디세이』에서 호머는 오디세우스가 이타카로 돌아오는 길에 돼지를 지키고 있던 개들에게 거의 죽을 뻔했다고 적었다.[75]

가축을 돌보는 개들은 올드 잉글리시 시프도그와는 다르다. 양 떼를 모는 목양견은 이들과 매우 다른 견종이다. 그들의 임무는 가축, 보통은 양 떼를 한 곳에서 다른 곳으로 이동시키기 위해 보호자의 지시를 면밀히 따르는 것이다. 이런 말을 하면 올드 잉글리시 시프도그 같은 목양견 품종을 좋아하는 사람들에게서 증오에 찬 우편물을 받으리라는 확신이 들지만, 어쨌든 나는 양 떼를 모는 개가 가축을 보호하는 개만큼이나 오래되었을지 의심스럽다. 우선 가축을 지키는 것이 가축을 모으는 것보다 훨씬 간단하다. 인간 보호자가 소리를 지르거나 휘파람을 부는 등 직접적이고 정교한 지시를 내리며 관여할 필요가 없기 때문이다. 또 다른 예로, 가축을 보호하는 개에 관한 역사적 증거는 기록된 역사의 시작점으로까지 거슬러 올라간다. 가축을 모는 개에 대한 기록은 나중에야 나타난다. 세계 첫 양치기 개 시도는 19세기 후반에 등장했다.[76]

안타깝게도 유럽인은 가축을 보호하기 위해 개를 이용한다는 개념을 북미로 건너가 정착할 때 가져가지 못했다.[77] 그것은 1970년대가 되어서야 햄프셔칼리지의 레이 코핑어의 노력을 통해 재도입되었다. 레이는 남부 유럽으로 여러 차례 여행을 떠나 포르투갈, 스페인, 이탈리아, 그리스, 터키의 외딴 산악 지역을 방문했다. 그곳에서 그는 목자들을 지켜보며 그들이 어떻게 양 떼를 지키는 데 개를 이용하는지 배웠다. 북미 대륙이 만난 첫 번째 마렘마 시프도그는 바로 그가 데려간 개였다.

어느 날 양계 농부 스웜피 마시는 그의 농장에서 일하는 데이브 윌리엄스Dave Williams라는 생물학 전공 학생과 미들섬의 비극적인 상황에 관해 대화를 나누고 있었다. 마시는 개들을 데려와 펭귄과 두어야 한다고 말했다. 윌리엄스는 그 아이디어를 학위 취득을 위해 듣고 있는 수업의 해결 과제로 삼았다. 그가 쓴 보고서는 워넘불 시의회에 제안서로 제출되었고, 별다른 대안이 없던 시의회는 윌리엄스가 마시의 개 오드볼과 함께 섬에서 야영하는 것을 허용했다.

오드볼은 동명 영화의 스타가 되었지만,[78] 미들섬에서의 정착이 완전히 성공한 것은 아니었다. 미들섬에서 오드볼과 일주일 동안 캠핑한 윌리엄스는 오드볼이 펭귄들과 함께 있도록 두고 섬을 떠났다. 그 가여운 개는 외로워졌고, 3주 후에는 그곳을 도망쳐서 마시와 닭들이 있는 집으로 돌아갔다. 문제는 오드볼이 사람을 너무 사랑해서 펭귄들과 함께 지내는 것으로는 만족하지 못했다는 것이다.

윌리엄스와 마시가 섬에 데려다 놓은 두 번째 개 미시는 조금 더 오래 머물렀다. 그들이 미시를 선택한 이유 중 하나는 미시의 뒷다리 하나에 장애가 있어서 절벽을 타고 내려가 도망가기가 좀 힘들 것 같았기 때문이었다. 그러나 몇 주 후 미시도 문명으로 돌아갔다.

비록 처음의 두 개가 펭귄과 끈끈한 유대 관계를 확립하지는 못했지만, 그래도 할 만큼 충분히 해내기는 했다. 미들섬에서 마렘마 시프도그와 함께한 펭귄들의 첫 번식 철에는 단 한 마리의 펭귄 새끼도 여우에게 잡혀가지 않았다.

윌리엄스는 상황을 개선하는 방법을 알고 있었다. 가축을 보호하는 개가 자신의 책임을 진정으로 신경 쓰도록 동기를 부여받으려면, 생의 초기에 돌볼 가축에 노출되어야 한다. 오늘날 미들섬의 쇠푸른펭귄은 강아지 때부터 그들을 알고 지내온 개 유디와 툴라(쇠푸른펭귄이 속한 생물 종의 라틴어 속명인 유티프툴라에서 따온 이름)의 보호를 받고 있다.[79]

개가 우리 인간을 사랑하려면 생애 초기에 인간과 만나야 하는 것처럼, 개들이 펭귄을 사랑하게 하려면 어릴 때 펭귄에게 노출되어야 한다. 농장에서 자란 강아지들은 그곳에 살면서 상호 작용을 하는 모든 동물, 예를 들어, 돼지, 염소, 소, 오리, 닭은 물론이고 농장에 사는 어떤 존재와도 강한 유대를 형성할 수 있다. 해당 농장에 인간이 없다면(조지 오웰이 그런 장소에 관해 쓴 작품이 있을 것이다), 개는 인간을 향한 사랑을 느끼지 않고 자랄 것이다.

농부들은 과학자들이 개에 접근하기 오래전부터 개들의 이런 특이한 기질을 알고 있었다. 1830년대에 우루과이에서 찰스 다윈은 인간 목자의 도움 없이 양을 지키는 개들을 우연히 만난 적이 있었다. 그는 인근 목장을 찾아가서 개와 양 사이에 어떻게 "그토록 확고한 우정 관계가 확립되었는지" 조사했다. 현지인들이 그에게 말해준 사실은 다음과 같았다. "강아지를 아주 어릴 때 어미에게서 떼어 놓고 미래의 친구들과 익숙해지도록 환경을 조성해주는 게 교육 방법이에요. (…) 양들이 지내는 울타리 안에 양털로 개집을 만들어줍니다. 집안의 다른 개나 아이들과도 어울리게 하면 안 돼요. 이런 훈련을 통해 개는 양 떼를 떠나고 싶다는 생각을 하지 않게 되고, 다른 개가 보호자를 따르고 돌보듯이 이 개들은 양들을 돌보는 거죠."[80]

다윈의 연구 결과는 필요한 만큼 빠르게 대중의 의식 속으로 스며들지 않았다. 사실 레이 코핑어는 말년에 사람들이 가축 보호견이 어떻게 길러지는지 그 요점을 놓쳤다고 탄식했다. 그가 유럽으로 가서 이탈리아의 마렘마 시프도그, 터키의 악바시와 아나톨리아 셰퍼드, 그 외에도 여러 견종을 데려왔기 때문에, 사람들은 가축 보호견으로 일하는 종들은 농장의 동물을 보호하려는 본능이 있지만, 세계 여러 곳의 나머지 견종은 그렇게 하고 싶어 하지 않으리라고 생각하게 되었다. 레이는 사냥 본능이 아주 약하다든가 하는 좋은 가축 보호견이 될 만한 유전적인 측면이 있다는 사실은 인정했지만, 가축을 사랑하고 돌보는 개를 양성하는 데 더 절대적으로 중요한 요소는 새끼 시절의 경험이라고 강력히 주장했다.

레이는 다윈과 마찬가지로 개가 가축을 지키려는 성향을 얻으려면 보살펴야 할 종과 함께 길러져야 한다는 사실을 이해했다. 강아지를 인간과 그 자신의 종에서 완전히 격리하는 것이 얼마나 현명한 일인지에 관한 견해는 사람마다 다르다. 어쩌면 개가 인간과 약간의 친분을 유지하도록 두는 것이 더 현명할지도 모른다. 나중에 사람이 그 개들을 다루게 될 수도 있기 때문이다. 또한 자신의 종과 상호 작용을 할 수 없게 된다면, 성견이 되었을 때 성적 충동에 문제가 생길 수도 있다. 하지만 어린 강아지를 보호해야 할 종과 함께 두는 것이 중요하다는 사실은 의심의 여지가 없다. 아무리 심사숙고해 올바른 유전자를 고른다고 해도 생애 초기의 잘못된 경험을 보완할 수는 없기 때문이다.

이때 일어나는 일이 바로 각인 과정이다. 각인은 1930년대에 오스트리아의 생태학자(그리고 애견인) 콘라트 로렌츠Konrad Lorenz에 의해 발견되었다. 각인은 개가 가진 사랑 유전자(개에게 인간과 강한 유대를 형성할 수 있는 잠재력을 주지만, 그 자체만으로는 개가 인간을 사랑하게 할 수 없는 그것)와 실제로 사람을 사랑하는 개 사이의 중요한 연결고리이다.

로렌츠는 거위의 각인을 증명해 보인 것으로 유명하다. 그는 한 무리의 거위 새끼가 알에서 부화했을 때, 가장 처음 보는 대상이 로렌츠 자신이 되도록 상황을 조정해놓았고, 이 경험은 새끼들이 그에게 각인되었음을 보증하기에 충분했다. 로렌츠를 따라다니는 새끼 거위들의 귀여운 사진은 사방에서 찾아볼 수 있다.

각인은 어린 동물이 자신이 누구인지 배우는 과정이다. 자신이 무슨 종에 속하고 어떤 종과 관계를 맺어야 하는지 알고 태어나는 존재는 없다. 모든 동물은 일단 세상으로 감각이 열리고 나면, 보고 듣고 냄새 맡는 활동을 통해 삶에서 가장 시급한 질문 중 하나인 "누가 나와 같은 종인가?"에 대한 답을 배워야 한다. 모든 종의 동물은 태어나자마자 사방을 둘러보고, 어떤 대상을 발견하든 그 존재가 그들 삶의 남은 생애 동안 함께할 동반자로 적합한 종류의 동물이라고 인식한다.

대부분 동물은 아주 짧은 기간 동안 누구와 친구가 되어야 하는지 배울 수 있는 기회의 창을 열게 되는데, 생물학자들은 이것을 '사회적 각인을 위한 임계기'*라고 한다. 개의 선조인 늑대 같은 야생 동물에게는 이 각인 과정이 신속하게 처리되어야만 한다. 늑대를 대상으로 공식적인 실험이 시도된 적은 없지만, "너도 인간과 친구가 되고 싶을지도 몰라"라고 늑대를 설득할 기회의 창이 생후 3주쯤에 닫힌다고 믿을 만한 충분한 이유가 있다.

이것은 꽤 말이 되는 얘기다. 『정글북』이나 다른 수도 없이 많은 어린이 동화에서 주장하는 바에도 불구하고, 자연에서는 들판과 숲의 짐승들이 다른 종의 개체와 친해지는 일이 현명하지 않기 때문이다. 맹수 종와 친구가 되려고 노력하는 먹이 종은 금방 저녁 식사 거리가 될 테고, 먹이 종과 친구가 된 맹수 종은 머지않아 굶어 죽을 것이다. 야생 동물이 어떤 종과 관계를 맺고 살아갈지 기꺼이 배우려 하고 배울 수 있는 기간이 그만큼 짧다는 점은, 예외적인 상황을 제외하면 야생 동물이 그들 자신의 종하고만 친구가 되도록 보장한다.

늑대의 짧은 '임계기'는 왜 늑대가 인간을 사회적 동반자로 받아들이도록 키우기가 힘든지 알려준다. 그것은 또한 늑대 새끼를 인간의 손으로 정성을 다해 키우는 세계 최고의 장소인 울프 파크가 모니크 우델과 내게 연락을 취해서 자신들의 유순한 늑대

---

* 적절한 자극을 통해 반응이 확립되어 발달에 유리하게 작용하는 시기를 의미한다. - 옮긴이

들을 시험해달라고 청한 것이 우리에게 정말 행운이었던 이유이 기도 하다. 울프 파크는 1974년부터 늑대를 키우기 시작했다. 공원의 창립자인 에리히 클링해머는 각인에 관한 책을 쓴 에크하르트 헤스Eckhard Hess와 시카고대학교에서 문자 그대로 함께 공부했다.[81] 울프 파크의 성공을 위해서는 각인에 관한 과학적 이해가 필수적이었으며, 그것을 이해했다고 하더라도, 늑대 새끼를 직접 키워 인간 동료를 받아들이게끔 하려는 클링해머와 그의 학생들과 자원봉사자들의 첫 시도에는 많은 문제가 산재해 있었다. 울프 파크에서 오랜 시간 일해온 일부 직원의 몸에는 초창기 너무 이른 시기에 사람과 친해져야 한다고 늑대들을 설득하려 했던 성급한 시도들로 얻은 흉터가 아직도 남아 있었다. 여러 시도와 피를 본 실수를 통해 클링해머의 대원들은 늑대 새끼들이 그들을 받아들이도록 유도할 수 있는 시간이 사실상 2주 밖에 없으며, 그들과의 관계가 계속되게 하려면 그 2주의 시간 동안 24시간 내내 새끼들과 함께 지내야 한다는 사실을 점차 깨달았다. 시간이 흐르면서 그들의 노력은 오늘날에도 여전히 진행되고 있는 연구의 발판을 마련하는 데 있어서 적지 않은 성과를 냈다.

2010년 내 제자였던 네이선 홀(현재 텍사스공대 교수이다)과 레이 코핑어의 마지막 제자인 캐스린 로드Kathryn Lord(현재는 보드 연구소의 연구원이다)는 늑대의 행동 발달에 관해 자세히 연구하려고 울프 파크의 늑대 새끼 몇 마리를 키웠다. 나는 그 절차를 가까이서 봐야만 했다. 새끼들은 열흘 만에 어미에게서 떨어져 공원에 있는 특별하게 꾸민 새끼용 방으로 옮겨졌다. 바닥에는 폼 매트리스 한 장을 깔고 그 옆에는 폼 매트리스 크기만 한 공간을 남겨 놓을 수 있는 방이었다. 캐스린과 네이선이 그곳에서 12시간씩 번갈아 지내며 새끼를 돌보기 시작했다. 그전까지 그들은 전혀 모르는 사이였다. 두 사람은 새끼에게 젖병을 물리고, 토한 것과 배변을 닦아주었으며, 새끼들이 잘 때 잠깐 눈을 붙였다가 새끼가 배가 고파 깨기 전에 일어나 다시 그 과정을 반복했다. 여섯 마리의 새끼를 돌보는 것은 큰일이었고, 내가 그곳을 찾아갈 때마다, 캐스린과 네이선의 눈은 피곤으로 게슴츠레했다. 하지만 그 노동은 확실히 엄청난 보람이 있었고, 새끼를 향한 그들의 애정도 눈에 띄게 상호적이었다. 이 어린 동물들은 여전히 사회적 각인의 임계기에 있었기 때문에 캐스린과 네이선을 사랑하고 다른 사람들도 사회적 동반자로 받아들일 준비가 되어 있었다. (생후 8주쯤이 되었을 때 이 새끼 늑대들은 다시 어른 늑대에게 소개되었다. 몇 년에 걸쳐서 울프 파크는 어린 늑대가 사람뿐만 아니라 그들 자신의 종과도 친해지도록 확실히 하는 게 얼마나 중요한 일인지 배웠기 때문이었다.)

대략 7주간의 힘겨운 과정을 겪는 동안 캐스린과 네이선은 사자 조련사가 수 세기 동안 알고 있던 사실을 배웠다. 즉 야생 동물을 길들이는 것은 가능하기는 해도 매우 힘든 일이다. 늑대와 사자가 똑같이 인간에게 사회적으로 각인될 수 있기는 하지만, 그럴 기회의 창이 열리는 기간은 매우 짧으며, 그 관계가 고착되기 위해서는 사람에 대한 노출이 최대치가 되어야 한다.

반면에 개를 길들이기는 너무도 간단해서 많은 사람이 자신이 개를 훈련하고 있다는 사실을 깨닫지도 못한다. 늑대나 사자와 마찬가지로, 강아지도 인간을 평생의 사회적 동반자로 받아들이려면 어릴 때 사람에게 각인되어야만 한다. 그러나 늑대나 사자 같은 식육목食肉目의 다른 구성원과는 달리 개는 길들이기가 쉽다. 만약에 강아지가 태어나 사람 근처에서 성장한다면, 인간과 사회적 유대 관계를 충분히 형성해서 남은 생애 동안 우호적일 것이다. 사람의 집에 살지 않는 떠돌이 개조차도 새끼가 생후 처음 몇 달 동안 사람의 소리를 듣고, 그들을 보고 냄새 맡을 수 있을 정도로 가까이 가면, 자라면서 인간을 동반자로 취급하게 된다. 바로 이런 것이 사랑하고 사랑받기 위해 강한 감정적 유대를 형성하려는 개의 성향이 지닌 힘이다.

인간에 대한 개의 사랑이 어릴 때 길러져야 한다는 근거는 특별히 개의 행동에 초점을 맞춘 몇 안 되는 대규모 실험 중 하나에서 나왔다. 지금까지 개는 거대과학에 자금을 대는 기관들에게 중요한 대상이었던 적이 거의 없었기에 개에 관한 대규모 실험 역시 시행된 적이 없었고, 있다 한들 드물었다. 그런데 1950년대에 메인주 바하버에 있는 잭슨 연구소에서 일련의 수백 마리의 개들을 참여시켜서 13년 동안이나 계속된 주요 연구를 실시했다. 그리고 그때 얻어낸 결과로 그 실험은 개의 생물학과 심리학에 관한 중대한 연구 중 하나로 자리매김했다.

바하버의 연구원들이 시행한 실험 중 하나는 개처럼 유전적으로 인간을 사랑할 준비가 된 동물조차도 관계를 형성하는 데 있어서 초기 경험이 얼마나 중요한지 보여준다. 이 연구에서 과학자들은 각기 다른 그룹에 속한 어린 강아지들이 인간에게 접근할 수 있는 빈도를 엄격하게 통제했다. 그들은 2.4미터 높이의 울타리로 둘러싸인 넓은 야외 들판에서 여덟 마리 어미 개가 낳은 여덟 집단의 새끼들을 키웠다. 개들이 먹을 음식과 물은 울타리에 있는 구멍을 통해 주었기에, 효과적으로 인간과 접촉하지 않고 자랄 수 있었다. 그러나 매주 각 집단의 다른 새끼 한두 마리를 실내로 데리고 들어가서 하루에 30분에서 1시간 정도 같이 놀아주고 그다음에는 어미와 다른 새끼들이 있는 곳으로 돌려보냈다. 새끼가 14주령이 되었을 때, 연구원들은 새끼를 모두 실내로 데리고 들어가 인간에 대한 반응을 시험했다.

이 연구는 두 가지 매우 놀라운 결과를 도출해냈다. 첫째는 새끼 대부분이 오직 생후 1주 동안만 하루에 90분밖에 사람과 접촉하지 못했음에도, 성견이 사람들 주위에서 행복해하는 것과 똑같이 사람 주위에서 행복해했다는 것이다. 이런 경향은 생후 7주째에 인간에게 짧게 노출되었던 새끼들의 집단에서 특히 강하게 나타났다. 이 발견은 개를 길들이기가 얼마나 쉬운지 확실히 보여준다. 사람들 가까이서 자라는 개라면 너무도 자연스럽게 얻을 수 있는 인간과의 접촉 시간보다 훨씬 짧은 기간을 인간과 접촉했음에도, 새끼들이 사람과의 사회적 관계를 확실히 발전시키기에 충분했다는 것이다.

이 첫 번째 발견만큼이나 중요한 것이 바로 두 번째 발견인데, 어쩌면 첫 번째보다 더 중요할지도 모르겠다. 바로 인간들 사이에서 편안하게 살아가지 못할 개를 길러내는 것도 가능하다는 것이다. 생후 14주가 될 때까지 사람을 만나지 않았던 새끼의 집단은 "마치 작은 야생 동물들 같았다"라고 과학자들은 보고했다.[82] 이후 한 달 넘게 집중적인 인간 접촉과 훈련을 받았음에도 그 개들의 행동은 단지 약간만 개선되었을 뿐이다. 그들은 길들지 않았고, 길들일 수도 없었다.

이 결과에 관해 잠시 생각해보자. 비록 개들의 유전자가 사람에 대한 애정과 길듦을 가능하게 한다고 하더라도 그것들이 개의 선천적인 특질은 아니다. 오히려 이 자질은 노출을 통해 강아지 시절에 획득하는 것이다. 단순히 어릴 때 사람을 보고 듣고 냄새 맡을 기회를 얻는 것이 개가 평생 인간을 받아들이게끔 준비시키는 것이다. 가장 민감한 시기에 노출이 일어난다면, 단지 7일 동안 하루 1시간 30분이면 충분하다. 하지만 만약에 그런 일이 일어나지 않는다면, 개가 물려받은 인간을 사랑할 수 있는 잠재력은 영원히 사라지고 만다. 그리고, 비록 공식적인 실험이 시행된 적은 없어도, 염소나 양, 심지어는 쇠푸른펭귄을 사랑할 수 있는 잠재력도 마찬가지일 거라는 사실을 믿을 이유는 수도 없이 많다. 강아지가 어떤 다른 종과 유대감을 키우려면 생애 초기에 그들에게 충분히 노출되어야 한다.

나는 새끼 때의 경험이 개들의 애정 어린 행동을 어떻게 형성하는지 몹시도 알고 싶지만, 내가 직접 이런 실험을 진행하는 상황은 꿈도 꾸지 않을 것이다. 비록 연구자들이 이 사실을 명시적으로 언급하지는 않았지만, 그들이 인간의 접촉 없이 길러낸 개들, 즉 성견이 되어서도 사람과 관계를 형성할 수 없었던 개들은 연구가 끝난 후에는 안락사된 게 거의 확실해 보인다. 나는 그것이 비윤리적이라고 생각한다.

미들섬에서의 '실험'은 그보다는 더 행복한 결말을 맞이했는데, 난 아직 그 기회를 얻지 못했지만 언젠가는 펭귄을 지키는 마렘마 시프도그를 직접 볼 수 있기를 소망한다. 그러나 다행히도 우리 종 이외의 종에 강한 애착을 형성한 개를 보기 위해 그토록 멀리 여행을 떠날 필요는 없다.

데이비드 하이닝어와 캐스린 하이닝어는 뉴멕시코 국경과 가까운 애리조나 북동부의 낙농 염소 농부들이다. 나는 내가 사는 외딴집에서 차로 하루거리에 혹시라도 가축을 보호하는 개가 있는지 알아보기 위해 인터넷을 검색하다가 어느 날 오후 우연히 그들을 발견했다. 나는 이메일로 연락을 했고, 하이닝어 부부는 그들의 멋진 개들을 직접 봐도 좋다면서 즉시 나를 초대했다. 내 아내 로스와 공동 연구자인 리사 건터와 함께 애리조나에서 가장 큰 마리화나 재배 기업과, 붉은 토양으로 뒤덮인 언덕에 사방으로 흩어져 있는 허름한 트레일러들을 지나, 마침내 하이닝어의 목장에 도착했다. 데이비드와 캐스린은 자신들을 은둔자로 묘사했지만, 내가 상상할 수 있는 가장 친절하고 사교적인 은둔자였다. 그리고 내가 곧이어 직접 만난 그들의 개도 역시 보호자만큼이나 우호적이었다.

하이닝어의 40마리 염소는 레이 코핑어가 유럽에서 들여온 가축 보호견 중 하나인 아나톨리아 셰퍼드 세 마리와 올드 잉글리시 시프도그 한 마리에게 24시간 보호를 받고 있었다. 레인저, 마티, 카일린, 이 세 마리의 아나톨리아 셰퍼드는 목장에 코요테가 얼씬도 하지 못하게 지키고, 올드 잉글리시 시프도그인 킹맨은 코요테가 사라지고 나면 은밀하게 목장으로 들어오는 프레리도그를 소탕하기로 되어 있었다. (프레리도그는 개가 아니며, 초원에 살지도 않는다. 그들은 기본적으로 땅다람쥐이고, 염소에게는 해를 끼치지 않는다. 하지만 대규모로 이동해 다니면서 부족한 목초를 먹어 치우기 때문에 여간 귀찮은 존재가 아닐 수 없으며, 킹맨은 그들을 자기 영역 밖으로 쫓아내는 일을 매우 좋아했다.)

많은 사람이 이미 들어봤을지도 모르는 내용과는 달리, 가축 보호견은 자신이 대적하는 포식자들과 거의 싸우지 않는다. 일반적으로 코요테, 늑대, 야생 떠돌이 개, 또는 다른 침입자들은 가축들이 전문적인 가축 보호견에 의해 보호받고 있다는 사실을 깨달으면 그 즉시 그곳을 떠나버릴 것이다. 이 개들은 많은 대형 포식동물이 멸종 위기에 처해 있는 세상에서 매우 가치 있는 능력인 비살상 억제력을 보여준다.

하이닝어의 개들은 예상대로 사람들에게 냉담하지 않았다. 그들이 키우는 네 마리 개 모두가 쓰다듬는 손길을 기대하며 우호적인 관심을 품고 방문자에게 접근했다. 데이비드와 캐스린은 목장주들이 그들의 개가 얼마나 인간 지향적이길 원하는지 그 정도가 다 다르다고 설명했다. 개가 사람과 멀리 떨어져 있는 시간이 거의 없는 상당히 작은 농장에서 사는 까닭에, 하이닝어 부부는 그들의 개가 사람에게 사교적인 관심을 두는 것을 전혀 꺼리지 않는다. 그러나 방문객에게 인사를 한 개들은 모두 염소와 어울리기 위해 돌아갔다. 그들은 어렸을 때 염소와 함께 자랐기에 모두 염소에게 각인되었다.

개들은 자신들이 염소를 얼마나 아끼는지 야단스럽게 표현하지 않았다. 보통 가장 가까운 염소에게서 3미터도 떨어지지 않은 거리에 머물렀지만, 어떤 식으로든 염소에게 몸을 비빈다거나 상호 작용하려고 시도하지는 않았다. 캐스린은 염소와 아나톨리아 셰퍼드들의 관계를 "마치 노년기의 부부 같다"라고 묘사했는데 상당히 그럴듯했다. 다시 말해 그들 사이에 걱정과 배려는 있었지만, 육체적인 애정을 노골적으로 드러내지는 않았다. 캐스린은 이것이 의도적이라고 설명했다. 염소 새끼가 태어날 때 개들이 염소 근처에 가까이 머무르는 것도 중요하지만, 너무 흥분해서 자신이 돌보는 가축들과 놀고 싶어 하는 개는 실수로 새끼를 다치게 할 수도 있기 때문이다. 따라서 어린 개들은 염소와 물리적으로 접촉하지 않게 하는 것이 좋다.

비록 아나톨리아 셰퍼드가 애정 넘치는 동료 개들 중에서 가장 애정 표현을 잘하지는 못하더라도, 염소에 대한 그들의 관심과 염려는 매우 분명했다. 대개 개들은 황토 위에서 잠만 자는 것처럼 보였지만, 침입자가 나타나면 식식거리고 헐떡이면서 즉각 자신들의 존재를 드러냈다. 심지어 근처 나무 위에 올라앉은 까마귀조차도 재빨리 문까지 배웅을 받았다. 내가 잠시 일행을 떠났다가 다시 인간과 염소들이 있는 곳으로 돌아가려 했을 때, 좀 전까지만 해도 분명히 깊게 잠들어 있던 레인저가 일어나서 내가 환영받지 못한다는 사실을 분명히 알렸다. 데이브가 개입해서 나는 접근해도 괜찮으며 다시 일행이 있는 곳으로 돌아가게 허락해야 한다고 설득해야 했다.

그건 그렇고 캐스린은, 까마귀든, 뱀이든, 코요테든, 인간이든, 혹은 다른 무엇이든, 자신과 데이브는 개가 어떤 침입자 때문에 걱정하고 있는지 짖는 소리만 들어도 알 수 있다고 이야기했다. 이것은 캐스린과 데이브에게 개가 도움이 필요한지, 만약 그렇다면 그들이 침입자를 처리하기 위해 어떤 종류의 도구를 가지고 가야 하는지 알려준다. 캐스린의 이야기는 내가 니카라과의 마양그나 사냥꾼들에게서 들었던 주장과 거의 정확하게 일치했다. 마양그나 사냥꾼들도 단순히 짖는 소리만 들어도 그들의 개가 어떤 종류의 먹잇감을 쫓고 있는지 알 수 있다고 했다. 나는 개-인간 유대의 힘과 유용성을 보여주는 이 새로운 사례에 매료되었고, 그것을 시험해볼 상황에 처하지 않았다는 사실이 매우 기뻤다.

가축 보호견의 사례는 개의 어린 시절 경험이 어떻게 사람, 염소, 양, 혹은 그게 무엇이든 간에 함께 자라는 존재를 사랑하도록 개들을 준비시키는지 보여준다. 인터넷에는 오리 새끼, 기니피그, 토끼, 새끼 돼지, 거북이, 소 등 수많은 다른 종과 친구가 된 강아지의 엄청나게 귀여운 예들이 넘쳐난다. 심지어 고양이와 함께 자란 개들은 그들의 오랜 숙적인 고양잇과 동물과도 친구가 될 수 있다.

개가 유전자에서 받는, 애정에 관한 초기 프로그래밍은 충격적일 만큼 개방적인 것으로 보인다. 늑대 같은 다른 야생 동물은 발달 초기에 각인된 종(그들 자신의 종을 포함)에서조차 낯선 존재를 의심하는 반면, 개들은 평생에 걸쳐 새로운 친구를 사귈 만반의 준비가 되어 있다. 이것은 두 개체 간 유대의 강도를 평가하는 연구를 통해 측정할 수 있다.

나는 제2장에서 우리 인간종의 발달을 연구하는 심리학자들이 어린이와 보호자 사이의 애착 강도를 평가하는 방법을 찾아냈으며, 이 테스트 중에 가장 널리 사용되는 에인스워스 낯선 상황 절차는 개들이 어떻게 우리에게 정서적으로 애착을 갖는지 알아내기 위해 이용되어왔다고 언급했다. 그것은 또한 개들이 어떻게 그러한 애착 관계를 형성하는지도 밝혀준다.

기억할지 모르겠지만 이 실험에서 엄마(또는 다른 보호자)와 아이는 낯선 공간으로 안내된다. 그런 다음 총 20분이 넘는 시간 동안 일련의 단계가 이어지는데, 그동안 아이는 낯선 사람과 단둘이 시간을 보내다가 다시 엄마와 함께 시간을 보낸다. 이 절차는 아이가 살아가면서 친숙한 사람과 낯선 사람을 만나는 자연스러운 흐름을 모방하기 위한 것이며, 그 과정에서 아이는 가벼운 스트레스를 받는다. 보호자와 안정적인 애착 관계를 형성한 아이는 대개 보호자가 있는 동안 행복하게 탐색을 이어가는데, 여기에는 낯선 사람과의 상호 작용이 포함될 수도 있다. 그러나 아이들은 보호자가 떠나면 눈에 띄게 속상해하고 극도로 소심해진다. 보호자가 돌아오면, 안정적인 애착 관계를 형성한 아이는 행복한 기분을 분명하게 드러내고, 재빨리 세상에 대한 탐색으로 만족스럽게 돌아간다. 불안정한 애착 관계를 형성한 아이는 부모를 무시하거나, 누가 자리해 있든 상관없이 탐색에 실패하며, 보호자가 떠나기 전부터 고통을 드러내거나 아예 절차 전반에 걸쳐 스트레스를 받는 것처럼 보이기도 한다.

개의 경우 이러한 평가를 거치면, 사람, 특히 보호자와 극도로 강한 결속 관계를 드러낸다. 개는 자신의 특별한 사람과 함께일 때는 자신 있어 보이지만, 그 사람이 사라지면 불안해 보인다. 이것은 심리학자들이 인간에게서 발견할 경우 '안정적인 애착'이라고 칭하는 패턴이며 개가 자신의 특별한 사람과 얼마나 강한 유대를 맺는지 증명해 보여준다. 상당히 주목할 만한 결과다. 하지만 특별한 인간이 없는 개가 검사받을 때 일어나는 일이 그보다 훨씬 더 놀랍다.

부다페스트의 유명한 패밀리 도그 프로젝트에서 수행한 한 연구에서 마르타 가치Marta Gacsi와 그녀의 공동 연구자는 익명의 유기 동물 보호소에서 낯선 상황 테스트를 시도했다. 보호소에 있는 개들에게는 '주 양육자' 또는 '강아지 부모' 또는 '남자 보호자/여자 보호자', 이중 어떤 호칭으로 부르든 간에 그런 대상이 하나도 없었다. 보호소에는 개들이 의미 있는 유대감을 형성할 만한 인간도 없었고, 심지어는 누군가와 교제할 기회조차 주어지지 않았다. 그 개들은 4분의 1에이커(대략 1,000제곱미터 정도의 면적)가 넘는 큰 마당에서 100마리 정도까지 매우 큰 무리를 지어 살았다. 때가 되면 먹이가 제공되었고, 관리자가 하루에 한 번 마당을 청소해주었지만, 그 외에는 기본적으로 인간과 거의 접촉하지 않았다.

연구자들은 이 개 중에서 서른 마리를 데리고 와 하루에 10분씩 개별적으로 살피고 놀아주었다. 두 여성 중 한 명이 각각의 개와 대화를 나누고 쓰다듬어 주고, 간단한 운동도 시키고 놀이 기회도 주었다. 연속 사흘 동안 하루에 단 10분이었다. 그런 다음 이 서른 마리의 개와, 인간과 상호 작용을 하지 않았던 또 다른 서른 마리의 개를 간단한 버전의 낯선 상황 테스트에 참여시켰다. 개들과 30분간의 친분을 쌓은 사람이 엄마의 역할을 맡았고, 나머지 연구자가 낯선 사람의 역할을 맡았다.[83] 어느 연구자와도 전혀 시간을 보내지 않았던 서른 마리의 개에게는 어머니와 낯선 사람의 역할이 무작위로 할당되었다.

훈련받은 관찰자들(이들은 어느 개가 제한된 보살핌을 받았고, 어느 개가 두 실험자와 완전히 낯선 관계인지 알지 못했다)이 해당 연구의 비디오 기록을 이 실험에 참여했던 어린아이를 평가할 때와 같은 방식으로 살펴보면서 분석했을 때, 그들은 한 사람에게 어느 정도 노출된 개들이 그 사람에게 애착을 보인다는 확실한 증거를 발견했다. 그 사실을 알았을 때 나는 굉장히 놀랐다. 사람에게 노출된 개들은 밖으로 나가려고 애쓰면서 문 옆에서 보내는 시간이 적었고, 친숙한 사람이 실험 장소를 떠났다가 돌아왔을 때 그 사람에게 더 많은 접촉을 시도했다. 인간과의 접촉 시간이 단지 30분밖에 안 되었음에도, 개들은 친숙한 사람을 '안전 기반'으로 이용하는 것으로 묘사되었는데, 이는 안정적인 애착의 징후 중 하나이다.

개가 그토록 빠르게 애착을 보여주었다는 연구 결과를 읽었을 때, 나는 정말이지 몹시도 놀랐다. 우리 종의 어린아이가 그렇게 급속도로 애착을 형성할 가능성은 거의 없다. (보호소에 있는 개들과 같은 조건에서 자란 아이들을 대상으로 하는 실험은 다행히도 절대로 상상할 수 없다. 슬프게도 구소련 말기 루마니아에서 고아원에 방치된 아이들을 발견했을 때, 과학자들은 아이들이 안정적인 보호자 없이 양육되면 초래되는 안타깝고 비극적인 결과를 발견할 수 있었다. 이러한 결핍의 영향은 개에게 나타나는 것과 마찬가지로 아이에게 쉽게 치유할 수 없는 흔적을 남긴다.)

내 예전 제자였던 에리카 포이허바흐(2장에서 기술했던, 음식과 사람의 손길 중에 어떤 것을 개들이 더 선호할지에 관한 연구를 수행했던 연구자)와 나는 우연하게도 개들이 빠르게 관계를 형성할 수 있음을 증명하는 추가적인 증거를 발견했다. 우리는 반려견의 행동이 보호자를 대할 때와 낯선 사람을 대할 때 어떻게 다른지 조사 중이었다. 이 연구의 일환으로, 우리는 13마리의 보호소 개들이 두 사람 중 한 명을 선택해야 할 때 어떻게 반응하는지 조사했다. 그 보호소 개들은 일종의 대조군으로만 포함되었지만, 나중에 보니 결과는 꽤 놀라웠다.

이 보호소 개들은 한 마리씩, 혹은 두 마리씩 개별 우리에서 생활했으며, 매일 자원봉사자들과 보호소 직원을 만났다. 또한 때때로 일반인과도 상호 작용을 했다. 하지만 그 외에 이 개들에게는 특별한 사람이라고 할 만한 대상이 없었다.

에리카는 애착 관계가 형성되지 않은 이 각각의 개들을 한 마리씩 보호소에 있는 낯선 방으로 데리고 가서, 75센티미터 정도의 간격으로 놓인 의자에 앉아 있는 젊은 여성 두 명 중에서 한 명을 선택하게끔 했다. 두 사람은 개가 충분히 가까워지면 기꺼이 쓰다듬어 줄 준비가 되어 있었다. 둘 다 개들에게는 완전히 낯선 존재였다.

보호소 개들은 두 여성 중 누구도 전에 만나본 적이 없었지만, 10분간 진행된 단 한 번의 세션 동안 대부분 개는 둘 중 한 사람에게 강한 선호도를 발달시켰다. 보호소 개가 두 명의 낯선 사람 중 한 명에게 보인 선호도는 반려견이 같은 상황에서 보호자와 낯선 사람 중 한 명을 선택해야 했을 때 보호자에 보인 선호도와 비슷한 정도였다. 반려견은 친숙한 보호자와 10분의 시간 중 평균 8분 남짓의 시간을 보냈다. 보호소 개는 자신이 선호하는 사람과 10분 중 7분 30초 이상을 함께 있었다.

반려견이 몇 년 동안 함께 살아온 사람에게나 경험할 법한 강한 애착을, 이 보호소 개들은 낯선 사람을 상대로 불과 10분 만에 발달시켰다는 결론을 아무런 비판 없이 받아들일 수야 없겠지만, 그렇다 하더라도 개들이 한 사람에 대한 선호를 그토록 빠르게 형성할 수 있다는 게 매우 놀라운 일이기는 했다. 반려견이 보호자와 낯선 사람 사이에서 한쪽을 선택하는 행동과 보호소 개가 낯선 사람 사이에서 한 명을 선택하는 행동을 비교한 후에, 우리는 몇 가지 차이점을 알아차렸다. 반려견은 약 절반 정도가 10분 동안 자신의 보호자에게서 단 1초도 떨어지지 않았다. 보호소 개 중에는 선호하는 낯선 사람과 그렇게 많은 시간을 보낸 개가 없었다. 그리고 일부 반려견은 사실상 낯선 사람과도 많은 시간을 보냈다. 보호자가 가까이 있는 한 낯선 환경을 탐색하려는 의지는 사실상 안정적인 애착이 형성되었다는 신호다. 보호소 개 중에는 덜 선호하는 사람과 많은 시간을 보낸 경우가 없었다.[84]

따라서 반려견이 보호자에게 반응하는 방식과 보호소 개가 낯선 두 명의 사람 중 자신이 선호하는 사람에게 반응하는 방식에는 확실한 차이가 있다. 하지만 그렇다 하더라도 개가 특정 인간에 대한 선호를 그토록 빨리 형성할 수 있다는 점은 매우 인상적이며, 개와 인간이 관계를 형성하는 방법에는 뭔가 다른 것이 있음을 확인시켜준다. 나는 그것이 어쩌면 윌리엄스 증후군의 과한 사교성과 개를 연결 짓는다고 밝혀진 유전자와 관련이 있을지도 모른다고 본다. 이러한 실험들이 표면화하는 것은 개의 사회적 유동성, 외향성, 초사회성이다. 이런 자질들이 기본적으로 사랑의 유대를 형성하는 능력이라 할 수 있다. 개는 우리 인간이나 야생 동물보다 정서적 가용성*이 훨씬 크다. 그리고 확신컨대 그것이 그들 매력의 상당 부분을 차지한다.

그러나 개가 사람보다 더 빨리 유대를 형성하는 만큼 그것을

---

* 힘들거나 도전적인 감정에서 도망치려 하지 않고, 고통에 처한 대상을 탓하지 않으면서 함께 있어줄 수 있는 정서적인 능력이다. ─옮긴이

풀어내는 것도 사람보다 훨씬 빠르다는 게 내 생각이다.

나는 그 유명한 개의 충성심 개념을 훼손하려는 것이 아니다. 개는 분명히 사랑하는 사람을 보호하다가 자신을 위험에 처하게 하고, 그들을 지키면서 살해당해왔다. 이러한 일화는 수도 없이 많고, 그중 일부는 의심의 여지 없이 묵시적이거나 과장되었지만, 그 나머지는 확실히 근거 있는 이야기이다. 회의론이 모든 풍선에 바늘을 찔러 넣을 수는 없다. 그러기에는 세상에 너무 많은 풍선이 있지 않은가. 예를 들어 나이 든 구조견 피트는 2018년 어느 겨울 아침, 뉴욕 그린우드 호수에서 자신의 보호자와 가족의 다른 개들을 보호하다가 죽음을 맞이했다.[85] 숲으로 하이킹을 하러 갔다가 실수로 흑곰을 놀라게 한 탓이었다. 2016년 핏불 테리어 프레서스는 자신의 보호자 로버트 라인버거를 공격하는 악어 앞으로 뛰어들어 목숨을 잃었다.[86] 제이스 데코세의 핏불 혼합종 탱크는 2016년 앨버타 에드먼턴에 있는 집에서 괴한이 침입해 침대에서 자고 있는 제이스를 쇠지레로 공격하자 그를 지키려고 애쓰다가 사망했다.[87] 이 모든 일화와 더 많은, 그리고 더 많은 이야기가 실제로 일어난 사건들이다. 물론 우리는 개가 보호자를 구하기 위해 기꺼이 죽을 의향이 있는지 확인하기 위해 실험을 진행하지는 않을 테지만, 그렇다고 해서 이 일화들의 설득력이 줄어드는 것은 아니다.

그러나 나는 1940년에 출간된 책 『돌아온 래시 *Lassie Come-Home*』에 나오는 래시의 이야기[88] 같은 일화들에는 회의적이다. 그 이야기 속에서 래시는 원래의 인간 가족에게 돌아가기 위해 수백 킬로미터를 걸어간다. 만약 개가 새로운 보호자와 함께 사느니 차라리 죽는 게 낫다는 식의 이런 이야기가 사실이라면, 매년 다른 가족과 함께 살았던 성견을 입양하는 수백만의 사람들은 이미 그들이 누리고 있는 행복한 결과를 절대로 누릴 수 없었을 것이다.

내가 키우는 사랑스럽고 단순한 성격의 제포스는 우리 집에 오기 전에 다른 가족과 함께 생애 첫해를 보냈다. 우리가 제포스와 함께 보낸 첫 두 주 동안, 녀석은 확실히 어리둥절하고 침울해 보였다. 그러나 한 달 만에 제포스는 우리와 함께 사는 것을 너무도 행복하게 여기게 되었다. 심지어 누구도 제포스가 새끼였을 때 우리 가족이 된 것이 아니라는 사실을 알아차리지 못했다. 제포스는 6년 동안 우리와 살았다. 최근에 나는 그저 제포스가 어떻게 반응하는지 보기 위해서, 생애 첫해 제포스의 이름이었다고 전해들은 것을 불러봤다. "타이라." 나는 불렀다. 무엇을 기대해야 할지는 확신하지 못했다. 나는 아무런 반응도 얻지 못했다. 이것이 제포스가 처음 함께 살았던 사람들을 완전히 잊었음을 암시하는 것인지는 잘 모르겠다. 만약 제포스가 자신의 첫 인간 가족을 다시 본다면 어떤 반응을 보일지 나는 정말 궁금하다. 예전 이름을 인식하지 못한다고 해서 그게 꼭 함께 살았던 사람들도 알아보지 못한다는 의미는 아니기 때문이다. 찰스 다윈은 5년 동안 전 세계를 항해하면서 이 질문에 관해 곰곰이 생각해봤다. 그는 자신이 그토록 오랫동안 떠나 있다가 돌아왔음에도, 자신의 개 핀처가 그를 알아봤다는 사실에 충격을 받았다. 에마 타운센드가 자신의 아름답고 작은 책 『다윈의 개』에서 밝힌 바에 따르면, 다윈의 여동생 캐롤라인이 다윈에게 편지를 써서 "핀처가 오빠를 다시 보면 크게 기뻐할까요?"라는 질문을 던졌다고 한다. 다윈은 핀처가 반응하는 방식에 무척이나 깊은 인상을 받아서 그 경험을 『인간의 유래 *The Descent of Man*』에 담았다. "내게는 낯선 사람이라면 가리지 않고 혐오하고 잔인하게 구는 개 한 마리가 있는데, 5년 하고도 이틀의 부재 후에 집으로 돌아간 나는 일부러 녀석의 기억을 시험해봤다. 나는 녀석이 사는 마구간으로 다가가서 예전의 태도로 고함을 질렀다. 그러자 녀석은 아무런 기쁨도 드러내지 않았지만, 마치 나와 정확히 30분 전에 헤어지기라도 한 것처럼 즉시 나를 따라와서는 순종했다. 5년 동안 휴면 상태였던 오래된 기억의 행렬이 즉각적으로 녀석의 마음속에서 깨어났던 것이다."[89]

나는 핀처가 "아무런 기쁨도 드러내지 않았다"라는 말을 통해 다윈이 무엇을 의미하고자 했는지 궁금하다. 그건 개가 그를 잊었음을 암시하는 것처럼 보인다. 하지만 그러고 나서 그는 즉시, "마치 나와 정확히 30분 전에 헤어지기라도 한 것처럼 즉시 나를 따라와서는 순종했다"라고 덧붙였다. 개가 그를 기억했다는 사실을 분명히 하는 말이다. 나는 개가 수년 동안 사람을 기억할 수도 있지만, 정서적 유대는 시간이 지남에 따라 사라질 수도 있으리라고 생각한다. 나는 개들이 새로운 유대를 빠르게 형성하려면 과거의 유대가 사라져야 하리라고 생각하지만, 현재 이것은 전적으로 내 추측일 뿐이다. 내가 알고 있는 어떠한 연구도 이 추측이 옳다고 뒷받침하지 않는다.

어떠한 경우든 간에, 나는 사랑하는 관계의 소멸 가능성이 아니라 행복한 시작에 초점을 맞추고 싶다.

나는 어린 시절 어머니와 동생과 함께 와이트섬에 있는 왕립동물학대방지협회에 찾아갔던 일을 지금도 생생히 기억한다. 우리는 가족이 키울 만한 개가 있을지 찾아볼 생각이었다. 엄마와 나는 우리가 어떤 개를 선택하든 무조건 동생 제러미가 먼저 심사를 하게 해주겠다고 약속했다. 하지만 우리 가족이 벤지가 있던 케널 앞에 도착했을 때, 녀석이 자신이야말로 우리가 찾던 개라고 어찌나 강력하게 주장하던지, 우리는 차마 벤지를 그곳에 두고 올 수가 없었다. 엄마는 5파운드를 냈고, 벤지는 우리 개가 되었다. 제레미는 우리에게 심술을 부렸지만, 벤지는 그에게도 마법을 부렸고, 제러미는 벤지야말로 우리 개라고 빠르게 확신했다.

우리 가족이 40년 전에 했던 이 경험이 그리 특별한 것은 아니다. 많은 사람이 실제로 자신들이 개를 고른 것이 아니라, 개가 그들을 선택했다고 이야기한다. 그들은 개가 어떻게 그렇게 할 수 있었는지 딱 꼬집어 말할 수 없지만, 그 개의 태도, 눈에 비친 표정, 자세 등에서 느껴지는 무언가가 자신이 바로 내내 당신들의 개였다는 사실을 확신시켜 주었다고 했다. 따라서 그 개를 집으로 데려가는 것으로 그들은 이미 존재했던 관계를 간단히 완성해버렸던 것이다. 사람들을 설득해서 그들을 데려가 보호하도록 하는 이런 능력은 분명히 인간 사회에서 개들이 성공하게끔 하는 핵심 요소임이 틀림없다.

개가 사람들에게서 애정 어린 관심을 이끌어내는 속도는 놀라울 만큼 빠른데, 이는 그들이 다른 종의 구성원과 유대를 형성하는 데 있어 얼마나 개방적으로 프로그래밍 되어 있는지를 핵심적으로 보여준다. 하지만 개가 이 놀라운 개방성의 유전 코드를 가지고 있다고 해서 그것을 항상 사용할 수 있는 것은 아니다.

비록 알맞은 유전자를 갖는 것이 개의 애정 본성에 결정적으로 영향을 주기는 해도, 그것이 그들이 누구인지에 관한 전체적인 이야기를 들려줄 수는 없다. 각각의 개는 우리와 집을 공유하는 사랑하는 동반자, 사람들이 가까이 가고 싶어 하지 않는 위험하고 공격적인 짐승, 심지어는 사람을 두려워하고 결코 교류하려 하지 않는 야생 동물 등으로 다양하게 성장한다. 삶의 경험이야말로 결정적인 요소라는 의미다. 심지어 문자 그대로 정확히 같은 유전 물질로 만들어지고, 같은 어머니에게서 태어나서 같은 인간 가정에서 자란 복제견들도 상당히 뚜렷한 개성을 발달시킬 수 있다. (100마리 복제견의 성격 테스트를 할 수 있다면 얼마나 좋을까!)

가축 보호견은 인간이 아닌 다른 종에도 애정을 쏟는 개의 대표적이고 가장 보편적인 사례다. 개가 어떻게 다른 종을 사랑하는 존재로 성장할 수 있는지 증명하는 이 사례는 전 세계에 널리 퍼져 있고, 꽤 오래되기도 했다. 70년 전 바하버에서의 실험은 개가 사람을 사랑하는 존재로 자라려면 올바른 어린 시절의 경험이 결정적이라는 사실을 보여주었다. 이 실험은 유전학자였던 두 명의 과학자 존 폴 스콧과 존 L. 풀러가 지휘했는데, 말년에 스콧이 그 주요 프로젝트가 그에게 무엇을 가르쳐주었는지 그 추억을 글로 써 달라는 원고 청탁을 받았을 때, 그는 다음과 같이 간략히 요약했다. "유전학은 행동을 구속하지 않는다."[90]

유전학은 스콧과 풀러 시절부터 비약적으로 발전했지만, 사실상 체계화된 관찰에 지나지 않는 행동 연구 기법은 그다지 변한 게 없다. 아마도 그 때문에 내가 개를 사랑하는 대중들을 청중으로 두고 연설할 때면, 사람들은 개의 유전자 중에 개가 사랑을 하게끔 만드는 종류가 있다는 말은 별다른 동요 없이 받아들이지만, 개의 성격을 결정하는 데 환경이 지대한 역할을 한다는, 훨씬 오래전부터 알려진 사실에는 굉장히 놀라는 것 같다. 나는 그들에게 오래된 과학도 여전히 좋은 과학이 될 수 있다고 말한다. 그리고 사실, 동물 주변의 세계가 어떻게 그 동물의 성격을 형성하는지를 연구하는 그 오래된 과학이 훨씬 큰 영향을 미칠 수 있다.

유전학과 환경이 모든 생물학에서와 마찬가지로 개별적인 개를 정의하는 데 있어 동등한 파트너인 것은 사실이다. 그러나 우리는 그 둘을 동등하게 통제하지 못한다. 유전자는 우리가 어찌할 수 없는 것이기 때문이다. 물론 현재의 기술로는 엄청난 비용을 들인다면 개인의 DNA에 아주 작은 변화를 만들어낼 수도 있지만, 유전공학은 여전히 현재의 것이 아니라 미래의 도구이다. 반면에 우리 개가 사는 환경은 전적으로 우리의 통제 아래 있다.

우리는 개들이 태어날 세상을 창조한다. 원한다면 그 세상을 바꿀 수도 있다. 게다가 그렇게 함으로써 우리는 개가 우리와 함께 최고의 삶을 살게 할 수도 있다. 이 위대한 힘에는 엄청난 책임이 따른다.

제7장

개는 더 나은 대접을 받을 자격이 있다

오늘날 우리가 개와 나누는 아름다운 유대는 지난 1만 4,000년 동안 개들의 유전자에 아주 작은 변화가 일어났기 때문에 가능해졌다. 이 작은 돌연변이가 다른 종에 속한 다른 구성원들과 오직 몇몇 강한 유대 관계만을 맺는 경향이 있던 경계심 많은 짐승을 거의 모든 종의 동물과 빠르고 쉽게 감정적인 유대를 형성하는 사랑스러운 동물로 변화시켰다.

하지만 개의 유전자는 개가 사랑할 수 있는 동물로 태어나게 할 뿐이다. 개가 실제로 사랑을 하게 만드는 것은 그들이 성장하는 세상이다. 어떤 의미에서 우리는 개를 한 마리씩 '사람의 가장 친한 친구'로 바꾸는 것이다.

반세기가 넘는 기간 동안 과학자들은 동물의 삶에서 이른 시기에 어떤 과정이 진행된다는 사실을 알고 있었다. 그 과정은 각각의 동물이 지구상에서 살아가는 동안 감정적인 유대를 형성하는 존재의 종류를 결정한다. 개들은 바로 그 민감한 시기에 우리가 그들을 위해 존재하기에 우리를 사랑한다.

따라서 우리가 그들의 남은 생애 동안 그들을 위해 있어 주는 것이 옳은 일이다.

하나의 개체로서, 그리고 한 종으로서, 개는 우리에게 충성을 맹세해왔다. 개들은 조상의 무시무시한 턱과 훌륭한 사냥 실력을 포기했다. 종족을 넘어 다른 생물과의 유대를 맺기 위해 서로 끈끈히 연결되었던 선조의 가족생활 방식을 포기했다. 방랑과 사냥의 삶을 버렸다. 인간의 동반자가 될 기회와 그것들을 맞바꿨다. 우리의 언약은 크게 소리 내어 말한 것이 아니지만, 양 당사자가 맺은 진실하고 구속력 있는 언약이다.

개는 깊고 지속적인 애정을 주면 그 대가로 우리가 그들을 돌볼 것이라고 믿는다. 작고 보잘것없고 털도 없지만, 매우 영리한 유인원인 우리가 그들의 행복을 보장하기 위해 우리의 지혜를 사용할 것이라고 믿는다.

누군가 자신의 개가 그 합의된 거래를 지키지 않았다고 말하는 걸 결코 들어본 적이 없다. 개의 애정이 보여주는 충성은 전설적이다. 그러나 유감스럽게도 우리가 합의 내용을 늘 지켜온 것은 아니다.

물론 많은 개가 훌륭한 보살핌을 받는다. 그러나 너무 많은 개가, 미국에서만 해도 수백만에 이르는 개가 그러지 못하고 있다. 우리는 개가 종종 너무도 간절히 원하는, 우리가 당연히 제공할 거라고 믿는, 그들이 받아 마땅한 삶을 제공하지 않는다. 우리가 개의 삶을 구성하는 방식은 너무도 시대에 뒤떨어져 있으며 최신 과학을 반영하지도 않는다. 가장 널리 퍼져 있는 많은 관행은 확실히 야만적이기까지 하다.

다행히도 과학은 개-인간 파트너십을 어떻게 관리해야 하는지에 관한 모든 면을 명확히 밝힌다. 과학이야말로 그 관계의 근본적인 본질을 다루는 학문이기 때문이다. 최첨단 과학 연구는 개의 사랑 이론에 근거해 우리 인간의 행동을 어떻게 수정해야 하는지 가르쳐주는 교훈으로 가득 차 있다. 우리가 변함없이 곁을 지켜주는 것이 개의 삶에서 얼마나 중요한지 확신시키고, 훈련 기술을 지원하며, 심지어 어떤 신체 접촉에 어떤 이점이 있는지를 보여주는 것에 이르기까지 과학이 알려주는 내용은 다양하다. 과학은 개와 인간이 맺는 관계의 감정적 핵심을 밝혔을 뿐 아니라, 신경 써서 살펴보기만 한다면, 개들의 정서적 안녕을 보장해줄 방법을 배울 수 있는 구체적인 교훈도 담고 있다.

그러니 우리는 개선 방법을 찾아야 한다. 이 놀라운 종의 마음과 영혼으로 향하는 연구 여정이 내게 가르쳐준 한 가지가 있다면, 바로 우리가 단순히 개의 감정적 욕구를 이해하는 데서 그칠게 아니라 찾아낸 정보로 무언가를 해야 한다는 것이다. 단도직입적으로 말하면, 우리는 개들을 위해 더 잘할 수 있다. 개의 애정 어린 본성 뒤에 있는 풍부한 과학과 역사는 개가 그런 대우를 받을 만한 가치가 있음을 분명히 한다.

우리가 개를 적절히 돌보지 못하는 이유는 보통 우리가 개 그 자체는 물론이고 개의 욕구를 잘못 이해하고 있기 때문이다.

안타깝게도 어떤 사람은 여전히 개가 본질적으로는 늑대라고 철석같이 믿는다. 그런 사람은 어쩔 수 없이 자신이 키우는 반려견에게도 바짝 경계하는 태도를 보일 것이다. 그러면서 그 점잖은 개가 괴물로 변할 때를 끊임없이 대비할 테고, 어느 날 소위 전문가라는 사람이 나타나서 어떤 식으로든 당신이 더 우월하다는 사실을 개에게 확신시켜야 하며 이 예측 불가능한 짐승이 당신의 지배를 받아들이도록 강요하라고 말한다면, 쉽게 설득당할 것이다.

반면 개들은 다른 종의 구성원, 특히 인간과 강한 정서적 유대를 형성할 수 있는 능력 덕분에 그들의 야생 사촌과는 차별화된다고 했던, 내가 이 책에서 발전시킨 주장을 받아들이는 사람은 자신의 반려견과 서로 사랑하며 평화롭게 공존할 방법을 찾아볼 것이다.

물론 두 개체가 사랑하는 관계를 형성해갈 능력이 있다고 해서 아예 아무 문제도 생겨나지 않으리라는 법은 없다. 그리고 이 삶의 동반자들이 각기 다른 종에 속할 때는, 심지어 아무리 좋은 의도를 품고 있다 할지라도 때로는 서로를 오해할 수도 있고, 전혀 생각지도 못했던 차이 때문에 힘든 일이 생겨날 수도 있다.

개와 인간 사이에 문제가 생기는 상황은 불가피한 것이다. 그러나 그 문제를 어떤 식으로 이해할지는 우리에게 달려 있다. 개에게 반응하는 방식이 우리에게 달린 것과 마찬가지다.

개가 기본적으로는 교정되지 않은 늑대라는 견해는 사람들이 그런 문제 해결에 끔찍한 접근법을 취하도록 부추긴다. 이러한 전망은 개의 보호자가 자신과 개 사이에서 감지되는 힘의 불균형을 바로잡기 위해 물리력을 행사하는 걸 정당화하고, 개에게 강력한 동기 부여자로서 사랑을 주는 역할을 소홀히 하게끔 한다. 이것은 개의 본성을 비극적으로 잘못 읽은 것이며, 심각한 결과를 초래할 수 있다. 이런 사고방식을 채택한다면 결국 개에게 신체적 또는 정신적 해를 끼칠 가능성이 크다.

이 접근법은 슬프게도 오랫동안 사용되었으며, 그 영향력은 보기보다 위험하고 믿을 수 없을 정도로 오래간다. 개와 함께 살아가는 삶에 관한 가장 인기 있는 책 중의 하나인, 뉴스킷* 수도사들이 쓴 『뉴스킷 수도원의 강아지 훈련법 How to Be Your Dog's Best Friend』은 원래 1978년에 출판되었다. 이 책에서 수도사들은 개는 늑대의 후손이기 때문에 무리 지어 사는 동안에만 삶을 이해할 수 있다고 썼다. 또한 더 나아가 무리는, 지위 경쟁이 수면 아래에서 영원히 일어나는, 계층적으로 조직된 공동체이기에 그 갈등이 노골적인 전면전으로 터져나올 때가 있다고 주장했다. 그 수도사들에 따르면 개와 관련해서 사람들이 겪는 여러 문제는 바로 그 무리 생활의 본질을 인식하지 못한 데서 발생하고, 그런 문제는 집에서 키우는 개에게 인간의 '우위'를 인식시킴으로써 해결이 가능하다.

수도사들의 제안 중에서도 아마도 가장 악명 높은 것은 그들이 '알파 역할'이라고 칭했던 징계 조치일 것이다. 그들은 개의 보호자들에게 알파 늑대가 무리의 하위 늑대에게 내리던 징계를 모방하라고 권했다. 구체적으로 말하면 개를 등 뒤로 거칠게 굴려 목을 단단히 누르고 강압적으로 꾸짖으라는 것이다.

자 이제 이 수도사들에게도 똑같이 가혹한 규칙을 적용하기 전에, 개와 인간의 관계에 관한 그들의 전반적인 접근 방식에는 감탄할 만한 내용도 많다는 사실을 먼저 언급해야겠다. 뉴스킷 수도사들은 개 훈련에서 단순한 훈련 기교를 넘어 개의 안락함과 만족에 주의를 기울이는 것도 중요하다고 강조한다. 그들은 개의 사

---

* 뉴욕주 케임브리지에 있는 기독교 정교회 세 곳의 수도원 공동체이다. ─옮긴이

교적인 본성을 강조하고 보호자들에게는 삶의 많은 측면에 개를 포함하라고 권장하는데, 나는 이 의견을 진심으로 지지한다(개에게 가짜 봉사견 조끼를 사주라는 조언만 제외하고). 그들이 개에 대한 인간의 공감을 높이는 데 중점을 두는 것은 칭찬할 만하며, 나는 그 점에서는 더 많은 사람이 그들의 권고를 따르기를 바란다.

또한 1978년에 수도사들이 개략적으로 적은 일반적인 접근법이 당시의 과학적인 이해와 일치하지 않았다는 점도 주목할 만하다. 늑대의 사회적 삶에 관한 연구는 그 당시 초기 단계에 있었으며, 개와 늑대의 심리적 차이에 관한 연구는 아예 시작조차 하지 않은 상태였다. 늑대가 같은 늑대들 사이에서 어떻게 행동하는지 설명하려는 초기 연구 보고들은 있었지만, 이 연구들은 서로 아무 관련이 없는 동물 집단에 전적으로 근거해 진행되었다. 이 연구에서는 연구원들이 조사했던 늑대들 사이에서 상당히 높은 수준의 공격적인 지위 경쟁이 일어났다.

이 연구들이 감금된 늑대의 행동을 정확하게 묘사하기는 했지만, 유감스럽게도 그것이 늑대들의 관계를 전반적으로 반영한다고 볼 수 없다. 이후 미국 지질조사국의 데이비드 메치David Mech와 미네소타대학교 및 기타 현장 생물학자들의 후속 연구 덕분에 우리는 이제 야생 늑대 무리가 단지 핵가족에 불과하다는 사실을 안다. 소위 알파 수컷과 암컷은 일반적으로 무리 구성원의 부모이다. 무리 내의 관계는 확실히 위계적이지만 인간 가정에서의 위계그 이상도 이하도 아니다. 알파 동물은 무리 내의 다른 구성원에게 폭력보다는 애정을 더 보이고, 자유롭게 살아가는 늑대 무리는 공격성이 매우 낮다. 만약 야생에서 살아가는 늑대가 같은 무리 내의 다른 구성원과 만성적인 긴장 관계에 놓인다면, 보통 그들 중 몇몇은 짐을 싸서 집을 나가버린다. 포획된 늑대들은 그럴 수 없기 때문에 서로를 향해 더 높은 수준의 공격성을 보이는 경향이 있다. 만약 우리가 소원해진 형제나 자매(또는 사실상 완전히 낯선 사람)와 감옥에 갇힌다면 우리도 아마 비슷하게 반응할지 모른다.

더욱이 이제 우리는, 서로 밀접하게 관련된 늑대와 개가 매우 다른 사회 구조 안에서 활동한다는 사실을 알고 있다. 이 장의 뒷부분에서 좀 더 자세히 설명하겠지만, 개와 늑대는 지배적인 계층 구조가 매우 다르기에 집단 내 구성원과도 서로 다른 방식으로 관계를 맺는다. 이렇듯 개와 늑대가 그들 자신의 무리(개의 경우에는 다른 종도 포함함)에 속한 다른 구성원과 관계를 맺는 방식이 서로 상이하다는 사실은, 늑대의 사회적 행동을 관찰한 결과에 근거해서 개를 다루려 한다면, 효과적인 처방을 기대하기가 힘들다는 것을 의미한다.

뉴스킷 수도사들이 그들의 책을 작업했던 1970년대에는 이런 사실이 전혀 알려지지 않았다.

2002년에 출간된『뉴스킷 수도원의 강아지 훈련법』개정판에서 수도사들은 '알파 역할'을 부인했다. 그들은 "우리는 더는 이 기술을 권장하지 않는다"라고 강조하고 "뿐만 아니라 우리는 이 기술을 사용하지 말라고 강하게 말린다"라고 말했다.[9] 이전에 홍보했던 내용과 완전히 반대되는 주장을 하는 서적을 읽으려 하는 사람은 많지 않기에, 나는 그런 급진적인 개정을 감수한 뉴스킷 수도사들에게 찬사를 보낸다. 물론 이 책의 개별 저자들은 익명이기에, 2002년 개정판에서 알파 역할을 부정한 수도사는 처음에 그 방법을 추천했던 수도사와 같은 사람이 아닐 수도 있다.

하지만 슬프게도 모든 사람이 그 수도사들 같은 것은 아니다. 다른 유명한 개 훈련사들은 1970년대 후반에는 거의 최신 기술로 인식되었지만, 오늘날에는 잔인하고 용납의 여지가 없는 것으로 간주되는 그 방법을 반성의 기미도 없이 여전히 널리 전파하고 있다. 오늘날에는 많은 최고의 훈련사가 무력에 의존하지 않고 긍정적인 결과와 온화한 리더십에 집중하는 방법을 따른다. 빅토리아 스틸웰, 카렌 프라이어, 마티 베커, 켄 맥코트, 장 도널드슨, 치랙 파텔, 켄 라미레즈 뿐 아니라, 그 외에도 많은 훈련사와 교사는 최신 과학에 정통하고, 강압과 고통과 처벌이 개와 관계를 구축하는 올바른 토대가 아니라는 사실을 안다.

불행히도 우리 문화를 지배하는 매체인 텔레비전에서 전문성이 언제나 가장 중요한 가치로 통용되는 것은 아니다. 그 매체에서는 훈련사의 카리스마와 스크린에서의 존재감이 훨씬 더 중요하다. 다른 모든 것은 제작 중에 고칠 수 있기 때문이다. 결과적으로 텔레비전은 반려견 보호자에게 심하게 왜곡되고 비윤리적인 조언을 한다.

텔레비전에 등장하는 개 훈련사가 옹호하는 몇몇 근거 없는 지침들, 예를 들어 사람이 항상 개보다 먼저 먹어야 한다느니, 보호자가 개보다 먼저 집 대문을 통과해 나가야 한다느니 하는 주장은 그냥 한심할 뿐이다. 하지만 무해하다고 할 수 없는 지침들도 있다. 개에게 슬립 리드라는 올가미나 다름없는 목줄을 강제로 채우거나, 발길질을 하거나, 플러디드flooded* 상황에 개를 노출시키거나, 여타의 다른 비인간적인 방법으로 개를 대우하라는 지침들

이 그렇다.[92]

물론 이런 잔인한 방법을 통해 훈련사와 반려견의 보호자는 개의 잘못된 행동을 신속하게 제압할 수 있다. 하지만 대체 무엇을 위해서? 텔레비전은 이러한 강압적인 접근 방식으로 인해 나타나는 나쁜 결과는 보여주지 않는다. 그 증거는 편집실 바닥에 버려져 있거나, 제작진이 마을을 떠난 뒤에야 나타난다. 개의 행동 문제는 개가 만성적으로 불안해하고 사람을 두려워하게 될수록 악화한다.

이러한 비인도적인 조치를 옹호하는 훈련사들은 개를 키우려면 인간이 '무리의 리더'가 되어야 한다고 주장한다. 우리는 갯과 동반자들이 '알파'의 지위를 놓고 영원히 경쟁하도록 설계된 짐승이기에, 어떤 식으로든 개가 인간보다 자신의 서열이 높다고 생각하지 못하게 해야 한다는 말을 계속 들어왔다. 그리고 이는 지배 개념을 둘러싸고 엄청난 혼란을 불러왔고 적지 않은 부수적인 피해를 일으켰다. 따라서 개에 관한 이야기를 잠시 멈추고 지배가 무엇을 수반하고 수반하지 않는지 생각해보는 것도 가치 있는 일이다.

동물의 행동에서 지배란, 일상적으로 제한된 자원에 특정 개체가 우선적인 접근 권한을 갖는 사회적 상황을 말한다. 이것은 음식의 양이 제한적일 때 특정 동물이 먼저 먹는다는 의미일 수도 있다. 또는 암컷이 짝짓기 상대를 찾을 때, 특정 수컷이 우선권을 갖는 것을 의미하기도 한다(또는 그 특정 수컷이 해당 암컷과 짝을 짓는

---

* 개들을 피할 수 없는 극심한 스트레스 수준에 노출 시키는 것을 뜻한다.

유일한 대상일 수도 있다). 또는 궂은 날씨에 특정 개체가 대피 장소를 우선 이용할 수도 있다.

나는 과학적인 관점에서 개를 생각하기 전에 동물 행동의 기본 원리를 일단의 학생들에게 가르쳤다. 따라서 지배에 관해서라면 몇 가지 사실을 알고 있다(내 말은 동물의 지배에 관한 한 그렇다는 것이다). 그러나 개와 개 훈련에 관심이 있는 일단의 사람들과 이야기를 나누기 시작했을 때, 그리고 그들이 이 개념에 관해 이야기하는 것을 들었을 때, 나는 매우 혼란스러웠다. 내가 만난 많은 사람은 텔레비전의 영향을 받은 탓인지 세계 지배나 심지어는 가학적 성행위 시나리오에서 암시하는 방식으로 지배에 관해 이야기했다. 이것은 내가 지배에 관해 과학적으로 이해한 내용과는 완전히 달랐다.

우선 모든 동물이 자신이 맺는 관계에서 우열을 경험하는 것은 아니다. 만약 우리가 논의 대상을 늑대와 개와 다른 많은 포식동물이 속한 식육목인 육식류(육식동물)에 한정한다면, 논의는 좀 더 간단명료해질 것이다. 식육목에 속한 일부 구성원은 지배력을 보여주지만 예외도 있다. 예를 들어 표범과 호랑이는 사회적인 동물이 아니기에, 그들 사이에서 지배력은 그다지 중요하지 않다. 심지어 사자와 같은 일부 사회적 동물도 비록 사나워 보이기는 해도 지배력을 보이지는 않는다. 사나움과 지배력이 상당히 다른 개념이라는 것은 확실하다.[93]

어쨌든 대부분의 육식동물은 사회적이며, 대부분은 사회 구조 속에서 어느 정도 우위를 보인다. 그러나 서열의 형식과 극단성은 종에 따라 다르다. 예를 들어 하이에나는 생물학자들이 '선형 지배'라고 부르는 지배 형태를 보여준다. 가장 순위가 높은 하이에나는 2순위 하이에나보다 우선한다. 2순위는 3순위 하이에나에게 지배력을 가지며, 그런 식으로 마지막 하이에나에 이르기까지 서열이 계속 이어진다. 여기서 목록의 맨 아래 있는 마지막 하이에나는 공급량이 적은 자원에 가장 접근하기 힘든 가여운 존재이다.

다른 종의 육식동물, 그중에서도 늑대는 행동 생물학자들이 '전제적인 지배'라고 이름 붙인 지배 형태를 보여준다. 이러한 형태의 사회 조직에서는 한 개체(또는 한 쌍의 개체)가 모든 결정을 내리고 나머지는 그냥 따라간다. 예를 들어 늑대는 알파 수컷과 암컷(단지 부모 늑대일 뿐이라고 앞서 얘기했던 걸 기억하기 바란다)이 결정을 내린다. 무리의 다른 구성원들, 즉 그들의 새끼들은 그 결정을 따른다.

이러한 다양한 형태의 지배가 어떤 느낌인지 궁금한 사람이 있을지도 모르겠지만, 아마도 모두가 이미 알고 있을 것이다. 인간 조직에서는 전제적 지배(직장에서 모두에게 할 일을 지시하는 상사), 또는 선형 지배(상사가 바로 아래 직원에게 지시를 내리면, 그 직원은 다시 자신의 아래 직원에게 지시를 내리는 구조) 등 다양한 유형의 지배를 볼 수 있다. 예를 들어, 친구, 취미 모임 같은 몇몇 인간 공동체에는 명확한 지배 양식이 없다. 우리 인간은 확실히 유연한 사회적 동물이다.

이런 식으로 우리는 늑대 무리가 인간 가족과 그다지 크게 다르지 않음을 알 수 있다. 내가 아는 대부분 인간 사회의 부모는 자녀의 우위에 있다. 무엇을 먹고, 언제 먹으며, 어디 살아야 하는지 등의 중요한 결정 대부분을 성인이 내리기 때문이다. 그렇다고 부모가 자녀를 영원히 억지로 복종시킨다는 것은 아니다. 적어도 그렇게 해서는 안 된다.

여기서 우리가 깨달아야 할 중요한 점은, 야생 늑대의 사회생활 모습을 가리고 있던 장막을 걷은 과학자인 데이비드 메치가 관찰했듯이, 지배가 강압을 함의할 필요가 없다는 것이다.[94]

개의 사회 구조는 우리 사회만큼 유연하지 않다. 사실 이런 점에서 개의 경직성은 우리를 놀라게 할지도 모른다. 처음으로 개와 지배라는 주제를 다룬 연구 논문을 읽었을 때, 나는 확실히 충격을 받았다. 개는 분명한 우위 관계를 형성한 계층적 사회 조직에 우리보다 더 민감할 뿐 아니라, 지배에 집착하는 그들의 조상인 늑대들보다 훨씬 위계적이다.

오스트리아의 울프 과학 센터 연구원들은 개가 그들 종 사이에서 드러내는 지배의 정도에 관한 연구를 수행해왔다. 기억하겠지만, 이 연구 시설의 직원들은 늑대와 개 무리를 최대한 동일한 조건에서 야외에서 키운다. 공유할 수 없는 식량 한 조각 같은 자원과 마주쳤을 때 각 그룹의 개체가 어떻게 행동하는지에 관한 표준화된 실험에서 연구원들은 개가 실제로 늑대보다 훨씬 더 계층적으로 조직되어 있음을 발견했다.

근사하고 간단한 실험을 위해서, 프리데리케 레인지와 울프 과학 센터에 있는 그녀의 동료들은 한 쌍의 늑대나 개에게 음식 더미를 제공했다. 이때 레인지의 팀은 각 동물의 쌍에 다른 크기의 음식 더미를 주었다. 이 음식 더미에는 적절한 양이 들어 있어야만 했다. 다시 말해 만약 한 쌍의 동물이 나눠 먹기를 원한다면 충분히 공유할 수 있는 양이 들어가 있어야 했고, 지배적인 동물이 독식하기를 원한다면 그럴 수 있을 만큼 적은 양이어야 했다. 레인지와 공동 연구자들은 커다란 뼈 하나로도 정확히 같은 일을 했다. 다시 말하자면 그것은 두 마리 동물이 함께 씹을 수 있을 만큼 충분히 커야 했지만 한 마리 동물이 원하기만 한다면 가지고 달아나서 방어할 수 있을 만큼 적당히 작아야 했다. 레인지와 팀원들은 그 후 일어난 일을 관찰했다. 한 마리가 다른 한 마리를 멀리 쫓았을까, 아니면 두 마리 늑대나 두 마리 개가 그것을 사이좋게 공유했을까?

이 실험에서 늑대는 일반적으로 공유하는 경향이 강했다. 연구팀이 실험한 모든 늑대 쌍 중에서 열 쌍 중 한 쌍 미만만이 한 마리 늑대가 음식을 모두 차지하고 다른 동물이 음식을 먹지 못하게 막았다.

연구에 참여한 개들의 경우에는 상당히 다른 그림이 그려졌다. 4분의 3 정도의 실험에서 우세한 개가 상대 개가 아무것도 먹지 못하게 막았다. 개가 늑대보다 더 공격적이라는 게 아니다. 개와 늑대가 비슷한 정도로 서로에게 으르렁거리면서 경계했기 때문이다. 그러나 지배적인 개가 종속된 개에게 으르렁거리자, 종속된 동물은 재빨리 먹이에서 물러나 먹는 것을 포기했다.[95] 늑대의 경우에는 두 늑대 사이에서 으르렁거림이 계속 오고 갔지만 그렇다고 먹기를 멈추지는 않았다. 개가 늑대보다 다른 개의 지배력 주장에 훨씬 더 민감한 것으로 보인다.

많은 다른 연구에 따르면 개는 엄격한 사회적 위계를 가지고 있고, 중요한 자원을 지배하고 독점하려는 경향이 늑대보다 훨씬 강하다(그리고 민감하다). 만약 이것이 역설적으로 느껴진다면 그것은 우리가 지배와 강압을 자주 혼동하기 때문이다. 늑대는 사납다. 그들은 크고 강하며 사나운 포식자들이다. 만약 늑대의 공격을 받는다면 정말 무시무시한 경험이 될 것이다. 어쩌면 그게 인생의 마지막 경험이 될지도 모르겠다. 물론 개는 덜 사납다. 그들은 크기도 더 작고, 더 연약하며, 일반적으로 덜 맹렬하다. 물론 내가 개에게 공격받는 것을 환영한다는 뜻은 아니다. 어쨌든 간단히 말해 한 종의 사나운 수준은 그들의 지배력 수준과는 아무 관련이 없다.

  늑대와 개는 매우 다른 방식의 삶을 영위하는 까닭에 지배에 대한 감수성도 다르다. 늑대와 개가 살아가는 방식을 생각해보면 개의 지배 성향이 이치에 완벽하게 맞아떨어진다. 늑대는 살아 있는 먹잇감을 사냥해서 살아가는데 가끔은 늑대의 저녁 식사 거리가 되는 걸 피하려 하는, 그들보다 훨씬 큰 동물을 사냥한다. 따라서 보통 들소나 사슴, 그 밖에도 늑대가 먹는 다른 큰 먹잇감은 늑대 한 마리가 단독으로 사냥할 수 없다. 사냥에 성공하려면 늑대는 나머지 무리의 협력에 의존해야 한다. 그렇게 해서 일단 사냥이 끝나고 죽은 짐승이 땅에 놓이면, 늑대 한 마리가 먹을 수 있는 양보다 훨씬 많은 고기가 생기는 것이다. 무리의 나머지 개체가 지배적인 늑대의 가족이라는 사실은 차치하고라도, 사냥에 성공하기 위해서는 알파 늑대도 그들에게 의존해야 한다. 결과적으로 늑대는 사냥의 전리품을 공유한다고 해도 잃는 것이 전혀 없고 모든 것을 얻는다.

  요컨대 늑대는 생존을 위해 서로 의지하며 협력하는 무리의 일원으로 살아간다. 수많은 연구에 따르면 늑대의 사회 구조는 계층적이지만, 그래도 높은 수준의 협력이 가능하다.

자유롭게 떠돌아다니는 개는 이와는 상당히 다르게 산다. 몇 년 전 바하마의 나소를 방문했을 때 그 사실을 내 눈으로 직접 보았다. 나소는 자유롭게 돌아다니는 떠돌이 개들을 조용히 관찰하기에 더없이 좋은 장소인데, 어쩌면 세상에서 가장 좋은 장소 중 하나일지도 모르겠다. 그곳 날씨는 야외 생활에 매우 적합하다. 현지 문화 또한 집 없는 개들에게 유달리 관대했다. 도착하자마자 빠르게 인지한 사실이다.

오후에 바하마 소재 휴메인 소사이어티에서 나온 한 집행관의 안내에 따라 나소 뒷골목을 탐험해 다니던 동안 나는 자유롭게 돌아다니는 개와 그들의 인간 이웃이 평화롭게 공존하는 믿을 수 없는 광경을 볼 수 있었다. 운전자들은 행여라도 개를 다치게 할까 봐 극도로 조심스럽게 거리를 지나다녔고, 그동안 개들은 즐겁게 자기 할 일을 하며 도로를 돌아다녔다.

나소에 사는 사람들은 그 외에도 다른 방법으로 개들을 돕는다. 관광객이 거의 찾지 않는 지역인 나소의 오버더힐의 쓰레기 수거 기준은 다소 미흡하기에 길모퉁이에는 쓰레기 더미가 널려 있었다. 나는 초라한 황갈색의 작은 개 한 마리가 도로 모퉁이에 쌓인 쓰레기 더미를 헤치고 나아가는 모습을 바라보았다. 개는 버려진 KFC 상자에 주둥이를 최대한 깊이 들이밀었다. 이 개는 확실히 음식을 꺼내는 데 도움이 필요치 않았기에, 발견한 것을 공유할 의도가 없었으며 당연히 자신의 것이라고 정당하게 주장했다. 그 개는 심지어 그 상자가 자신의 것임을 이해시키겠다고 나를 보며 으르렁거리기까지 했다.

바하마의 독특한 조건 덕분에 그곳의 개들은 미국의 친척들과는 매우 다른 삶을 산다. 그러나 적어도 한 가지 측면에서는 같다. 주로 쓰레기를 먹고 사는 청소부 동물인 떠돌이 개도 먹이를 찾기 위해 서로 협력할 이유가 거의 없으며, 따라서 발견한 것을 독식할 충분한 이유가 있다. 어떻게 보면 이 바하마의 황갈색 떠돌이 개가 내게 이빨을 드러내 보이도록 한 바로 그 진화적인 압박이 개들을 늑대보다 훨씬 더 위계에 민감한 동물로 만든 것이다.

개들이 서로 간의 관계에서 보여주는 극심한 지배 정도와 사회적 상황에서 위계에 대한 절묘한 민감성은 인간과 함께 사는 삶에 중대한 영향을 미친다. 우선 당신이 초크 체인*과 알파 역할을 통해서 개를 잔인하게 다루든, 아니면 자녀들과 함께 있을 때처럼 온화하게 개를 상대하든 상관없이 개는 당신이 리더라는 사실을 알고 있다. 당신은 마법처럼 음식을 만들어내는 사람이다. 찬장의 캔에도 담겨 있고, 냉장고 속 가방에도 있으며, 우리는 손가락으로 간단히 열 수 있지만 대부분 개들은 어떻게 해야 하는지 알 수 없는 굳건히 닫힌 용기에도 들어 있는 음식 말이다. 당신은 당신의 개가 언제 집을 나서야 할지, 그리고 어느 길로 가야 할지 결정하는 사람이다. 또한 개가 언제 어디서 볼일을 보고 어느 개와 짝짓기를 할지 결정하는 사람이며, 심지어는 짝짓기 자체를 할지 안할지 결정하는 사람이기도 하다.

이 모든 이유와 그 외의 여러 가지 이유로, 당신의 개에게는 당신이 둘의 관계 속에서 리더라는 게 분명하다.

당신은 개가 언제 무엇을 먹을지 통제하는 것으로 지배력을

---

* 올가미 방식의 개 목줄이다. ─옮긴이

행사하고 있음을 스스로 깨닫지 못하고 있을 수도 있다. 그러나 우리가 확인할 수 있는 모든 연구 결과는 당신의 개가 그 사실을 매우 잘 알고 있음을 보여준다. 개는 자원을 통제하는 존재가 누구든 간에 그 존재가 대장이어야 한다는 사실을 이해한다. 그러니 만약에 개가 당신 옆에서 점잖게 나란히 걸어가게 하고 싶다면, 제발이지 프롱 칼라*나 다른 고문 도구가 아닌 간식이나 클리커 같은 뭔가 다른 온화한 격려 방식을 사용하기를 바란다. 그러나 긍정적인 방식을 사용하든 징벌적인 수단을 쓰든 상관없이, 이러한 기술은 모두 개가 당신이 원하는 방식으로 당신과 함께 걷게 한다는 같은 목적을 위한 것이고, 만약에 그 목적을 달성한다면 당신은 그 개에 대한 지배력을 확고히 하고 있는 것이다. 솔직히 말해 개가 인간 사회에서 살아가려면 인간이 그 개의 우위를 점해야 할 필요가 있다. 개는 인간 가족 내에서 결정을 내리기 위한 심리적 채비를 하고 있지 않다.

당신, 오직 당신만이 그 지배력이 어떤 형태를 취할지 결정할 수 있다. 그 관계의 수석 파트너가 되기 위해 개를 놀라게 하거나, 초크 체인을 걸어 고통을 주거나, 부드러운 배를 발길질할 필요는 없다. 당신의 지배력은 자원을 통제하는 데 있으며, 그것은 야만성이 아닌 자비로운 통솔력을 통해 표현할 수 있다. 모든 부모가 알고 있듯이 사랑과 지배는 양립할 수 있다. 개는 둘 다 이해한다. 그들은 공격성이 아니라, 공감을 바탕으로 한 지도를 받을 자격이 있다.

---

* 목줄 안쪽에 여러 개의 갈고리를 달아 서서히 개의 목을 조여 복종시키는 용도의 도구이다. - 옮긴이

개는 인간의 지배를 이해하고 심지어는 원하는 것처럼, 사회적인 접촉 또한 갈망한다. 다른 존재와의 관계에 대한 필요성은 말 그대로 개의 유전자에 박혀 있다. 개는 친근한 게임을 할 필요가 있다. 사랑하는 사람과 가까이 있어야만 한다.

개가 사랑하는 사람과 얼마나 가까이 있고 싶어 하는지는 각 개체의 성향에 따라 크게 달라진다. 예를 들어 제포스는 접촉을 갈망하지만 단지 접촉만을 원할 뿐이다. 내가 책상에 앉거나 침대에 누워 있을 때 내 발에 기대거나, 내가 소파에 앉아 있을 때 옆에 와서 앉는 정도다. 녀석은 들어 올려져서 껴안기는 건 정말 싫어하지만, 바닥에 있을 때 안기는 것에는 양가적으로 반응한다. 그 순간의 기분에 따라 반응이 다른 것 같다. 어떤 개들은 땅에서 들어 올려져서 사랑하는 사람의 품에 완전히 안기는 것을 좋아하지만, 또 어떤 개들은 지속적인 접촉은 원치 않고 근거리에 홀로 두었을 때 더 행복해한다.

정확히 개를 어떻게 만져야 하는지에 관해서는 많은 논란이 있다. 캐나다 작가 스탠리 코렌Stanley Coren에 따르면 개는 포옹하는 것을 좋아하지 않는다. 블로그에 올린 게시물에서 그는 사람들이 자신의 개를 껴안고 있는 모습을 찍어 온라인에 올린 사진으로 자신의 분석과 연구를 설명했다. 코렌에 따르면, 그가 발견한 250장의 사진 중 204장의 사진에서 개들은 스트레스를 받은 것처럼 보였다. 그는 독자들에게 "두 발 달린 당신의 가족과 연인을 위해 포옹을 아껴두세요"라고 조언했다.[96]

나는 코렌의 주장에 약간 지나친 면이 없지는 않지만, 그래도 좋은 지적이기는 하다고 생각한다. 사람들은 육체적 접촉에 대한 개들의 반응에 주의를 기울여야 하며, 단순히 우리를 기분 좋게 하는 일이 개에게도 기분 좋은 일이라고 가정하지 않아야 한다. 어느 정도의 신체 접촉이 충분한지(또는 너무 과한지) 생각해볼 때, 중요한 문제는 개의 반응에 주의를 기울이는 것이다. 사람마다 다 다르다는 의미의 '십인십색+人+色'이라는 옛말은 사람뿐만 아니라 개를 이해하는 데도 좋은 관점을 제공한다.

한 가지 확실한 점은, 비록 우리가 이해하고 존중하는 법을 배워야 할 대상인 개는 나름의 개성을 가진 개별적인 존재이지만 따뜻하고 애정 어린 관계를 원하는 것은 모든 개가 마찬가지라는 점이다. 우리는 그 소소한 요구를 만족시켜야 하는 빚을 지고 있다.

하지만 우리는 너무 자주 개들을 실망시킨다. 우리가 지극히 사교적인 존재에게 가할 수 있는 가장 잔인한 행위는 누구와도 상호 작용을 할 수 없는 곳에 온종일 가둬두는 것이다. 그러나 그것은 소위 선진국이라는 곳에서 살아가는 개들의 생활 표준이 되어 버렸다. 우리는 개의 따뜻한 본성 때문에 그들을 사랑하면서도 아침 7시 30분이면 작별 인사를 하고 집을 나서는데, 운이 좋은 개들은 열 시간이나 열한 시간이 지난 뒤에 우리를 다시 만날 수 있다. 때로 사람들은 퇴근 후에 집에 잠깐 들러 개가 배변 활동을 할 수 있게 해주고는 다시 집 안에 가두고, 인간 친구들과 저녁 시간을 보내기 위해 밖으로 나간다. 개의 입장에서 대체 이런 건 무슨 삶이란 말인가? 열 시간 동안 홀로 있다가 단지 10분 동안의 상호 작용을 하고, 다시 네댓 시간을 기다렸다가 인간이 집으로 돌아와 침대에 쓰러져서 빠르게 잠드는 모습을 지켜봐야 한다니.

스웨덴에서는 법에 따라 개가 적어도 네댓 시간은 정기적으로 사회적인 상호 작용을 할 수 있게끔 요구한다.[97] 나는 그것이 매우 훌륭한 원칙이라고 생각한다. 낮 동안 개가 있는 집에 갈 수 없다면, 당신은 개가 사회적인 상호 작용을 할 수 있도록 뭔가 다른 수단을 취하거나, 아예 개를 키우면 안 된다.

물론 개는 보호자 이외의 다른 가족 구성원에게서 그 혜택을 받을 수 있다. 잘 자란 강아지는 자기 종족과의 교제를 환영할 것이고, 심지어는 고양이나 다른 동물들 주변에 있어도 어느 정도 만족감을 얻을 것이다. 특히 개가 자신이 어떤 동물과 친구가 될 수 있는지 배우는 생의 초기에 그 존재들을 만났다면 더욱 그럴 것이다. 사실상 모든 종류의 생물이 개의 사회적 동반자 역할을 할 수 있고 개의 외로움도 완화할 수 있다.

물론 다른 반려동물을 집으로 데려오는 것 말고도 개의 외로움을 해결할 다양한 방법이 있다. 하루 중 일정 시간 동안 개와 함께 있는 것도 하나의 선택 사항일 수 있다. 그것이 바로 내가 이용하는 방법인데, 시간을 유연하게 사용할 수 있는 직업을 갖고 있기에 누릴 수 있는 특권임을 안다. 한편 개를 직장에 데리고 가는 것도 오늘날 점점 더 많은 사람에게 선택지가 되고 있다. 반려동물 친화적인 사무실이 미국에서도 환영받는 추세이다. 대부분의 개는 친구를 매우 빠르게 사귀므로 매일 찾아와서 개와 놀아줄 수 있는 누군가를 고용하거나, 일정이 여유로운 친구를 설득해보는 것도 하나의 방법이 될 수 있다. 어쩌면 개와 함께 나가 커피를 사 마시거나 점심을 함께 먹을 수도 있을 것이다. 잘 운영되는 강아지 유치원은 또 하나의 훌륭한 선택 사항이며, 많은 책임감 있는 사람이 이용하는 옵션이기도 하다.

하지만 어떤 방법을 이용하든 간에, 개의 개방적이고 사랑 많은 성격에는 신체적인 욕구만큼이나 많은 관심이 필요하다. 대개 사람들은 개를 굶기거나 배변을 해결하지 못하게 학대하면서도 무사히 넘어가리라고 생각하지는 않을 것이다. 그러나 개를 오랫동안 혼자 있도록 내버려 두는 것이야말로 우리가 개에게 일상적으로 저지르는 가장 잔인한 행동일 수도 있다. 그리고 그것은 실제로 인간과 개에게 심각한 결과를 불러온다.

엄청나게 많은 개가 자신이 겪는 처참한 고독에 적절히 대처할 수 없기에, 짖거나 가구를 씹고 집안을 부적절하게 어지르는 등의 외로움 증상을 드러내 그 상황을 벗어나려 애를 쓴다. 우리는 이러한 고통의 징후를 '분리 불안'이라고 이름 붙이고, 약물이나 행동 조정 훈련 등으로 치료한다. 분리 불안은 수의사와 동물 행동 전문가가 접하는 가장 보편적인 문제가 되었으며, 거의 다섯 마리당 한 마리의 개가 이런 문제 행동을 보인다.[98]

나소에 있는 동안 나는 바하마대학교의 사회과학자인 윌리엄 필딩William Fielding을 방문했다. 필딩은 나소 거주민과 유람선을 타고 그 아름다운 군도를 방문한 여행객들에게 거리를 배회하는 개들에 관해 똑같은 내용을 묻는 설문지를 주었다. 여행객의 대부분은 미국 사람이다. 그 설문지는 직장에 가 있는 낮에 당신이 개에게 할 수 있는 가장 친절한 일과 가장 잔인한 일은 무엇인지 묻는다. 미국인들은 사람이 외출해 있는 동안 개가 집 안에서 안전하게 보호되어야 한다고 대답했다. 반면에 바하마 현지 사람들은 만약 집 안에 개와 상호 작용을 할 사람이 아무도 없다면, 개를 집 밖으로 나갈 수 있게 해야 한다고 응답한 비율이 더 높았다.

이 질문에 정답은 없다. 미국 응답자들의 대답은 물론 옳다. 키우는 개가 누구의 보호도 받지 않고 거리를 방황하게 하는 것은 재앙을 초래하는 일일 테니까. 개가 차에 치이거나, 공격당하거나 (나는 학생 세 명이 거리에서 어느 개에게 발길질하는 것을 보고 개를 건드리지 말라고 소리를 질러 쫓아버린 적이 있다), 다른 개에게서 병균을 옮아 오거나, 여타의 슬픈 사건의 희생자로 전락할 수도 있다.

그러나 바하마 사람들도 매우 좋은 지적을 했다. 개는 사회적인 존재이기 때문에 온종일 집에 홀로 갇혀 있는 것은 두말할 필요도 없이 잔인한 일이다. 개는 사회적 운명을 충족시킬 더 좋은 기회를 누릴 자격이 있고, 우리는 그 욕구를 충족시킬 충분한 능력을 가지고 있다.

나는 그토록 갈망하는 애정 어린 접촉을 얻을 수 없는 집에 사는 많은 개들에게 안타까움을 느낀다. 하지만 보호소에 사는 개들이 처한 곤경을 생각하면 그것에 관해 글을 쓰는 것 자체가 힘들 만큼 너무도 슬프다.

유기 동물 보호소는 개와 함께 사는 인간 삶의 추한 이면이다. 우리는 개를 사랑한다고 말하지만, 미국에서는 매일 밤 약 5백만 마리의 개들이 철창 뒤 콘크리트 바닥에서 잠을 잔다. 최근 수십 년간 상황이 개선되었지만 보호소는 여전히 1년에 4백만 마리 이상의 개를 받아들인다. 그 개 중 거의 4분의 3이 입양되거나 보호자에게 돌아간다. 그래도 여전히 약 백만 마리의 개가 남고, 그들은 안락사되거나 보호소 시스템에 장기 체류하게 된다.[99] 둘 중 어느 것도 집 없는 개들의 문제에 대한 해결책이 아니다.

미국 보호소 대부분의 원래 목적은 집 잃은 개들에게 잠깐의 휴식을 제공하는 것이었다. 새로운 개가 보호소에 들어오면 그 개는 보호자가 와서 데려가거나 새로운 가족에게 입양되기를 기다리는 동안 며칠, 또는 최대 2주 정도를 그 보호소에서 보냈다. 하지만 둘 중 어느 일도 일어나지 않으면 보통은 안락사되었다. 어느 쪽이든 간에 어떤 개도 보호소에 오랫동안 머물지 않았다.

미국의 보호소 체계는 여러 면에서 예전에 비해 크게 개선되었다. 오늘날에는 예전보다 더 많은 개가 보호소에서 살아서 나간다. 그러나 보호소가 그 벽 안에서 발생하는 안락사를 줄일 방법을 찾아냄에 따라 체류 기간은 더욱 늘어나게 되었다.

점점 더 많은 보호소가 건강한 개는 안락사시키지 않는 방침을 채택하고 있다. 약 20년 전에 시작된, 보호소에 입소한 건강한 개의 안락사를 끝내기 위한 운동 덕분이다. 이러한 무살상 운동의 의도는 의심할 여지 없이 고귀하지만, 선한 의도가 의도치 않은 결과의 법칙*을 예방하는 것은 아니다. 나는 개의 복지를 높이고자 하는 그 운동을 존경하고 존중하지만, 그로 인해 생겨난 의도치 않은 결과가 걱정스럽다. 즉, 우리는 단지 임시 보호를 목적으로 설계한 장소에 개를 오랫동안, 어떤 경우에는 자연적인 생존기간 내내 가둬두어야 한다.

나도 건강한 개를 죽이지 않고 싶은 그 욕망을 갖고 있지만, 단순히 수백만 마리의 개를 가두고 열쇠를 던져버리는 것이 안락사의 대안이 아니라는 사실 또한 알고 있다. 한 보호소가 불치병을

---

* 사람들, 단체, 또는 정부의 행동이나 정책은 항상 예상치 못하거나 의도하지 않은 효과나 결과를 가져온다는 법칙이다. – 옮긴이

앓고 있는 동물을 제외하고는 더는 안락사를 시행하지 않기로 하면, 그곳은 점차 집을 찾지 못하는 개로 가득 차게 된다. 사람들이 특정 개를 입양하고 싶어 하지 않는 이유는 여러 가지가 있을 수 있다. 비록 그 이유 중 일부는 우리가 생각하기에 너무 피상적이고 유감스러울지라도(예를 들어 특정 개의 색상과 모양이 마음에 안 든다는 식으로), 그것이 사람들이 원치 않는데 억지로 개를 입양하라고 강요할 수 없다는 사실을 바꾸지는 않는다. 우리에 갇혀 있는 동안에는 어떤 개의 행동도 개선할 수 없기에 무살상 보호소에 있는 개들은 시간이 지날수록 장래의 입양인에게는 점점 더 매력을 잃어갈 수밖에 없다. 이러한 보호소들은 사실상 개들의 창고로 전락한다.

일부 국가에서는 보호소가 건강한 개를 안락사하는 것을 막는 법안을 채택하고 있지만, 안타깝게도 이런 종류의 법안만으로는 충분치 않다. 나는 이런 정책을 시행하는 나라 중 하나인 이탈리아의 공공 유기 동물 보호소를 방문하려고 했지만 입장이 금지되었다. 그들이 어떻게 개를 관리하는지 보고자 하는 전문가의 방문조차도 허락하지 않는 것을 보면, 그곳의 상황이 상당히 심각했으리라고 충분히 짐작해볼 수 있다.

나는 이 공공 보호소 근처에 있는 개인 보호소를 방문할 수 있었는데, 그곳의 상태가 그동안 보았던 곳 중에서 가장 슬펐다는 사실을 인정해야만 하겠다. 나는 그 보호소를 운영하는 사람들이 힘든 상황에서도 애정 어린 환경을 조성하기 위해 진심으로 최선을 다하고 있음을 알기에, 그 보호소의 이름을 밝히지는 않을 것이다. 그러나 그곳에 있는 개들의 눈을 들여다보았던 나로서는,

개들을 제대로 돌볼 만한 자원이 없는 곳에 장기간 수용하는 것이 고통 없는 안락사만큼이나 슬픈 일이라고 생각할 수밖에 없다.

하지만 이탈리아에서 온 소식이 다 나쁜 것은 아니다. 최근 이탈리아에서 수행한 한 연구는 우리가 좀 더 견딜 만한 장기 쉼터를 개에게 만들어줄 방법 하나를 알아냈다. 그리고 우리가 개의 사랑스러운 본성에 관해 현재 알고 있는 사실을 고려할 때, 그 해결책이 단순히 인간의 존재 여부와 관련이 있다는 것은 놀랄 일도 아니다.

시모나 카파자Simona Cafazza가 이끄는 여러 이탈리아 대학교의 대규모 과학자 팀은 이탈리아 라치오 지역의 여러 보호소에서 살아가는 거의 100마리쯤 되는 개들의 복지를 조사했다. 그리고 개들의 복지를 향상할 유일한 방법이 사람과의 산책이라는 사실을 알아냈다. 복지를 향상하는 요소가 운동인지 아니면 인간과 함께한다는 점인지까지는 밝혀내지 못했다. 카파자와 그녀의 동료들은 사람과 매일 산책하러 다닌 개와 홀로 넓은 운동장에서 달리며 놀 수 있는 개들을 비교했고, 오직 사람과 산책을 다닌 개들만이 복지의 혜택을 받았다는 결과를 얻었다.

전반적으로 카파자와 그녀의 동료들은 자국의 무살상 법안에 회의적이었다. 많은 수의 개가 그들의 욕구를 제대로 충족시킬 수 없는 보호소에서 생을 보내야 하는데, 그렇다고 유기견의 개체 수를 효과적으로 통제하지도 못했기 때문이었다. 연구원들은 그들이 연구한 지역에서만 1만 1,000마리의 개가 보호소에 살고 있으며 그중 대다수가 평생 좁은 우리 안에 머물러 있어야 한다는 사실을 지적했다. 카파자와 그 동료들은 다음과 같이 결론지었다.

"이탈리아 사람들이 개가 평생 철창 뒤편에 갇혀 사는 것이 고통 없는 안락사보다 낫다고 결론 내렸다는 점에서, 개들에게 적절한 수준의 복지를 보장하는 것은 우리의 윤리적 의무이다. 하지만 이 과학 논문은 우리가 그렇게 하고 있지 않다는 사실을 분명히 보여 준다."[100]

여러 다른 나라와 그 나라의 다양한 지역은 그들의 보호소에 수용한 개들의 개체 수에 따라 각기 다른 도전 과제에 직면한다. 미국은 온갖 종류의 보호소 문제를 안고 있고, 세계에서 가장 훌륭한 동물 시설 또한 많이 있다. 나는 벽을 화려한 색으로 칠한 사랑스럽고 밝은 방에 자연광이 비쳐들고 부드러운 배경음악과 매력적인 직원들이 있는 보호소를 방문한 적이 있는데, 사료를 먹어야 한다는 점만 아니라면 나도 그곳에 정착해 살고 싶은 심정이 들었다. 그러나 나는 악몽 같은 보호소에도 가본 적이 있는데, 슬프고 병든 개가 그렇게 많은 안타까운 광경은 쉴새 없이 짖는 소리와 개들의 설사 악취 탓에 더욱 우울해 보였다.[101]

미국 보호소에 있는 개들의 운명은 많은 요소에 따라 달라진다. 북동부 지역의 유기 동물 보호소에는 사실상 갯과 동물이 별로 없기에 개를 안락사하는 비율도 매우 낮다. 미국의 그 사분면에서는 반려동물의 중성화 수술을 광범위하게 시행해서 인간 가족 없이 생을 끝마치는 개의 수를 현저하게 감소시켰다. 반면에 남동부 지역은 서부의 많은 보호소와 마찬가지로 여전히 넘칠 만큼 많은 수의 개를 보호하고 있다.

최고의 보호소는 새로운 가정에 입양되길 기다리는 개에게 평화로운 중간 기착지가 되어주는 곳이다. 이 시설들에는 전문 직원이 상주해 입양에 도움이 될 만한 행동과 인간과의 동거에 도움이 될 유용한 생활 기법을 개들에게 가르친다. 이런 시설은 부유한 개인 후원자의 지원을 받는 작고 아기자기한 보호소인 경향이 있다. 이 스펙트럼의 다른 쪽 끝에는 14일의 입양 공고 기간이 지나면 대부분의 동물을 안락사하는 보호소가 있다. 보통 그 가여운 동물들이 우연히 발견된 그 지역의 자치 정부가 운영하는 곳이다. 때때로 이 두 가지 유형의 보호소는 바로 길 건너편에 서로 마주 보고 자리해 있기도 하다.

나는 여기에 어떤 비난도 던지지 않을 것이다. 지방 자치 정부가 한정된 자원 내에서 많은 요구를 수용해야 한다는 사실을 잘 알고 있기 때문이다. 동물 관리 및 통제가 학교나 노인 센터, 또는 기타 많은 시민의 권리에 자금을 지원하는 것보다 더 중요하게 다뤄질 수 없다는 점도 이해한다.

하지만 보호소에 수용된 개들이 지금보다는 더 나은 대우를 받을 자격이 있다고도 믿는다. 아무리 재정이 열악한 시설도 인간에 대한 개들의 사랑에 좀 더 나은 방식으로 보답할 수 있으며, 개가 사랑을 더 잘 표현하게끔 도울 수도 있다. 그렇게 함으로써 보호소는 개들이 이집 저집 오가며 쓸데없이 시간을 허비하지 않고도 빠르게 입양되도록 도울 수 있다. 이것이 개에게도 좋고 보호소에도 좋다. 제자들과 나는 보호소가 이 야망을 실현하도록 돕기 위해 애써왔다.

현재는 텍사스공대 교수인 사샤 프로토포포바Sasha Protopopova는 나와 함께 박사 과정을 밟고 있을 때, 일련의 연구를 시작했고, 그 연구들은 이 글을 쓰고 있는 동안에도 계속되고 있다.[102] 사샤는 보호소 개들의 행동을 개선할 방법을 찾아 그 개들이 좀 더 많이 입양되도록 한다는 목표를 세웠다. 단, 보호소 직원에게 추가적인 부담을 주지 않으면서 그 목표를 달성하고자 했으며, 만에 하나라도 그게 불가능하다면 최소한 동물 훈련에 관한 전문 지식을 갖춘 추가 인력 없이도 가능하게 하자는 것이었다.

우선 사샤는 지방 정부가 운영하는 북부 플로리다의 한 보호소에서 실시한 현장 조사 프로젝트에 학부 학생들을 투입했고, 그들을 지도하면서 끝나지 않을 듯이 기나긴 여름을 보냈다. 학부 학생들은 60초 동안 각 개의 우리 앞에 서서 개가 무엇을 하든 그 모습을 비디오카메라에 담았다. 시간을 60초로 제한한 것은 의도적이었다. 대부분의 사람이 자신이 바라보는 개에 관해 좀 더 알아볼 것인지, 아니면 다음 케널로 옮겨갈 것인지 결정하기까지 1분 이상 개를 바라보지 않기 때문이다. 사샤는 마침내 이 일반적인 입양 시나리오에서 수백 마리 개들의 행동을 포착해서 수천 개의 짧은 비디오 영상을 만들었다.

다음 단계는 각각의 개가 무엇을 했는지 정확히 기록하면서 이 비디오를 끝까지 돌려보는 것이었다. 꼬리를 흔들었나? 짖었나? 배변을 봤나? 가능성의 목록은 100가지가 넘는 별개의 행동으로 이어졌다.

그 일을 다 마쳤을 때, 사샤는 개들이 그들을 잠깐 쳐다보는 낯선 사람에게 어떻게 반응하는지 보여주는 엄청난 양의 기록을 갖게 되었다. 개의 처지에서 그 낯선 사람들은 누구라도 예비 입양인이었을 것이다. 그러니 우리는 개를 입양하려고 마음먹은 새로운 인간 가정에 보여줄 엄청나게 많은 엘리베이터 피치*를 확보한 것이나 다름없었다.

사샤는 개들의 행동을 기록한 이 광범위하고 집약적인 자료를 그 개들의 보호소 기록과 비교했다. 그들 중 몇몇은 빠르게 입양되었고, 또 몇몇은 오랫동안 보호소에 머물러야 했다. 연구를 통해 얻은 행동 분석을 장기간의 기록과 비교함으로써, 그녀는 개들이 케널을 빠르게 벗어나도록 해준 행동과 그들이 오랫동안 새로운 인간 가정을 외롭게 기다릴 수밖에 없도록 만든 행동이 무엇이었는지 식별해낼 수 있었다.

사샤의 첫 발견은 상식에 호소하고 있고, 다른 연구에서도 반복적으로 관찰되었던 사실이기에 어느 정도는 예상했던 결과였다. 즉, 귀엽기만 하다면 행동이야 어떤 식으로 하든 전혀 문제가 되지 않는다는 것이다. 강아지나 작은 품종같이 사랑스러운 모습의 개는 원하는 것은 무엇이든 하면서도 여전히 인간 가정으로 빨리 입양될 수 있다.

하지만 나머지 우리들, 아니, 내 말은 나머지 개들에게 행동은 정말로 그들의 운명에 결정적인 역할을 했다. 예비 입양자를 가장 빨리 돌아서게 했던 한 가지 주요한 행동은 바로 '기대기'였다. 케널 일부에 몸을 기대거나 문지르는 행동은 입양 가능성을 크게 악화시켰다. 움직임이 너무 많은 것도 좋지 않았다. 사람들은 우리 안에서 안절부절못하거나, 앞뒤로 왔다 갔다 하거나, 위아래로 펄쩍펄쩍 뛰는 개들은 확실히 입양하고 싶어 하지 않는다. 입양 가능성이 가장 큰 개는 우리 앞쪽으로 다가와서 약간은 경계하면

---

* 짧은 시간 내에 기업이나 어떤 제품을 홍보하는 것을 의미한다. – 옮긴이

서도 다소 활기 넘치는 방식으로 방문자에게 관심을 보인 개들이 었다.[103]

이상적인 세상이라면, 보호소는 바람직하지 않은 행동을 하는 개가 그 행동을 교정해서 빠르게 새로운 집으로 입양 갈 수 있도록 전문적인 개 훈련사를 고용할 수 있을 것이다. 그러나 사샤는 적어도 미국에 있는 대부분 보호소는 직원들을 행동 교정 전문가로 양성할 만한 자원은 물론이고, 그런 사람들을 고용할 재정도 확보되지 않았음을 인식했다.

이 문제를 해결하기 위해 사샤와 나는 특별한 전문 지식 없이도 개의 행동을 올바른 방향으로 유도할 수 있는 기술에 대해 생각해보았다. 우리는 러시아의 위대한 생리학자이자 동물 심리학의 창시자인 이반 페트로비치 파블로프가 수십 년 전에 새롭게 닦아놓은 길에서 그 가능성을 찾았다. 사샤는 러시아 출신이다. 따라서 나는 이 해결책을 가능하게 한 영감의 일부는 러시아에서 보낸 그녀의 어린 시절의 공으로 돌리고 싶다. 하지만 그녀는 여덟 살 때 러시아를 떠났다. 따라서 러시아 초등학교가 서유럽과 북미에서 하는 것보다 동물 심리학을 훨씬 많이 가르치는 게 아니라면 이러한 추측이 맞는다고는 할 수 없을 것이다.

어쨌든 우리는 동물은 곧 중요한 일이 일어나리라는 신호를 감지할 수 있다는 파블로프의 증명에서 부분적으로 영감을 얻었다. 이제는 거의 전설이 되어버린 그의 실험에서 종(또는 버저)으로 음식이 오고 있다는 사실을 알리면 개가 침을 흘리는 것으로 반응한다. 이러한 유형의 조건화는 더욱 현대적인 형태의 동물 훈련에 비해 한 가지 장점이 있다. 바로 실험자는 동물에게 어떤 주의도 기울일 필요가 없다는 것이다. 분명히 파블로프와 그의 학생들은 개의 행동에 관심이 있었지만, 실험 절차를 수행하기 위해 실제로 개를 관찰할 필요는 없었다.

누구라도 개를 쳐다볼 필요 없이 종이 울리면 먹이를 기대하도록 쉽게 개들을 조건화할 수 있다. 단지 종을 울리고 음식을 전달하기만 하면 동물은 스스로 자신의 행동을 살필 것이다. 물론 개의 행동이 어떻게 바뀌었는지 알고 싶다면 눈을 뜨고 바라봐야 할 테지만, 훈련사가 주의 깊게 개를 주시하고 있다가 적절한 행동을 하자마자 간식을 주는 표준 보상 기반 훈련과는 달리, 파블로프의 절차는 시행하기가 훨씬 쉽다. 종을 울린다. 음식을 준다. 일정한 간격을 두고 그렇게 하면, 마법이 일어난다.

손쉬운 파블로프의 조건 반사를 이용하는 대신에 연구자들이 치러야 할 소정의 대가가 있다면, 그것은 행동이 어떻게 변하든 간에 그것을 제어할 방법이 없다는 것이다. 우리는 정확히 우리가 원하는 행동 변화가 무엇인지 알고 있었기에 이 실험을 이용하는 건 하나의 도전이었다. 우리는 개가 케널 안에서 벽에 기대거나 앞뒤로 오가거나 위아래로 뛰는 것을 그만두고, 방문객에게 공손한 관심을 보이기를 바랐다.

만약 전문적인 동물 행동학자에게 이런 행동을 끌어내는 훈련을 주관하도록 한다면, 그녀는 적절한 행동이 일어날 때마다 주의 깊게 관찰하고 적시에 보상하는 훈련 프로그램을 시행할 것이다. 우리는 대부분의 보호소가 이런 종류의 훈련을 감당할 여력이 없다는 걸 알았지만, 그래도 우리의 저렴한 파블로프식 대안이 견줄 만한지 보고 싶었다. 그래서 두 가지 방법을 모두 평가할 수 있는 연구를 구상했다.

우리는 파블로프식 기법을 적용한 개의 집단과 최고의 전문가들이 하는 방식으로 보상을 주어 훈련한 개의 집단을 함께 비교평가했다. 파블로프 집단의 훈련은 사샤와 조교들이 보호소를 아래위로 걸어 다니면서 종을 울리고 간식을 던져주는 것이었다. 나중에 우리는 각 개의 케널 앞으로 낯선 사람이 걸어갈 때, 보상 훈련 집단의 반응과 파블로프 집단(그리고 종소리를 듣기는 했지만, 그 외의 다른 것은 전혀 경험하지 못한 대조군)의 반응을 비교했다. 그 결과 보상 훈련 집단과 파블로프 집단 모두 방문자에 대한 반응이 크게 개선되었다. 보상 훈련 집단이 파블로프 집단보다 약간 우위를 차지하는 듯 보였다. 하지만 차이는 미미했다. 보상 훈련 집단의 행동이 개선된 것은 우리가 더 나은 행동에 대해 음식으로 보상을 '지급'했기 때문이었다. 그렇다면 파블로프 집단의 행동은 왜 개선되었을까? 임박한 음식에 대한 기대 때문이었을까? 그게 예비 입양인들이 기대하는 우호적이고 주의 깊은 행동으로 이어졌을지도 모른다. 어쨌든 우리는 왜 파블로프 집단에 속한 개들의 행동이 개선되었는지까지는 신경 쓸 필요가 없다. 중요한 것은 개들이 했던 행동이다. 이 실험에서 얻은 중요한 소득은 단지 종소리만 들었던 대조군에 비해 나머지 두 집단의 행동이 엄청나게 개선되었다는 사실이다.

이제 우리는 이 실험을 통해 우리가 찾고자 했던 것, 즉 하나의 절차를 얻었다. 그것은 동물 훈련에 관한 전문 지식 없이도 훈련 의향이 있는 사람은 누구라도 다수의 개에게 즉각적으로 적용할 수 있는 절차였다. 종을 울리고 개가 들어가 있는 우리에 음식을 던져 넣는 파블로프식 절차는 무언가에 발이 걸려 넘어질 위험만 제외하면, 눈을 감고도 시행할 수 있을 터였다. 그 절차에서 한 가지 번거로운 요소는, 솔직히 좀 유치하지만 조건화 자극제로 반드시 종을 울리게끔 한 내 조처였다. 러시아에서 태어난 학생이 종을 조건화 자극제로 이용해 개를 상대로 파블로프의 조건 반사 실험을 수행한다는 상황이 내 유머 감각에 딱 들어맞았기 때문이었다. 그 전설적인 종소리가 오역 때문에 생겨났다는 사실도 내 열정을 꺾어 놓지는 못했다.[104]

우리의 후속 연구는 종소리가 사실상 불필요하다는 것을 보여주었다. 인간의 존재만으로도 조건부 자극 역할을 할 수 있기 때문이다. 보호소가 사람들에게 가끔 간식을 던져주면서 개들이 있는 케널 주변을 걸어 다니게끔 하는 것 외에는 아무것도 할 필요가 없다는 말이다. 심지어 이 사람들은 보호소 직원일 필요도 없다. 새로운 개를 입양하기 위해 찾아온 방문객일 수도 있다. 이 기술은 개의 행동을 좀 더 입양에 좋은 상태로 개선해줄 것이다. 단지 개에게 간식을 주는 것만으로도 개가 새로운 집을 찾는 데 도움이 된다는 말이다. 보호소와 그곳에서 힘들게 일하는 사람들에게 거의 아무것도 요구하지 않는 이 방법은 개가 하루에 23시간 이상 케널에 갇혀 있을 때 생기는 문제 행동을 억제한다. 또한 개가 사람들이 긍정적으로 느끼는 방법으로 의사소통할 수 있게 도와준다. 그것은 사람들에게 사랑을 투영하고 싶어 하는 개의 타고난 욕망을 발산할 수 있도록 길을 내어주고, 그럼으로써 새로운 인간 가정에서 살아갈 자리를 찾도록 도와준다.

나는 사샤가 우리가 함께 일하는 동안 수행했던 연구가 매우 자랑스럽다. 전문 지식 없이도 보호소의 상황에 개입해 개들의 입양 기회를 늘릴 수 있음을 보여주었기 때문이다. 박사 과정 제자이자 지금은 애리조나 주립대학교의 동료로 함께 연구를 진행하는 리사 건터는 보호소의 업무량을 실질적으로 줄이면서 입양 기회를 늘릴 방법을 고안해냈다. 그 방법은 보호소 개의 식별 방식을 간단히 바꾸는 데서 시작한다. 이로써 개들이 그들의 고대 조상들이 그랬던 것처럼 인간 가정에서 영구적인 터전을 얻고자 할 때, 더 많은 개가 애정 어린 본성을 이용할 기회를 얻게끔 할 수 있다.

나와 함께 일하기 전에, 리사는 미국의 다른 지역에 있는 보호소에서 다년간 연구한 경험이 있었다. 그녀는 개를 집으로 데려가기 위해 보호소를 찾는 사람들이 사실상 개 그 자체에는 별 관심을 기울이지 않는다는 사실에 충격을 받았다. 많은 사람이 자신은 특정 유형의 개를 원한다는 고집스러운 생각을 품고 있었다. 결과적으로 그들은 해당 품종이 표시되어 있지 않은 케널 속의 개는 무시했다.

몇 가지 이유로 리사는 이것이 이상하다고 생각했다. 우선, 보호소에 있는 개는 대부분 잡종견이다. 부모가 같은 품종이 아니라는 말이다. 보호소 케널에 붙어 있는 품종명은 추측에 지나지 않는다. 리사와 나의 공동 연구 결과 이 추측의 약 90퍼센트가 틀렸다.[105] 일반적으로 보호소 개의 약 4분의 1이 순종견이고 나머지는 다른 두 종 사이에서 태어난 잡종견이라고 널리 알려져 있다. 하지만 20마리 중 겨우 한 마리 정도만이 순종견이며, 나머지 개는 평균 세 종의 DNA 서명을 포함하고 있고, 때로는 다섯 종까지 포함되어 있었다. 아프지 않은 면봉을 사용해 개의 입안에서 DNA 표본을 구하고, 이 표본에 대한 기본적인 유전자 검사를 수행함으로써 우리는 품종 표지가 생각했던 것보다 훨씬 더 가식적이라는 사실을 증명했다.

보호소 직원들의 관점에서 공정하게 말하자면, 오늘날 등록된 품종은 200여 종이 넘고, 이것은 개의 품종 배경을 추측하는 일을 매우 어렵게 만든다. 유전자는 페인트 색깔처럼 작용하는 게 아니기에 더욱 어렵다. 다시 말해서 유전자 배경이 혼합되었을 때 혼합된 두 품종 사이의 중간쯤 되는 간단한 타협점이(빨간색과 노란색을 섞으면 주황색이 되는 것처럼) 나타나지는 않는다. 그보다는 좀 더 복잡한 수준의 상호 작용이 이루어지는데, 예를 들어 자식은 한쪽 부모보다 다른 쪽 부모를 훨씬 많이 닮거나, 흔히 나타나는 결과처럼 양쪽 부모를 거의 닮지 않을 수도 있다.

보호소 개의 품종을 정하는 작업의 규모를 참작해보면, 보호소 직원들이 종종 품종을 올바르게 파악하지 못하는 것은 놀랄일도 아니다. 하지만 많은 사람이 그들 바로 앞에서 꼬리를 열정적으로 흔들어대며 그 다정하고 사랑스러운 본성을 열심히 증명해 보이는 동물 자체보다 품종명에 더 휘둘린다는 사실은 슬픈 일이다.

리사는 입양 희망자들의 결정을 끌어내는 부정확한 품종명의 힘을 시험해보기로 했다. 그녀는 많은 논쟁을 불러일으키는 품종명인 핏불에 초점을 두어 이를 시행하기로 했다.

들어봤을지 모르겠지만 핏불은 사실상 개의 품종이 아니다. 그보다는 특정 체격의 개, 특히 아메리칸 스태퍼드셔 테리어와 아메리칸 불도그 같은 다양한 테리어와 불도그 품종과 비슷해 보이는 개에 일반적으로 적용되는 명칭이다. 브론웬 디키Bronwen Dickey가 철저한 조사를 기반으로 집필한 자신의 매혹적인 책『핏불: 미국의 아이콘과의 전투Pit Bull: The Battle over an American Icon』에서 설명하듯이, 이 개들은 20세기 후반 문화적 요인의 복잡한 작용으로 잡종이 되었으며, 이 명칭과 개들의 성격은 아무런 관계가 없다.[106] 따라서 나는 핏불이란 단지 특정 신체 형태를 가진 개들의 명성을 깎아내리기 위해 사용되는 포괄적인 범주일 뿐이라고 말하고 싶다. 그리고 리사의 연구는 핏불이라는 명칭을 적용하는 기준이 너무 일관성이 없기 때문에, 그 말이 개의 행동은 물론이고 외모도 엄격히 특정 짓지 않음을 분명히 보여준다.

개에게 핏불이라는 품종명을 붙이는 게 잠재적인 입양인의 특정한 감정을 촉발하는 도화선이라는 사실을 알았기에, 리사는 그 용어의 무시무시한 함축성을 이용하는 우아한 실험을 고안했다. 그녀는 당시 애리조나주의 한 보호소에서 핏불로 분류된 개들의 사진과 동영상을 한데 모았다. 그리고 같은 보호소에 있는, 핏불로 분류된 개들과 거의 비슷해 보이지만, 무슨 이유에서인지 다른 품종으로 분류된 개들의 모습을 찍은 사진과 동영상도 따로 모았다.

이 개들이 어찌 되었든 핏불이라는 꼬리표를 피했다는 사실은 좀 주목할 만한 일이었다. 미국 유기 동물 보호소에서 입양할 개를 찾는 데 많은 시간을 보내보지 않은 사람은 이 꼬리표가 얼마나 넓은 범위의 개에게 붙는지 알면 상당히 놀랄 것이다. 소위 핏불은 검은색에서 옅은 황갈색, 작은 크기에서 중간 크기에 이르기까지 모양과 체격 면에서 다양하다. 일부는 내가 핏불의 특징으로 생각하는 뭉툭한 머리를 가지고 있고, 또 어떤 개는 레트리버처럼 주둥이가 길었다.

이 느슨한 정의가 리사에게 도움이 되었다. 그녀는 이 흥미롭고 다양한 개 사진들을 비슷한 외모끼리 모아 쌍을 만들었다. 각각의 쌍은 보호소가 핏불로 분류한 개와 핏불과 "매우 닮았음"에도 어떻게든 그 이름으로 분류되는 것을 피해간 개로 구성되었다.

리사가 잠재적인 입양인에게 품종명을 붙이지 않은 다양한 개의 사진과 비디오를 보여주었을 때(즉, 컴퓨터 화면상의 이미지를 넘어서는 정보는 전혀 주지 않고), 놀라운 결과가 나타났다. 그녀의 피험자들은 보호소가 핏불로 분류해놓았던 개가 다양한 대체 품종명으로 분류해놓았던 개들보다 평균적으로 약간 더 매력적이고 입양하고 싶은 마음이 들게끔 한다고 생각했다. 리사는 다시 한번 이 실험을 반복하면서, 이번에는 예비 입양인에게 보호소가 지정해둔 품종명도 함께 보여주었다. 그러자 핏불의 인기는 곤두박질쳤다.

보호소에서 보낸 시간이 리사보다 훨씬 적었던 나는 그녀가 '핏불'이라는 품종명이 개의 외모나 행동하는 방식보다 사람들의 판단에 더 큰 영향을 미칠 수 있음을 알아냈다는 사실에 리사보다도 더 놀랐다. 그리고 우리는 둘 다 매우 실망했다. 유기 동물 보호소의 품종명은 그저 추측에 지나지 않을 뿐, 개의 품종을 정확히 포착해낼 가능성은 거의 없다. 하지만 그 명칭은 개가 직접 할 수 있는 그 어떤 일보다도 더 강력히 개의 운명을 결정한다. 개의 애정 어린 성향은 임의로 할당된 공허한 품종명에 아예 상대조차도 되지 않는 것 같았다.

그러나 이 슬픈 발견은 리사에게 흥미로운 아이디어를 주었다. 그녀는 보호소가 그곳에 수용된 개들의 품종을 추측하려 애쓰지 않고 포기했다면 무슨 일이 일어났을지 궁금했다. 어쩌면 보호소가 핏불이라는 꼬리표를 달지도 모를 개들을 품종 꼬리표를 떼어버림으로써 도울 수 있으리라는 데 동의했다. 그리고 리사는 결국 예비 입양자들이 그 못마땅한 꼬리표 없이 핏불을 보게 되면 그들을 정말 좋아한다는 사실을 연구로 보여주었다. 하지만 품종명을 없애버리는 것이 스패니얼이나 골든 레트리버처럼 사람들이 실제로 좋아하는 품종으로 분류되었을지도 모르는 개들에게는 어떤 영향을 미칠까? 개들에게 행복하거나 슬픈 결과를 제멋대로 할당하는 일종의 협잡을 부리게 되는 것은 아닐까? 혹은 전반적으로 모든 개를 돕는 결과를 불러올까?

리사와 나는 이 아이디어의 장단점을 논의하고, 어떻게 하면 우리를 위해 기꺼이 시험에 참여해줄 보호소를 찾을지 전략을 세웠다. 그러던 중에 아름다운 우연의 일치일지 모르겠지만 플로리다의 한 주요 유기 동물 보호소가 이미 우리가 하려던 일을 정확히 수행했다는 소식을 들었다. 2014년 2월 6일 플로리다주 올랜도의 지방 정부가 운영하는 한 대형 유기 동물 보호소인 오렌지 카운티 애니멀 서비스는 케널에 품종 정보(혹은 품종 추측)를 끼워 넣는 일을 중단했다. 그들은 매우 친절하게도 큰 변화를 일으키기 전의 12개월과 변화 이후의 12개월 동안의 유기견 유입과 분양 결과를 기록한 자료에 우리가 접근할 수 있게 해주었다. 리사와 우리의 공동 연구자 레베카 바버Rebecca Barber는 1만 7,000마리가 넘는 개의 정보를 확인했다.

결과는 매우 고무적이었다. 우리가 예상했던 대로 핏불이라고 낙인찍혔을지도 모르는 개들은 그 끔찍한 꼬리표 없이 훨씬 더 승승장구했다. 그 개들의 입양은 30퍼센트나 증가했다. 그러나 더 좋은 소식은 모든 품종 집단의 입양이 전체적으로 증가했다는 사실이었다.

이 새로운 설정에서는 패배자가 없었다.[107] 모든 보호소에서 일반적으로 가장 쉽게 입양되는, 토이 품종으로 분류된 개들조차 입양률이 약간 개선되었고, 입양률이 감소한 집단은 없었다.

이후에도 오렌지 카운티 애니멀 서비스는 2년 동안 그들의 자료를 볼 수 있게 해주었고, 그 기간 동안 개집에 꽂힌 품종 정보는 계속해서 생략되었다. 모든 개의 입양은 품종명을 제거하기 이전보다 계속해서 높았다. 우리는 그 시험 초기의 성공이 일시적인 성공에 그치지 않았다는 사실을 알게 되어 무척이나 기뻤다. 그 일은 모든 개의 입양을 향상하는 실질적인 결과를 가져다주었다. 그리고 뜻밖에 그 일이 보호소 직원들의 임무를 실제로 줄여주었다는 즐거움도 주었다. 이제 그들은 돌보는 개의 품종을 추측하느라 시간을 낭비하지 않아도 되었다.

리사와 나는 왜 품종 정보가 사라지자 모든 개의 입양이 증가했는지 그 이유를 곰곰이 생각해봤다. 우리는 '핏불'이라는 꼬리표를 떼어주는 것이 그 개들에게 도움이 되리라고 기대했다. 그러나 이러한 변화가 모든 개, 즉 완벽하게 매력적인 품종명이 적힌 개집에 들어가 있었을지도 모를 개들까지도 포함해서 모든 개의 입양에 도움이 되었다는 사실을 알게 되었을 때 상당히 당황스러웠다. 우리는 이것을 오랫동안 논의했으며, 생각해낼 수 있었던 최고의 가설은 다음과 같았다.

새로운 개를 찾아 보호소를 방문할 때 사람들은 일단 자신이 가장 원하는 품종의 개를 스스로 정의한다. 어린 시절에 그들은 유쾌한 저먼 쇼트헤어드 포인터와 함께 행복한 시간을 보냈을지도 모른다. 그래서 이제 부모가 되어 자식들에게도 비슷하게 행복한 추억을 만들어주고자 보호소를 찾아가 저먼 쇼트헤어드 포인터를 보고 싶다고 요청한다.

이 가상 시나리오에서 곧 일어날 일을 이해하려면 다음의 세 가지 사실을 명심해야 한다. 첫째, 저먼 쇼트헤어드 포인터는 미국에서 그리 흔한 품종이 아니다. 둘째, 보호소에 있는 개는 대부분 잡종견이다. 셋째, 보호소에 있는 개 중에 품종을 입증하는 서류를 가진 개는 없다. 한 보호소에는 입양 가능한 개가 100여 마리쯤 있을 수 있다. 많은 개가 우리의 가상 시나리오 속 방문자들이 자녀를 위해 필요하다고 생각하는 몸집(중형에서 대형까지)과 활력, 장난기, 관용, 애정 어린 성격 등을 가지고 있을 수 있다. 그러나 개를 식별하는 품종명을 만들어내는 보호소 담당 직원이 케널 이름표 넣는 곳에 '저먼 쇼트헤어드 포인터'를 적어 넣을 가능성은 매우 희박하다.

그래서 이 가상의 부부는 빈손으로 집으로 돌아간다. 보호소 사무실에서 입양 가능한 저먼 쇼트헤어드 포인터가 없다고 말한다면, 그들은 아예 다른 개들은 보려 하지 않을지도 모른다. 이러한 예비 입양자들은 개를 찾는 과정이 시작도 하기 전에 중단되었다고 생각할 수도 있다.

이제 누군가가 보호소에 도착해서 그 시설에 있는 개들은 품종 정보가 전혀 없다는 말을 듣게 되면 어떤 일이 발생할지 생각해보자. 이 방문객은 적어도 자신이 직접 그 사실을 확인해 보려고 개들이 있는 곳으로 가볼지도 모른다. 그곳에서 그는 단지 태도만으로 어린 시절의 개를 떠올리게 하는 개를 보게 될지도 모른다. 또는 아이들과 함께 왔다면, 아이들이 그들에게 미래의 모험에 관해 이야기하는 듯한 개를 찾아낼 수도 있다.

품종 꼬리표를 떼어 버리는 것은 실제로 사람들이 눈앞에 있는 개를 바라보게끔 자유를 준다. 다양한 체구와 형태의 개가 사람들이 개와의 교제를 통해 얻고자 하는 것을 줄 수 있다. 그것은 맥주를 마실 때 옆에 있어 주거나, 텔레비전을 함께 보거나, 등산을 함께 할 친구일 수도 있고, 어쩌면 사랑 그 자체일지도 모른다.

이유야 무엇이 되었든 간에 이 연구는 한 가지 분명한 사실을 밝혀냈다. 즉 품종명 너머를 바라보면 우리는 수천 마리, 어쩌면 수백만 마리의 개가 집을 찾도록 도울 수 있다는 것이다. 나는 진심으로 우리가 개를 다루는 모든 면에서 품종을 그냥 지나쳐야 한다고 생각한다. 가축을 몰거나 사냥감의 위치를 알리는 등의 특정 품종에 한정된 행동(이것은 오늘날 대부분 사람에게 중요하지 않은 행동이다) 외에, 개의 품종 정보는 동물의 성격에 관해 많은 걸 말해주지 않는다. 이것은 다양한 품종의 엄청나게 많은 순종견의 성격을 조사한 두 개의 대규모 연구를 통해서도 입증되었다. 연구자들은 같은 품종의 개들 사이의 성격 차이가 다른 종의 개들 간의 성격 차이만큼, 또는 그보다 훨씬 더 크다는 사실을 발견했다. 이 연구 결과는 이전 장에서 설명한 것처럼 DNA가 같은 복제견조차도 반드시 비슷한 성격을 타고나지는 않는다는 점을 고려해보면 사실상 그다지 놀랍지 않을 것이다. 아니, 모두 같은 조상의 후손이며, 유전자 변화를 통해 더 큰 변이를 이룬 개들이 서로 다르다고 생각할 이유는 무엇인가?

품종을 향해 열린 마음을 유지한다면 인간은 지금보다 더 많은 것을 얻을 수 있다. 사샤의 또 다른 발견이 이 점을 강조한다. 보호소를 방문하는 사람들은 일반적으로 한 마리의 개만을 보겠다고 요청한다는 것이다. 그들은 그 개와 함께 집으로 돌아가거나, 빈손으로 돌아가거나 한다. 보호소를 찾아가서 품종명 같은 임의적이고 별 상관없는 표지에 의존하지 않고 개를 찾는다면 개와 사람들에게 훨씬 도움이 될 것이다. 많은 보호소가 예비 입양자(및 다른 사람들)가 개를 키우도록 장려하고 있기에, 키우고자 하는 개가 스트레스가 많은 보호소 환경을 벗어나서 자기 가족과 어떻게 어울리는지 살펴보기 위해 주말에 시범적으로 개를 집으로 데려가는 일도 전혀 어렵지 않을 것이다. 만약 당신이 과거에 알고 있던 개와는 닮아 보이지 않는 개를 집으로 데려간다고 하더라도, 그 개 안에 얼마나 큰 사랑이 들어 있는지 알게 된다면 놀라지 않을 수 없을 것이다.

그리고 그게 바로 중요한 점이다. 특별히 무언가를 하기 위해 개가 필요한 사람은 거의 없다. 우리는 단지 사랑을 나눌 동반자가 필요할 뿐이고, 개들은 어떻게 그 임무를 수행할지 우리에게 보여줄 기회를 공정히 가질 자격이 있다. 그러니 기회를 줘보자, 그러면 개들은 품종과는 상관없이 모든 개에게서 사랑을 찾을 수 있음을 증명할 것이다.

보호소는 개의 마지막 희망이고, 보호소에 있는 개들은 인간으로 치면 복지 수혜 대상이나 마찬가지이다. 따라서 그들이 더 관대하게 대우받지 못한다는 게 비극이기는 해도 전적으로 놀라운 사실은 아니다.

나는 경제 스펙트럼의 반대편 끝에 있는 개들의 삶이 복지 수혜 대상에 올라 있는 개들만큼이나 열악할 수 있다는 사실이 훨씬 더 놀랍다. 우리의 도움이 필요한 대상은 보호소의 잡종견만이 아니다. 개들의 세상에서 귀족에 속하는 순종견도 지금보다는 훨씬 나은 대접을 받을 자격이 있다. 순종견도 역시 사람과 서로 지지하며 사랑의 유대를 나눌 능력과 자격이 있다. 그들도 역시 고대에 인간과 맺은 종간 협정에 서명했다. 따라서 충만한 삶을 살 자격이 있다. 그러나 비록 전혀 다른 방식이기는 해도, 너무 많은 순종견이 보호소에 수용된 개들과 마찬가지로 큰 위기에 처해 있다.

오늘날 우리에게 알려진 개의 품종은 지난 150년 동안 생겨난 일종의 공산품이다. 세부적인 DNA 분석에 따르면, 고대 종이라고 알려진 품종도 사실상 2세기보다 오래되지 않았다. 심지어 수천 년 전 이집트 파라오의 무덤에 그려진 고귀한 사냥개처럼 보이는 살루키조차도 19세기에 현대적인 의미의 품종으로 만들어졌다.[108] 그보다 이른 시기에 살았던 사람들은 개들 고유의 일반적인 모습을 인정했다.[109] 예를 들어 이집트에서 출토된 고대 예술품은 네댓 마리의 뚜렷한 형태의 개가 존재했음을 암시하며, 로마의 문학은 사오십 마리쯤 되는 개의 종을 명명한다. 그러나 오늘날 우리가 이해하는 식의 '품종'은 아니었다. 다시 말해서 다른 집단의 개와 짝을 지어 번식할 가능성을 완전히 차단당한 채 유전적 격리가 가져오는 모든 위험을 안고 있는 고립된 개체군이 아니었다.

이 '순종' 개들의 번식이 얼마나 집중적으로 개체 내에서 시행되었는지 알고 있는 사람은 많지 않다. 소위 순종이라는 개의 가계도를 보면 흔히 그 개의 아버지가 역시 그의 할아버지이자 어미의 삼촌이기도 하다. 이 집중적인 근친 교배는 순종 새끼가 그들의 외모(성격이 아니라면)를 상당히 안정적으로 물려받도록 해주는 동시에 심각한 위험 또한 초래한다. 예를 들어 순종견은 혼합종인 사촌보다 수명이 짧다. 더 다양한 유전적 배경을 가진 개들보다 더 광범위한 건강 문제를 겪는 경향이 있기 때문이다.

애리조나 주립대학교 바이오디자인 연구소에 있는 동료 카를로 말리Carlo Maley와 마크 톨리스Marc Tollis는 그들의 학생인 커샌드라 발슬리Cassandra Balsley와 함께 전 세계 200여 종의 품종에서 18만 마리 이상의 개들이 죽은 원인을 철저히 분석했다. 그들은 일부 품종에서는 절반 이상의 개가 암으로 사망한다는 사실을 발견했다. 근친 교배가 많을수록 암 사망률도 더 높았다.

카를로와 마크는 다음과 같은 사실을 내게 설명했다. 19세기에 사람들이 오늘날 우리가 아는 개의 품종을 만들기 시작했을 때, 그들은 자신들이 보고 싶어 하는 특성을 가진, 서로 밀접하게 관련된 동물을 함께 번식시킴으로써 강아지가 그러한 특성을 공유할 가능성이 커진다는 사실을 알 만큼 유전에 관한 지식이 충분했다. 하지만 당시 개를 사육하던 사람들이 몰랐던(그러나 오늘날에는 널리 이해되고 있는) 사실은 그러한 근친 교배 과정으로 명백하고 바람직한 특성이 동물의 유전자에 고정되는 것과 마찬가지로 숨겨져 있던 바람직하지 않은 특성도 고정된다는 것이다. 결과적으로 순종견은 다른 유전 질환에 더해 충격적일 만큼 높은 암(숨겨진 악의 전형이라 할 만한) 발병률을 보인다. 우울할 정도로 긴 유전병 목록에서 단 세 가지만 예를 들자면, 달마티안은 청각장애, 복서는 심장 질환, 저먼 셰퍼드는 넓적다리관절 이형성증에 걸리기 쉽다.

다행스러운 것은 순종견의 곤경이 최근 점점 더 많은 관심을 받고 있다는 것이다. 전 세계 모든 품종 클럽의 할아버지 격인 '유나이티드 킹덤 케널 클럽'은 10년 전 BBC 텔레비전이 제작 방송한 다큐멘터리 〈족보견의 폭로Pedigree Dogs Exposed〉 탓에 큰 망신을 당했다. 왕립 동물학대방지협회로부터 동물 복지 최고상을 받은 이 프로그램은 집중적인 근친 교배 관행과 그 결과가 동물 복지에 어떤 영향을 미치는지에 관심을 모았다.[110]

케널 클럽은 이 다큐멘터리에서 매우 어리석은 모습을 드러냈다. 예를 들어 당시 이 클럽의 회장이었던 로니 어빙Ronie Irving은 모견과 자견의 교배에 관한 윤리적인 문제에 관해 그것은 "개별적인 모견과 자견에 따라 다르다"라고 말하고는 "나는 과학자들이 그것에 관해 나보다 더 많이 안다고 말하지 않았으면 좋겠다"라고 덧붙였다. 그가 말하는 과학자 중 한 사람이자 내 모교인 유니버시티칼리지런던의 세계적으로 유명한 유전학자인 스티브 존스Steve Jones는 순종견에 관한 암울한 전망을 다음과 같이 요약했다. "개 사육업자들이 계속해서 그 길을 따라가겠다고 고집한다면, 이 많은 품종견 앞에는 엄청난 고통이 기다리고 있으며 대부분 품종은 아니라 할지라도 상당수의 품종이 살아남지 못하리라고 정말 자신 있게 말할 수 있다."[111]

BBC 다큐멘터리는 의회가 순종견의 복지에 관한 독립적인 조사를 요구하도록 동기를 부여했다.[112] 왕립 협회의 석학 회원이자 세계적으로 손꼽히는 행동 생물학자 중 한 명으로 널리 알려진 패트릭 베이트슨Patrick Bateson 교수가 이를 이끌었다. 그는 많은 영국인이 개의 복지에 지대한 관심을 기울이며 개를 키웠음에도, 순종견 번식 사업은 통제할 수 없었다고 결론지었다. 그는 임페리얼칼리지런던에서 시행된 한 연구를 인용했는데, 그 연구에 따르면 영국에는 거의 2만 마리의 복서가 있는데, 이 동물들은 단지 개별적인 개 70마리에 해당하는 유전자만을 지니고 있다. 영국에 있는 1만 마리 이상의 퍼그가 가지고 있는 유전자는 오직 50마리 개체가 가진 유전자와 맞먹을 뿐이다.[113]

사람들이 왜 특정 개의 외모를 다른 개보다 유독 더 선호하는지는 이해할 만하다. 나도 역시 그렇기 때문이다. 그리고 개 품종이 왜 존재하는지도 이해할 수 있다. 어떤 사람은 긴 황금색 털을 원하고, 또 어떤 사람은 짧고 곱슬곱슬한 흰색 털을 원하며, 누구는 긴 주둥이를, 또 누군가는 짧은 주둥이를 가진 개를 원하기 때문이다. 이 중 어느 것도 이해하기 어렵진 않다.

내가 이해할 수 없는 것은 키우는 개의 유전자가 단지 빅토리아 시대 동안 그 종의 창시자로 선택되었던 몇 마리 개에게서 나왔다는 사실을 알고자 하는 사람들의 집착이다. 저먼 셰퍼드를 키우는 어떤 사람들은 2019년 그들의 개(이 개는 19세기 후반 기병 대위였던 막스 에밀 프리드리히 폰 스테파니츠Max Emil Friedrich von Stephanitz가 지정한 개 중 한 마리의 혈통을 따르고 있을 수도 있다)가 과거 독일 목동들이 기르던 개를 완벽히 모범적으로 보여준다는 사실을 왜 그리도 중요하게 여기는 것일까? 내게 이것은 풀리지 않는 수수께끼일 뿐 아니라, 무척이나 우려스러운 일이다.

오늘날 순종견이 안고 있는 많은 문제는 관련 품종 내에서 근친 교배가 적게 이루어지도록 제한함으로써 해결할 수 있다. 이러한 제한적인 번식으로 개의 외양에 미치는 영향은 최소화하면서 건강은 엄청나게 향상할 수 있다. 오늘날 우리가 순종견 계통 번식의 잘못을 바로잡고 개에게 빚진 애정 어린 보살핌을 사랑으로 보답한다면 이는 올바른 방향으로 나아가는 큰 발걸음이 될 테지만, 여기에는 품종 애호가들의 작은 양보 또한 필요하다.

예를 들어 영국에 등록된 모든 달마티안은 요산을 대사하는 능력에 영향을 미치는 과뇨산뇨증이라는 유전적 결함을 앓고 있다. 이 개들은 최종적으로는 때 이른 사망에 이르는 여러 어려움과 고통을 겪을 수밖에 없다. 1970년대에 미국의 유전학자이자 개 사육자이기도 했던 로버트 샤이블Robert Schaible 박사는 이러한 유전적 결함을 바로 잡기 위해 달마티안과 포인터를 교배하기 시작했다. 이 요산 문제의 유전학에 관한 한, 샤이블 박사의 프로그램은 완전히 성공했고, 그가 새롭게 탄생시킨 개를 보는 사람은 누구나 아름다운 달마티안을 볼 수 있었다.[4] 그가 키우던 개 중, 최초의 달마티안과 포인터 교배종의 15대 후손이자 유전적으로 99.98퍼센트 순수한 달마티안 피오나가 케널 클럽에서 주최하는 주요 경연 대회인 크러프트에 참가하기 위해 영국으로 건너갔을 때, 그 지역 개 사육업자들은 반기를 들고 일어섰다. "이 개를 순종견 쇼에 나오게 하는 것은 매우 비윤리적이에요. 내 생각에 그것은 불법 참가이며 달마티안 품종을 조롱하는 것입니다." 한 사육업자가 말했다. 또 어떤 사람은 이렇게 말했다. "그 개는 잡종견이에요. 이건 비윤리적이고, 만약 그 개가 대회에서 우승한다면, 정말 역겨울 거라고요." 나는 그 사람들이 "비윤리적"이라는 것을 어떻게 정의하는지 궁금하다. 분명한 것은, 그 개의 혈통서를 보지 못한 사람에게 샤이블의 달마티안과 "순수한" 달마티안 사이의 차이는 거의 존재하지도 않을 만큼 감지하기가 힘들다. 영국 일간지 《데일리 메일》은 "일반적인" 달마티안과 피오나의 사진을 함께 신문에 실었다. 아무도 그들을 보고 어느 쪽이 "일반적인" 달마티안인지 구분할 수 없었다.[115] 유일한 차이점은 유전자에 숨겨져 있기 때문이다.

적어도 개의 품종에 관한 이 이야기만은 행복한 결말로 막을 내린다. 피오나는 크러프트에서 우승하지는 않았지만 케널 클럽에 달마티안으로 등록할 수 있는 권리를 획득했다. 그래서 그 건강한 유전자를 영국의 개들에게 전파해 건강한 달마티안 번식에 도움을 줄 수 있게 되었다. 적어도 피오나의 유전자가 가진 0.02퍼센트의 불일치를 용인할 수 있는 사육자들에게는 그렇다는 말이다.

여기서 근본적인 문제는 어떤 사람은 사랑의 유대 관계를 맺는 개의 능력보다, 그러고자 하는 개들의 간절함보다, 개 혈통의 순도를 더 중요하게 여긴다는 점이다. 개의 혈통이 정말 그보다 더 중요할 수 있는 걸까?

보호소 개와 순종견은 또 다른 인간의 약탈 앞에서도 역시 무방비 상태라는 점에서 같은 처지다. 그 약탈이란 다름 아닌 느슨한 정부 규제인데, 그것은 개를 상대로 그들이 필요로 하고 확실히 받을 만한 자격이 있는 삶을 주는 것과는 거리가 먼, 무분별한 행동을 하는 인간의 존재를 용인한다. 이것은 전 세계 여러 지역에서 문제가 되지만, 일단 나는 미국에 살며 미국에서 일하고 있기에, 미국의 규제 시스템의 문제점을 직접 겪고 심층적으로 보아왔다.

내 학생들과 나는 사람이 키우는 개에 관한 연구를 수행하기 때문에, 내 고용주인 애리조나 주립대학교는 아주 당연하게도 내가 동물과 관련된 연방법인 동물복지법을 읽고 지킬 것을 요구한다. 누구라도 미국에 거주하는 사람이라면 이 법을 읽어야만 한다. 그리고 내 생각에 그것을 읽고 나면 다들 나만큼이나 충격을 받을 것이다.[116]

동물복지법은 개 사육업자는 물론이고 동물을 이용해서 수입을 창출하는 업종에 종사하는 사람들의 행동을 규제하는 연방법이다. 이 법안에서 눈에 띄는 것은 '동물의 복지'를 정의하려는 시도가 없다는 것이다. 이 법안이 말하는 이 법의 목적은 동물의 상거래를 규제하는 것이다. 이상하게 들릴지도 모르지만, 동물의 복지를 널리 알리기 위한 것이 아니다.

이 법에는 많은 내용이 있는데 사육 시설에 있는 개들이 어떻게 미국에서 합법적으로 사육될 수 있는지도 규정한다. 이 기준들은 놀랍게도 개의 욕구와 개를 사는 사람들의 기대치에는 전혀 부합하지 않는다. 슬픈 실패의 거대한 웅덩이에서 한 가지 우울한 사실을 꺼내 보자면, 이 법은 개보다 겨우 6인치(약 15센티미터) 정도 긴 우리라면 그 동물의 평생 주거지로 적당하다고 허가하고 있다. 심지어 꼬리 길이는 생각하지도 않는다. 만약 그 우리가 그 가증스러울 정도로 부적절한 크기의 두 배가 된다면, 그 불쌍한 동물은 하루에 채 한 시간도 햇빛이 들지 않더라도 평생 그곳에 갇혀 있어도 되고, 당연히 다른 생명체들과 관계를 형성하지 않아도 된다고 그 법안은 정하고 있다.

제포스는 주둥이에서 꼬리까지 약 76센티미터이다. 결과적으로, 법은 제포스를 사방 90센티미터 정도 되는 우리 안에 가두어 두어도 된다고 하는 것이다. 그런 공간에서라면 제포스는 꼬리를 흔들 수도 없을 것이다. (물론 그렇게 작은 우리에서 살도록 강요받는다고 하더라도, 제포스는 어떻게든 꼬리를 흔들 것이라는 게 내 추측이기는 하다.) 나는 이 문제에 관해 강연하기로 하고 강연장에 가져갈 이미지를 만들기 위해 90센티미터 정사각형을 바닥에 그린 후 사진을 찍기 위해 제포스에게 그 안에 앉아 있으라고 요구했다. 제포스가 어찌나 비참하고 혼란스러워 보였던지, 나는 아주 잠시만이라도 제발 가만히 있어보라고, 이렇게 평생을 사는 개들을 한번 생각해보라고 부탁하고 싶은 심정이었다. 동물복지법이라는 이름의 법이 이런 면에서, 그리고 많은 다른 면에서도 동물의 필요에 전혀 관심을 기울이지 않는다는 사실은 도저히 믿을 수가 없는 일이다.

이렇듯 일반 동물, 그리고 특히 우리의 사랑스러운 갯과 동반자들에 대한 법적 보호가 불충분하다는 사실이 최근 몇 년 동안 점점 더 많은 관심을 받고 있다. 예를 들어 언론인 로리 크레스Rory Kress는 2018년 출간한, 슬프지만 멋진 책, 『진열장 속의 개 The Doggie in the Window』에서 미국의 개 사육에 관한 비극적인 진실을 탐구한다.[117] 그녀는 사람들이 '강아지 공장'이라고 부르는 불법적인 뒷마당 운영을 추적하는 게 아니라, 법이 규제하는 시설에서 용인하는 비인간성에 초점을 맞춘다. 크레스는 펫 숍에서 즉

흥적으로 데려온 강아지의 기원을 밝혀내려 애쓰는 개인적인 이야기를 들려준다. 나는 여기서 책의 결말을 누설하지는 않으려 한다. 그녀가 부적절한 규제와 냉혹함이라는 토끼굴을 타고 내려간다고 말하는 것만으로도 충분할 듯하기 때문이다.

개를 좋아하는 사람이라면, 그리고 개들이 우리를 사랑하는 방식과 그 사실이 우리에게 부여하는 책임감을 이해하는 사람이라면, 누구든 우리의 갯과 동료 여행자들 앞에 놓인 그처럼 미약한 보호를 용인해서는 안 된다. 우리가 개의 삶을 개선하고 개들이 우리 위에 쌓아 올린 사랑을 존중할 방법은 많다. 그리고 그 모든 방법 중에서도 이러한 비인도적인 규정을 고치는 것이 가장 어려울 수 있다. 하지만 그것은 또한 우리가 집과 국가를 공유하는 개의 복지에 가장 큰 영향을 미칠 것으로 보인다. 정보에 정통한 시민으로서 우리는 그 이상을 요구해야 한다.

인간은 개의 사랑을 끔찍한 학대로 보답해왔지만, 그렇다고 해도 나는 인간과 개의 관계에 대해 여전히 낙관적이다.

나를 낙관적으로 만드는 것 중 하나는 개들에게 회복력이 있다는 사실이다. 책 초반에 나는 사랑스러운 제포스가 우리에게 입양되기 전에 어려운 삶을 살았지만, 뚜렷한 악영향 없이 그것을 극복했다고 언급했다. 매우 기분 좋게도 이것으로 개들이 매우 행복하게 새로운 가정에 적응할 수 있음을 알 수 있다. 우리 인간은 중요한 애착 대상을 잃었을 때 지속적인 외상을 겪지만 개들은 그렇지 않은 듯하다. 인간과는 달리 개들은 그들 자신의 종과는 평생 지속될 유대를 형성하지 않는 것 같기 때문이다.

나와 내 학생들이 수행한 연구와 개에 관한 많은 일상적인 경험으로 이 동물이 관계를 맺고 끊는 데 있어서는 인간보다 훨씬 유연하다는 것을 알 수 있다. 우리는 개가 몇 분 만에 새로운 유대를 형성하기 시작하는 모습을 보았으며, 심지어 거리의 떠돌이 개조차도 다정한 사람과 재빨리 친해지는 모습을 목격했다. 이것은 개가 사랑하는 사람을 기억하지 못한다고 말하는 것이 아니다. 개들도 확실히 그들을 기억한다. 찰스 다윈은 비글호를 타고 5년간 세계 일주를 마치고 돌아왔을 때 집에 있는 개가 여전히 그를 기억한다는 사실에 충격을 받았고, 제포스는 내가 얼마나 오래 나가 있다가 돌아오든 간에 자신이 나를 얼마나 그리워했는지 당혹스러울 만큼 열정적으로 내게 표현해준다. 그러나 개가 이전의 외상에서 회복할 수 있다는 것, 즉 개들이 회복력이 있다는 사실을 아는 것은 중요하다. (그러니 개들이 잃어버린 가족을 그리며 영원히 슬퍼할지도 모른다는 우려 때문에 나이 든 개를 입양하는 것을 주저할 필요는 전혀 없다. 그러나 이런 개의 회복력이 정말 어쩔 수 없는 경우가 아닌데도 그들을 학대하거나 중요한 감정적 유대를 빼앗는 행위에 대한 변명이 될 수는 없다.)

　　내가 우리 인간이 개에게 더 잘할 것이라고 낙관하는 또 다른 이유는 너무도 많은 사람이 그렇게 하기로 작정했기 때문이다. 어디를 가든 나는 키우는 개가 그들에게 표현하는 사랑에 충분히 보답하는 사람들을 만난다. 자신의 혈통 좋은 개를 푹신한 침대와 값비싼 식단으로 키우는 미국의 가장 부유한 사람들부터, 어려운 시기인데도 사랑하는 개들에게 얼마 되지 않는 소유물을 나누어주는 다리 아래 피난처의 노숙인에 이르기까지 많은 사람에게서 나는 그 모습을 보았다. 어디를 여행하든 나는 개를 돌보는 사람을 발견한다. 지하철역 밖에서 바쁜 통근자들에게서 얻는 음식으로 생계를 유지하는 개들이 있는가 하면, 아파트 주민들이 눈 오는 날 떠돌이 개를 보호하기 위해 밖에 내놓은 판지 상자를 잠자리 삼아 사는 모스크바의 개들도 있지 않은가. 또한 도시에 널린 사랑스러운 강아지 공원 중 하나에서 산책을 하는 텔아비브의 반려동물들도 있다. 그리고 니카라과 마양그나 사람들은 별로 야단스럽지 않은 방식으로 개를 가까이 두면서 그들을 건강하게 키우기 위해 할 수 있는 일을 한다.

사람들은 개를 사랑한다. 사랑이라는 말이 개에게 의미하는 절반만큼이라도 우리에게 의미하는 바가 있다면, 우리는 개들에게 더 나은 삶을 주고, 그들이 우리에게 주는 모든 것을 존중하는 데 필요한 노력을 다할 것이다. 개의 사랑은 그들을 정의한다. 그들의 사랑은 우리가 따라야 할 모범이다.

결론

만약 이 여정이 내게 그랬던 것처럼 이 글을 읽는 당신을 바꾸었다면, 당신은 예전보다 더 개들의 사랑을 자연스럽게 받아들이고 이에 감사하게 될 것이다.

개들의 가장 사소한 습관까지도 개가 우리를 사랑한다는 사실을 상기시킨다. 평소 내가 집에서 책상에 앉아 있을 때 제포스는 내 발치나 등 뒤의 카펫에 웅크리고 앉아 있다. 내가 침대에서 책을 읽으면, 침대 발치에서 내 발에 등을 대고 누워 있다. 저녁 식사 후에 내가 늦게 정리하거나 천천히 책상으로 돌아가면, 제포스는 얼마 후 이어질 텔레비전 시청을 기대하면서 소파 위 자기 자리를 데우기 시작한다. 손님이 오면 제포스는 너무도 당연하게 쓰다듬는 손길을 기대하지만, 방문객이 그 마음을 알아차리지 못하면 그의 손 밑으로 자신을 밀어 넣어 그 사실을 상기시킨다.

이러한 행동은 개를 사랑하는 많은 사람에게 가슴이 뭉클해질 만큼 친숙할 것이고, 이러한 애정의 증명 뒤에 숨겨진 매혹적인 과학과 풍부한 역사를 제대로 인식할 때, 그 행동들은 새롭고 강력한 의미를 가진다.

우리가 함께하는 삶의 이 아름다운 특징들은 개의 사랑 표현이 종종 보답받지 못한다는 사실을 생각할 때 더욱 가슴 아프게 다가온다. 예를 들어 제포스는 우리가 침대에 누워 있을 때 곁에 웅크려 있는 것을 좋아한다. 아내 로스와 나는 제포스가 항상 우리 침대 발치에서 자게 했다. 한두 번은 심지어 제포스가 이불 밑으로 들어오게 해주기도 했다. 한때 우리는 집 봐주는 사람을 고용한 적이 있었는데 그 사람들은 나름의 합당한 이유에서 제포스를 침대에 올리는 이미 확립된 우리의 관행을 따르고 싶어 하지 않았다. 가여운 제포스는 울고 또 울었지만, 그래봤자 소용없으리라는 사실을 깨닫고 나서는 침대 밑으로 들어가 잠을 청했다.

제포스는 회복력이 좋은 생명체이기에 재빨리 본연의 모습으로 돌아왔다. 그럼에도 불구하고 사랑을 표현하려고 시도하다가 퇴짜맞았던 제포스의 애처로운 모습을 떠올릴 때마다, 나는 녀석의 애정 어린 혼란에 동정을 느낀다. 이것은 개의 사랑이 진공 상태로 투사되지 않는다는 것을 상기시킨다. 개와 관계를 맺는 사람들(심지어 단순히 집 봐주기 계약을 통한 관계라 할지라도)은 개의 감정적인 욕구 표현을 듣고 그것을 존중할 의무가 있다. 만약 그렇게 하지 않는다면, 우리는 무심코 이 동물들에게 진정한 고통을 안겨 줄 수 있다.

이제 나는 이 사실을 내 존재의 모든 것을 걸고 믿지만, 물론 한때는 개가 인간과 상호 작용하면서 사랑을 표현한다거나 심지어 개가 우리에게 줄 사랑이 있다는 생각 자체에 회의적이었다. 그러니 나는 개의 사랑에 관한 이 이론을 접한 일부 사람이 이와 같은 회의론을 드러내더라도 너무 실망하지 말아야 한다. 나는 회의적인 사람들과 정기적으로 마주치는데, 그들 중 몇몇은 아주 단호하게 개의 사랑이라는 개념 자체가 말도 안 된다고 말한다.

개가 어떻게 사람을 사랑하는지 이해하기 위해 탐구를 시작했던 연구 초기에, 나는 현명하지 못하게도 비행기 옆자리에 앉은 모르는 사람에게 무엇이 개를 특별하게 만드는지에 관한, 내 커져만 가던 믿음을 털어놓았다. 그는 개가 사람을 신경 쓰지 않는다고 단호하게 주장했다. 그뿐만 아니라 나는 그가 싸우고 있던 개 두 마리를 떼어놓으려고 하다가 물려서 허벅지에 생긴 흉터를 보여주겠다고 하는 것을 겨우 말리기까지 했다.

개의 행동이 행복하고 사랑스러운 웃음과 꼬리를 흔드는 것에만 국한되지 않는다는 것은 확실하며, 개가 때때로 사람에게 해를 끼친다는 것도 명백한 사실이다. 미국에서 개가 사람을 얼마나 자주 무는지에 관한 정확한 기록은 없지만, 이 문제로 인해 얼마나 많은 돈이 소비되는지는 알려주는 믿을 만한 기록이 있다. 미국 보험사들은 2017년 개에게 물린 사고의 보상금으로 6억 8,600만 달러라는 놀라운 금액을 지급했다. 하지만 이 같은 큰 수치는 청구 건수(18,500)보다는 청구건당 지급된 금액(3만 7,000달러)에서 비롯된다. 약 800만 마리의 개가 사는 국가에서 1만 8,500건의 청구는 그다지 많은 것이 아니다. 구체적으로 살펴보자면, 그것은 이나라의 개들 각각이 대략 5세기마다 한 번씩 보험 청구를 촉발할 만큼 누군가를 심하게 문다는 사실을 의미한다. 고맙게도 개들은 그 나이 근처까지도 살지 못한다. 확실히 이 숫자는, 물렸지만 보험에 가입하지 않은 사람과, 물렸지만 고소할 사람을 찾을 수 없었던 사람들 때문에 많이 줄어들었을 것이다. 하지만 아무리 그렇다고 하더라도, 개가 사람에게 큰 위협이 아니라는 것만은 꽤 분명하게 보여준다. 대다수의 개는 평화롭고 해가 없는 삶을 살아간다.[118]

어쨌든 두 종의 구성원 사이에 사랑으로 맺은 관계가 존재할 수 있다는 말은, 달리 생각하면 그 두 종에 속한 개체들이 서로에게 상처를 입힐 가능성도 있다는 뜻이다. 사람도 다른 사람과 사랑의 관계를 형성할 수 있지만, 그렇다고 해도 서로에게 많은 해를 입힌다. 미국에서 인간 대 인간의 폭력은 인간 대 개의 폭력보다 천 배 이상이나 비싼 값을 물어줘야 한다.[119] 만약 미국에 사는 8,000만 마리의 개가 사람이라면, 그들은 매년 약 4,000명의 다른 사람을 죽이게 될 것이다. 그들은 단지 개이기 때문에, 매년 40명 미만의 사망에 대한 책임이 있다. 우리는 우리 자신의 종에 속한 다른 사람과 함께 있는 것보다 개와 함께 있을 때 훨씬 더 안전하다.[120]

슬프게도, 그리고 마찬가지로, 개가 인간을 사랑할 수 있다고 해서, 그들이 항상 우리를 사랑한다는 것은 아니다. 그리고 단지 개가 분명한 애정의 표시를 드러내 보인다고 해서, 그게 개의 행동에 공포나 분노 같은 다른 깊고 강렬한 감정이 때때로 반영되지 않는다는 의미도 아니다.

여기서 이름을 밝히지는 않을 한 친구가 했던 말처럼, 애정 표현처럼 느껴지는 개의 행동이 사랑에서 나오는 것이 아니라 사리사욕에 불과하다는 의견, 즉 개들이 인간의 보살핌을 받기 위해 착각을 유도할 뿐이라는 주장 또한 비논리적이다. 물론 우리를 사랑하는 것처럼 보이는 것은 개들에게 득이 될 것이다. 결국 많은 사람이 우리의 사랑이 보답받는다는 사실을 인식하고 있기에, 즉 사랑이 사랑을 불러온다는 아주 단순한 이유로 대부분 개를 아끼고 사랑하기 때문이다. 그리고 만약 충분히 애쓰기만 한다면, 나는 행복하지 않아도 열정적으로 꼬리를 흔들거나, 나를 진정으로 아끼지 않음에도 나를 찾아내는 그런 개를 상상해볼 수 있으리라고 생각한다. 물론 상상하기 힘든 일이기는 해도, 완전히 불가능하지는 않을 것이다. 하지만 최근 몇 년 동안 내가 발견해낸 그 모든 생리학적 증거는 어떻게 되는 걸까? 애정 어린 행동을 암호화하는 유전자는 물론이고, 인간을 향한 개의 애정을 등록하고 지시하는 뇌의 상태, 그리고 우리가 다른 인간에게 사랑을 느낄 때 우리 인간에게서 발견되는 활동과 일치하는 호르몬 등등은? 우리는 개의 삶에서 사랑이 진짜라는 그 모든 강력한 증거를 다 가져다 버릴 수는 없다. 과학적 증거의 무게는 개의 사랑에 대한 회의론을 독자적으로 유지해가기에는 너무도 무겁다는 것을 나는 확신한다. 그리고 나는 개들이 우리를 사랑할 수 있다는 생각에 반대하는 대다수 사람보다 더 오래 그 생각을 고수해왔던 사람으로서 이 말을 하는 것이다.

하지만 내가 여기서 제시한 모든 증거에도 불구하고, 당신의 개가 정말로 당신을 사랑하지 않는다고 가정해보자. 당신의 개가 가짜로 애정 어린 반응을 보이는 것으로 생각해보는 것이다. 그리고 이제 당신의 배우자를 바라보자. 그 사람이 당신에게 애정을 가장할 수 있을까? 당신의 아이는 어떨까? 가장 친한 친구는?

삶에서 자신을 아끼는 것처럼 보이는 사람이 정말로 자신을 사랑한다는 것을 의심할 여지 없이 완벽하게 확인할 방법은 없다.

세상을 살아가는 동안 우리는 여러 경험에 근거해서 우리 삶에 속한 다양한 사람이 우리를 향해 어떻게 느끼는지에 관한 미묘한 감각을 형성하게 된다. 그들의 처신과 행동이 그들에 관해서, 그리고 그들이 우리를 어떻게 느끼는지에 관해서 엄청난 정보를 드러내기 때문이다. 그러니 우리를 사랑하는 것처럼 보이는 다른 누군가에게보다 우리의 개들에게 더 회의적일 이유는 없다는 게 내 의견이다. 누군가 당신을 사랑한다면, 그건 바로 당신의 개이다.

내가 이 결론에 도달하기까지는 오랜 시간이 걸렸고, 그 경험은 내가 개들과 관계 맺는 방식을 근본적으로 바꿔놓았다. 그러나 내가 제포스와 함께 했던 여행, 울프 파크의 늑대들, 그리고 우리 연구에서 우리를 도와준 많은 다른 개와 함께 배운 그 모든 교훈 중에서도 한 가지는 다른 모든 것보다 탁월하다. 그것은 내가 우리의 갯과 동반자뿐 아니라, 동료 인간과의 상호 작용에서도 배우는 교훈이다.

오늘날 우리 문화에는 약한 사람을 희생시키면서 다른 사람을 부당하게 착취하는 것과 힘을 동일시하려는 움직임이 있다. 여기서 힘이란 딱히 남성적인 힘만 의미하는 게 아니라, 체력이든, 엘리트 사회적인 지위든, 경제적인 능력이든 상관없이 자신이 가진 모든 유리한 요소를 의미한다. 이것은 확실히 잔혹한 도덕률이며 삶을 대하는 '골육상쟁'의 태도이다. 이런 식의 태도는 사람은 물론이고 갯과 친구들에게도 전혀 어울리지 않는다.

그러나 힘에는 또 다른 개념도 있다. 바로 자신을 부양할 능력이 떨어지는 약자를 돕는 힘이다. 나는 종교적인 사람은 아니지만, 수천 년이 넘는 기간 동안 우리가 가장 약한 사람을 도울 때 우리 안의 가장 큰 힘을 찾을 수 있다고 가르쳤던 위대한 영적 지도자들을 존중하고 존경한다.

개가 우리의 애정을 구하는 것을 인식하고 그것에 자유롭게 응하는 것이 바로 두 번째 형태의 힘을 실천하는 방법이다. 개가 우리를 사랑하듯이 우리도 개를 사랑함으로써 가장 훌륭하고 가장 이타적인 자아를 활용하고 강화하게 된다. 이 이타적인 태도에는 명예와 품위가 있고, 우리가 그것을 실천할 때, 개와 인간의 관계는 똑같이 높아진다.

물론 개는 많은 다양한 방법으로 우리가 베푸는 지원에 보답한다. 선사시대에 쓰레기를 먹고 살던 고대의 개들이 했던 보초 역할부터, 마지막 빙하기가 끝날 무렵 인간의 진화 역사에서 가장 힘든 기간 동안 우리의 조상의 사냥을 도왔던 역할은 물론이고, 오늘날 광범위한 훈련을 받은 후 온갖 종류의 기발한 도우미 임무를 수행하는 역할에 이르기까지 그 방법은 이루 헤아릴 수 없을 만큼 다양하다. 또한, 갈수록 많은 연구가 개를 키우는 사람이 그렇지 않은 사람보다 더 건강하고 행복한 삶을 영위한다는 결론을 도출한다.

사실 나는 그런 연구에 약간 회의적이다(내가 원래 좀 회의적인 경향이 있다고 언급했던가?). 나는 집에 개가 없었던 몇 년의 기간보다 내 인생의 일부로 제포스를 받아들인 지금이 훨씬 더 행복하다고 확신한다. 그러나 일반적으로 집에서 개를 키우기로 선택하는 사람은 자신의 삶에서 갯과 동반자를 위한 공간을 찾을 수 없는 사람들보다 이미 훨씬 건강하고 행복하리라는 것이 내 생각이다. 내 경우에는, 우리의 삶이 전보다 좀 더 안정적이 되었기 때문에 샘과 로스와 내가 개를 우리 가족의 일부로 받아들일 수 있었다.

이 문제에 대한 증거가 어떤 식으로 나오든 간에, 나는 단지 개들이 우리에게 유용하기 때문에 우리가 개를 돌봐야 한다고 생각지 않는다. 나는 인간과 개의 관계를 거래로 생각하고 싶지 않다. 만약 그게 거래라면, 개를 돌보는 것이 차를 관리하는 것과 비슷하지 않겠는가. 내게 차는 삶의 필수품이다. 그것은 유용한 특정 기능들을 수행하며, 결과적으로 나는 그것이 원활하게 작동하게끔 내가 해야만 하는 일을 한다. 그러나 개는 일련의 기능을 수행하는 것 이상의 일을 한다. 개는 우리가 우리 안에 가지고 있는지도 인식하지 못했던 사랑의 우물로 찾아가서 다른 생명체에 대한 반응으로 이타적인 행동을 하도록 격려할 수 있다. 개는 우리를 놀라게 할 수도, 우리가 우리를 놀라게 하도록 할 수도 있다.

개는 보살핌을 받을 자격이 있기에, 우리는 개를 돌봐야 한다. 우리는 개가 우리에게 보답할 방법이 있는지는 고려하지 않고 개들의 간청에 응답할 때 진정한 고귀함을 드러낸다. 이런 식으로 손을 내밀 때, 우리는 인간과 개들 사이의, 말로 할 수는 없지만 구속력 있는 약속, 즉, 내가 겁에 잔뜩 질려 시끄러운 보호소 우리에 갇혀 있던 작고 가여운 제포스를 처음 보았던 날보다 훨씬 더 이전으로, 개들이 처음으로 그들의 특별한 사랑의 능력을 가능케 하는 유전자를 갖게 되었던 바로 그 시기까지 거슬러 올라가서 맺어진 사회적인 계약에 응답하는 것이다. 내가 제포스의 필요에 응할 때, 나는 수 세기 동안 이어져 온 수백만에 이르는 사람의 발자취를 따르고 있는 것이다. 파블로프, 다윈, 니코메디아의 아리아노스뿐 아니라, 그들보다 수백 또는 (아마도) 수천 년 전 인간 마을 근처 어딘가에서 강아지의 애달픈 낑낑거림을 처음으로 알아차리고 그 도움을 청하는 외침에 응답해 그 개의 각인 대상이 됨으로써, 이후 인간과 개, 두 종을 이어주는 유대감을 공고히 다진 이들의 발자취를 따르고 있는 것이다.

인간과 개는 이렇게 수 세대를 아우르는 이종 간 동반 관계의 참여자가 되어왔다. 그 관계에 참여하는 것은 경이로움이자 영광이다. 개에게 사랑받는 것은 크나큰 특권이자, 아마도 인간의 삶에서 가장 훌륭한 일 중 하나일 것이다. 부디 우리가 그럴 만한 자격이 있음을 증명할 수 있기를 기원한다.

감사의 말

이러한 프로젝트의 끝에 도달하는 즐거움 중 하나가 연구 내내 나를 지지해 준 많은 이들에게 감사를 표할 기회를 얻는 것이라면, 걱정거리 중 하나는 큰 호의를 베풀어주었던 누군가를 행여라도 언급하지 못할지도 모른다는 점입니다. 만약 지금 이 글을 읽는 당신이 그분이라면, 진심에서 우러나오는 내 사과를 받아주길 바랍니다.

일단 밴드의 리더처럼, 무엇이 개를 그토록 놀라운 존재로 만드는지 그 근본적인 이유를 파헤쳐 보고자 떠났던 이 여행에서 나와 함께 공연해온 환상적인 독주자들을 먼저 불러내볼까 합니다. 등장 순서 순으로, 모니크 우델, 니콜 도리, 에리카 포이허바흐, 네이선 홀, 린지 메르캄, 사샤 (알렉산드라) 프로토포포바, 리사 건터, 레이철 길크리스트, 그리고 조슈아 반 부르, 당신들에게 고개 숙여 감사드립니다. 이 놀라운 대학원생들 외에, 일단의 학부생들도 우리의 연구에 없어서는 안 될 큰 도움을 제공해주었습니다. 그들 모두에게 감사하며, 지면이 부족해 여기에 그 이름을 일일이 나열하지 못하는 점을 유감스럽게 생각합니다. 나는 또한 수년간 우리의 연구에 다양한 지원을 아끼지 않았던 앤-마리 아널드, 마리아나 벤토셀라, 네이딘 체르시니, 제시카 스펜서, 롭슨 기글리오, 캐스린 로드, 데이비드 스미스, 마리아 엘레나 밀레토 페트라치니및 이사벨라 자이네에게도 감사하고 싶습니다. 1976년 캐나다 가수 닐 영이 더 라스트 왈츠 콘서트에서 더 밴드와 함께 무대에 올랐을 때, 그는 "이분들과 함께 이 무대에 선 것은 내 인생 최고의 기쁨 중 하나입니다"라고 말했습니다. 내 심정도 마찬가지입니다.

이 연구를 수행하는 동안, 우리는 동물 보호소에서 그들이 가진 자원만으로 가능한 한 최고의 삶을 동물에게 제공하기 위해 고군분투하던 이들에게서 너무도 많은 도움을 받았습니다. 당신들이 개를 위해 하는 그 모든 일과, 우리의 연구에 보여준 인내심에 진심으로 감사드립니다. 울프 파크에서 만난 팻 굿맨, 게일 모터, 몬티 슬론, 다나 드렌젝, 홀리 제이콕스, 톰 오다우드 및 기타 많은 직원과 자원봉사자들은 우리가 늑대를 실험하기 위해 말도 안 되는 장애물을 고안해내고 그들의 시간을 빼앗는 우리의 무리한 요구를 할 때도 관대했습니다. 당신들의 인내와 우정에 감사드립니다. 자신들의 사랑하는 반려동물을 실험하게 해준 수백 명에 달하는 보호자의 신뢰와 도움에도 감사드립니다.

여행하는 동안, 나는 빠르게 친구가 된 낯선 사람들에게 종종 도움을 받기도 했습니다. 다음의 분들에게도 고마움을 전합니다. 신시내티대학교의 제러미 코스터와 마양그나 주민인 그의 친구들. 바하마칼리지의 윌리엄 필딩, 로모노소프 모스크바 주립대학교와 모스크바 동물원의 일리아 볼로딘과 엘레나 볼로디나. 러시아 과학 아카데미 시베리아 지부의 류드밀라 트루트와 아나스타샤 카를라모바, 그리고 일리노이 어배너 섐페인대학교의 안나 쿠케코바("러시아어, 안나, 러시아인! 영어, 애너, 영국인!"). 텔아비브대학교의 조셉 터클과 일라이 게펜. 키부츠 아피캄의 모셰 알퍼트와 요시 위슬러. 오스트리아 에른스트브룬 울프 과학 센터의 루트비히 후버, 쿠르트 코트르샬, 사라 마셜 페스치니, 프리데리케 레인지 및 소피아 비라니. 린셰핑대학교의 페르 젠센과 스웨덴 스톡홀름대학교의 한스 템린. 그리고 사우스캐롤라이나 워포드칼리지의 앨리스턴 리드와 몹시도 그리운 존 필리.

내게 약간의 고고학을 가르쳐준 더럼대학교의 앙겔라 페리와 옥스퍼드대학교의 그레거 라슨에게도 감사드리고, 마찬가지로 내가 인지 신경과학에 눈뜨도록 도와준 그레고리 번스에게도 고마움을 전합니다. 내가 개와 옥시토신에 관해 알고 있는 지식은 아자부대학교의 기쿠수이 타케후미, 웁살라에 있는 스웨덴 농업과학대학교의 테리스 렌과 스웨덴의 린셰핑대학교의 미아 페르손이 설명해준 덕분입니다. 모두에게 감사드립니다. 이 책 속에 조금이라도 혼란스러운 정보가 담겨 있다면, 그것은 당연히 전적으로 나의 책임입니다.

나는 오랫동안 내 전문가 동료뿐 아니라, 일반 청중에 다가갈 수 있는 책을 쓰고 싶었습니다. 에런 후버와 빌 카논은 오랜 기간 내게 조언과 격려를 아끼지 않았습니다. 이 프로젝트를 실현하는 데 도움을 준 스티븐 베스클로스에게도 고마움을 전합니다. 당신에게 많은 술을 빚졌습니다.

아에비타스 크리에이티브 매니지먼트의 비범한 대리인 제인 폰 메렌과 그녀의 동료들에게는 특별히 드럼 연타와 박수갈채를 보냅니다. 나의 편집자 알렉스 리틀필드는 내가 실제 쓴 글에서 내가 말하고자 하는 바를 추출했고, 호턴 미플린 하코트에 있는 그의 조력자들과 함께 내 생각을 지금 독자가 손에 들고 있는 이 유형의 물건으로 바꾸어주었습니다. 그들 모두에게 감사드립니다. 이 글이 독자의 눈에 보이는 빛나는 형태로 광채 나게 다듬어준 수재너 브로엄과 레아 데이비스에게도 고마움을 전하고 싶습니다.

순전히 운이 좋아서, 나는 아주 뛰어난 기관에서 일하게 되었습니다. 애리조나 주립대학교는 어쩐 일인지 수도 없이 많은 불가능한 일을 시도해왔습니다. 여기서 우리 대학교의 광고 문구를 반복하지는 않겠지만, 애리조나 주립대학교는 정말 대단한 곳입니다. 부디 내 말을 믿어주시길 바랍니다. 평판은 늘 지표에 뒤처지죠. 아마도 50년 후, 세계는 현재의 애리조나 주립대학교가 얼마나 뛰어난 곳인지 알게 될 것입니다. 애리조나 주립대학교에는 장학금이 흘러넘치고, 그곳에서 우리는 우리가 배제하는 사람들보다, 우리가 기회를 주는 사람들에게 자부심을 느낍니다. (광고 카피를 완전히 거부할 수는 없었습니다)* 나는 특히 "그 개 연구하는 친구"를 용인해준 심리학과 동료들에게 감사합니다. 여기서 여러분의 이름을 모두 언급할 수는 없으니, 내가 적을 두고 있는 기간에 우리 학과를 이끌고 있는 두 사람, 키스 크닉과 스티브 노이베르크의 이름만 언급하고 넘어가겠습니다. 여러분의 우정과 우리가 힘

---

* 애리조나 주립대학교 홈페이지 소개 문구의 '애리조나 주립대학교는 우리가 배제하는 이들이 아니라, 우리가 포함하는 사람들과 그들의 성공으로 평가받는다'라는 표현을 응용한 것이다. ─옮긴이

을 얻을 수 있는 온화한 환경을 조성해준 것에 감사드립니다.

고인이 된 레이 코핑어는 아마도 이 책을 싫어했을 것 같지만, 그의 가르침이 이 책 속에 어렴풋이 드러나 있으며, 나는 그에게 엄청난 빚을 지고 있습니다. 우리가 함께 이 책이 촉발했을 논쟁을 할 수 있었다면 얼마나 좋았을까요.

나의 부모님도 일말의 책임에서 벗어날 수 없습니다. 계통 발생과 개체 발생 양쪽을 통해, 유전과 양육 둘 다를 통해, 그분들이 내게 끼친 영향은 너무도 분명합니다.

나는 아버지가 다음에 관해서도 나와 논쟁하고 싶어 하리라 추측해 봅니다.

"개는 물건을 사랑해."

로스와 샘에 관해서는 내가 무슨 말을 할 수 있을까요? 삶의 모든 단계에서 나를 지탱해준 두 사람에게 감사의 마음을 전합니다. 삶을 재미있게 만들어줘서 고마워요.

그리고 제포스, 이 책을 대표하는 동물, 만약 그런 존재가 있다면 그건 바로 제포스입니다. 정말 말 그대로 네가 없었으면, 난 이걸 해낼 수 없었을 거야. 사랑해 아가. 오늘 저녁은 간 요리란다!

주

서론

1   브라이언 헤어Brian Hare와 버네사 우즈Vanessa Woods, 『The Genius of Dogs』(뉴욕: 더튼, 2013).

제1장 제포스

2   캐서린 보니Kathryn Bonney와 클라이브 D. L. 윈Clive D. L. Wynne, 「Configural Learning in Two Species of Marsupial」, 《저널 오브 컴패러티브 사이칼러지Journal of Comparative Psychology》 117 (2003): 188 – 99.

3   브라이언 헤어Brian Hare, 미셸 브라운Michelle Brown, 크리스티나 윌리엄슨Christina Williamson과 마이클 토마셀로Michael Tomasello, 「The Domestication of Social Cognition in Dogs」, 《Science》 298 (2002): 1634 – 36.

4   존 폴 스콧John Paul Scott과 존 L. 풀러John L. Fuller, 『Genetics and the Social Behavior of the Dog』(시카고: 시카고대학교 출판부, 1965).

5   베누아 데니제트–루이스Benoit Denizet-Lewis, 『Travels with Casey』(뉴욕: 사이먼 & 슈스터, 2014).

6   M.A.R. 우델M.A.R. Udell, N. R. 도리N. R. Dorey와 C.D.L. 윈C.D.L. Wynne, 「The Performance of Stray Dogs (Canis familiaris) Living in a Shelter on Human-Guided Object-Choice Tasks」, 《애니멀 비헤이비어Animal Behaviour》 79, no. 3 (2010): 717 – 25.

7   "The world's smartest dog, Chaser has the largest vocabulary of any nonhuman animal", 〈Super Smart Animals〉, 《BBC 텔레비전BBC Television》, http://www.

chaserthebordercollie.com/.

8 저자는 2009년 5월 사우스캐롤라이나주 스파턴버그에서 존 필리John Pilley를 인터뷰한다.

9 존 W. 필리John W. Pilley와 힐러리 힌츠만Hilary Hinzmann, 『Chaser: Unlocking the Genius of the Dog Who Knows a Thousand Words』 (뉴욕: 호튼 미플린 하코트, 2013).

제2장 무엇이 개를 특별하게 만들까?

10 W. 호슬리 간트W. Horsley Gantt가 이반 P. 파블로프Ivan P. Pavlov의 『Conditioned Reflexes and Psychiatry — Lectures on Conditioned Reflexes』에 쓴 서문. W. H. 간트 번역, (뉴욕: 인터내셔널 퍼블리셔스, 1941).

11 대니얼 P. 토데스Daniel P. Todes, 『Ivan Pavlov: A Russian Life in Science』 (영국 옥스퍼드: 옥스퍼드대학교 출판부, 2014).

12 W. H. 간트 외, 「Effect of Person」, 《컨디셔널 리플렉스Conditional Reflex: A Pavlovian Journal of Research & Therapy》 1, no. 1 (1966): 18 – 35.

13 E. N. 포이허바흐E. N. Feuerbacher와 C.D.L. 윈, 「Relative Efficacy of Human Social Interaction and Food as Reinforcers for Domestic Dogs and Hand-Reared Wolves」, 《저널 오브 익스페리멘탈 어낼러시스 오브 비헤이비어Journal of the Experimental Analysis of Behavior》 98, no. 1 (2012): 105 – 29. E. N. 포이허바흐와 C.D.L. 윈, 「Shut Up and Pet Me! Domestic Dogs (Canis lupus familiaris) Prefer Petting to Vocal Praise in Concurrent and Single-Alternative Choice Procedures」, 《비헤이비어럴 프로세시스Behavioural Processes》 110 (2015): 47 – 59.

14 M.D.S. 에인스워스M.D.S. Ainsworth, M. C. 블레어M. C. Blehar, E. 워터스E. Waters와 S. 월S. Wall, 『Patterns of Attachment: A Psychological Study of the Strange Situation』 (뉴저지 힐즈데일: 로렌스 얼바움, 1978).

15 S. 스턴탈S. Sternthal, 〈Moscow's Stray Dogs〉, 《파이낸셜 타임스Financial Times》, 2010년 1월 16일, https://www.ft.com/content/628a8500-ff1c-11de-a677-00144feab49a. 이 개들에 관심이 있는 독자라면, www.metrodog.ru를 찾아 들어가 볼 것을 권한다. 거리의 개들을 다루는 이 사이트에 모스크바 사람들은 통근 시간에 만나는 개들의 사진과 비디오를 업로드한다.

16 「India's Ongoing War Against Rabies」, 《블루틴 오브 더 월드 헬스 오르가니제이션Bulletin of the World Health Organization》 87, no. 12 (2009): 885 – 964.

17 D. 바타차르지D. Bhattacharjee 외, 「Free-Ranging Dogs Show Age-Related Plasticity in Their Ability to Follow Human Pointing」, 《플로스 원PLOS ONE》

12, no. 7 (2017): e0180643.

18 D. 바타차르지 외, 「Free-Ranging Dogs Prefer Petting over Food in Repeated Interactions with Unfamiliar Humans」, 《저널 오브 익스페리멘털 바이올로지Journal of Experimental Biology》 220, no. 24 (2017): 4654−660.

제3장 개도 인간을 걱정한다

19 에마 타운센드Emma Townshend, 『다윈의 개Darwin's Dogs: How Darwin's Pets Helped Form a World-Changing Theory of Evolution』 (런던: 프랜시스 링컨, 2009).

20 찰스 다윈Charles Darwin, 『인간과 동물의 감정 표현The Expression of Emotions in Man and Animals』 (런던: 존 머리, 1872).

21 위와 같은 책, 11. 책 속에서 언급한 개에 관한 183가지 내용 중 하나이다.

22 위와 같은 책, 119−20.

23 위와 같은 책, 122.

24 퍼트리샤 매코널Patricia McConnell, 『For the Love of a Dog: Understanding Emotion in You and Your Best Friend』 (뉴욕: 밸런타인 북스, 2007).

25 T. 블룸T. Bloom과 H. 프리드먼H. Friedman, 「Classifying Dogs' (Canis familiaris) Facial Expressions from Photographs」, 《비헤이비어럴 프로세시스》 96 (2013): 1−10.

26 본문의 내용은 개의 입장에서 왼쪽, 오른쪽이다. 정면에서 개를 바라본다면 반대일 것이다. A. 콰란타A. Quaranta, M. 시니스칼키M. Siniscalchi와 G. 발로르티가라G. Vallortigara, 「Asymmetric Tail-Wagging Responses by Dogs to Different Emotive Stimuli」, 《커런트 바이올로지Current Biology》 17, no. 6 (2007): R199−R201.

27 K. 맥퍼슨K. MacPherson과 W. A. 로버츠W. A. Roberts, 「Do Dogs (Canis familiaris) Seek Help in an Emergency?」, 《저널 오브 컴패러티브 사이칼러지》 120, no. 2 (2006): 113−19.

28 J. 브라우어J. Brauer, K. 쇼네펠트K. Schonefeld와 J. 콜J. Call, 「When Do Dogs Help Humans?」 《어플라이드 애니멀 비헤이비어 사이언스Applied Animal Behaviour Science》 148, no. 1 (2013): 138−49.

29 T. 러프먼T. Ruffman과 Z. 모리스-트레이너Z. Morris-Trainor, 「Do Dogs Understand Human Emotional Expressions?」 《저널 오브 베터리네어리 비헤이비어Journal of Veterinary Behavior: Clinical Applications and Research》 6, no. 1 (2011): 97−98.

30 D. 커스턴스D. Custance와 J. 메이어J. Mayer, 「Empathic-like Responding by Domestic Dogs (Canis familiaris) to Distress in Humans: An Exploratory Study」 《애니멀 코그니션Animal Cognition》 15, no. 5 (2012): 851−59.

31 루이스 린드 아프 하게비Louise Lind af Hageby, 『Bombed animals … rescued animals … animals saved from destruction』(런던: 애니멀 디펜스 앤드 앤티비비섹션 소사이어티, 1941).

32 I. B.-A. 바탈I. B.-A. Bartal, J. 데세티J. Decety와 P. 메이슨P. Mason, 「Empathy and Pro-social Behavior in Rats」, 《사이언스》 334, no. 6061 (2011): 1427-430.

33 에드워드 손다이크Edward Thorndike, 「Animal Intelligence: An Experimental Study of the Associative Processes in Animals』(뉴욕: 맥밀런, 1898).

제4장 몸과 영혼

34 그레고리 S. 번스Gregory S. Berns, 『반려견은 인간을 정말 사랑할까?How Dogs Love Us: A Neuroscientist and His Adopted Dog Decode the Canine Brain』 김신아 번역, (서울: 진성 북스, 2016).

35 G. S. 번스G. S. Berns, A. M. 브룩스A. M. Brooks와 M. 스피박M. Spivak, 「Functional MRI in Awake Unrestrained dogs」, 《플로스 원 7》 no. 5 (2012): e38027.

36 G. S. 번스, A. M. 브룩스와 M. 스피박, 「Scent of the Familiar: An fMRI Study of Canine Brain Responses to Familiar and Unfamiliar Human and Dog Odors」, 《비헤이비어럴 프로세시스》 110 (2015): 37-46. P. F. 쿡P. F. Cook 외, 「Awake Canine fMRI Predicts Dogs' Preference for Praise vs. Food」, 《소셜 코그니티브 앤드 어팩티브 뉴로사이언스Social Cognitive and Affective Neuroscience》 11, no. 12 (2016): 1853-862.

37 그레고리 S. 번스, 『What It's Like to Be a Dog: And Other Adventures in Animal Neuroscience』(뉴욕: 베이식 북스, 2017).

38 C. 드라이푸스C. Dreifus, 〈Gregory Berns Knows What Your Dog Is Thinking (It's Sweet)〉 《뉴욕 타임스》 2017년 12월 22일, https://www.nytimes.com/2017/09/08/science/gregory-berns-dogs-brains.html.

39 W. 펠트베르크W. Feldberg 저, E. M. 탠시E. M. Tansey 교정, 『Oxford Dictionary of National Biography』에 실린 〈Dale, Sir Henry Hallett (1875-1968); physiologist and pharmacologist〉 수정 편집. (영국 옥스퍼드: 옥스퍼드대학교 출판부, 2004), http://www.oxforddnb.com/view/10.1093/ref:odnb/9780198614128.001.0001/odnb-9780198614128-e-32694;jsessionid=A2331762884803A4CD2420C7D4200C59.

40 〈Vincent du Vigneaud — Facts〉, 《노벨프라이즈.org NobelPrize.org》(노벨 미디어 에이비 2018), https://www.nobelprize.org/nobel_prizes/chemistry/laureates/1955/vigneaud-facts.html.

41 H. E. 로스H. E. Ross와 L. J. 영L. J. Young, 「Oxytocin and the Neural Mechanisms Regulating Social Cognition and Affiliative Behavior」, 《프론티어스 인 뉴로엔도 크리놀로지Frontiers in Neuroendocrinology》 30, no. 4 (2009): 534－47.

42 M. 나가사와M. Nagasawa 외, 「Dog's Gaze at Its Owner Increases Owner's Urinary Oxytocin During Social Interaction」, 《호르몬스 앤드 비헤이비어Hormones and Behavior》 55, no. 3 (2009): 434－41. S. 킴S. Kim 외, 「Maternal Oxytocin Response Predicts Mother-to-Infant Gaze」, 《브레인 리서치Brain Research》 1580 (2014): 133－42. T. 로메로T. Romero 외, 「Oxytocin Promotes Social Bonding in Dogs」, 《프로시딩스 오브 더 내셔널 아카데미 오브 사이언스Proceedings of the National Academy of Sciences》 111, no. 25 (2014): 9085－90. M. 나가사와 외, 「Oxytocin-Gaze Positive Loop and the Coevolution of Human-Dog Bonds」, 《사이언 스》 348, no. 6232 (2015): 333－36. T. 로메로 외, 「Intranasal Administration of Oxytocin Promotes Social Play in Domestic Dogs」, 《커뮤니케이티브 & 인테그 레이티브 바이올로지Communicative & Integrative Biology》 8, no. 3 (2015): e1017157.

43 M. E. 페르손M. E. Persson 외, 「Intranasal Oxytocin and a Polymorphism in the Oxytocin Receptor Gene Are Associated with Human-Directed Social Behavior in Golden Retriever Dogs」, 《호르몬스 앤드 비헤이비어》 95, 증보판 C (2017): 85－93.

44 H. G. 파커H. G. Parker 외, 「Genetic Structure of the Purebred Domestic Dog」, 《사 이언스》 304, no. 5674 (2004): 1160－64.

45 유전학의 또 다른 이상한 점은 각각의 과학적 보고서를 종합하는 데 엄청나게 많은 사람들이 필요하다는 것이다. 이 논문에는 총 36명의 공동 저자가 있다. B. M. 폰홀트B. M. vonHoldt 외, 「Genome-wide SNP and Haplotype Analyses Reveal a Rich History Underlying Dog Domestication」, 《네이처》 464, no. 7290 (2010): 898－902.

46 위와 같은 논문.

47 《ABC 뉴스 온라인ABC News online》 〈20/20〉, https://abcnews.go.com/2020/video/williams-syndrome-children-friendhealth-disease-hospital-doctors-13817012, 날짜 미상.

48 〈Cat-Friend vs. Dog-Friend〉 https://www.youtube.com/watch?v=GbycvPwr1Wg 2012년 11월 21일.

49 윌리엄스 증후군 협회, 〈What Is Williams Syndrome?〉 https://williams-syndrome.org/what-is-williamssyndrome, 날짜 미상.

50 B. M. 폰홀트 외, 「Structural Variants in Genes Associated with Human Williams-Beuren Syndrome Underlie Stereotypical Hypersociability in Domestic Dogs」《사이언스 어드밴시스Science Advances》 3 (2017): e1700398.

51 E. 페르손 외, 「Sociality Genes Are Associated with Human-Directed Social Behaviour in Golden and Labrador Retriever Dogs」《피어제이PeerJ》 6 (2018): e5889.

52 N. 로저스N. Rogers, 「Rare Human Syndrome May Explain Why Dogs Are So Friendly」《인사이드 사이언스Inside Science》 2017년 7월 19일, https://www. insidescience.org/news/rare-human-syndrome-may-explainwhy-dogs-are-so-friendly.

제5장 기원

53 아리아노스Arrian, 『Xenophon and Arrian on Hunting: With Hounds』에서 「On Hunting」, AD 145년경, A. A. 필립스A. A. Phillips와 M. M. 윌콕M. M. Willcock 번역, (영국 위민스터: 리버풀대학교 출판부, 1999).

54 G. A. 라이스너G. A. Reisner, 「The Dog Which Was Honored by the King of Upper and Lower Egypt」《블루틴: 뮤지엄 오브 파인 아츠, 보스턴Bulletin: Museum of Fine Arts, Boston》 34, no. 206 (1936년 12월): 96–99, https://www.jstor.org/journal/bullmusefine.

55 L. 얀센스L. Janssens 외, 「A New Look at an Old Dog: Bonn-Oberkassel Reconsidered」《저널 오브 알키얼라지컬 사이언스Journal of Archaeological Science》 92 (2018): 126–38.

56 장 레오폴 니콜라 프레데리크Jean Léopold Nicolas Frédéric, 퀴비에 남작Baron Cuvier, 「Le Règne animal distribué d'après son organization.」《디테르빌리 리브레Déterville libraire》 네 권, (파리: 에프리머리 드 아 블랭, 1817).

57 모셰와 늑대의 상호 작용에 관한 비디오는 다음 웹페이지에서 확인할 수 있다. http://www.afikimproductions.com/Site/pages/en_inPage.asp?catID=10.

58 레이먼드 코핑어Raymond Coppinger와 로나 코핑어Lorna Coppinger, 『Dogs: A New Understanding of Canine Origin, Behavior, and Evolution』 (시카고: 시카고대학교 출판부, 2002).

59 마크 데어Mark Derr, 『How the Dog Became the Dog: From Wolves to Our Best Friends』 (뉴욕: 더 오버룩 프레스, 2013).

60 위와 같은 책, 131. 추악한 진실은 짐바브웨의 떠돌이 개들이 먹는 음식의 4분의 1은 인간의 배설물이라는 것이다. J.R.A. 버틀러J.R.A. Butler와 J. T. 뒤 투아J. T. du Toit, 「Diet of Free-Ranging Domestic Dogs (Canis familiaris) in Rural Zimbabwe: Implications for Wild Scavengers on the Periphery of Wildlife Reserves」《애니멀 컨절베이션Animal Conservation》 5, no. 1 (2002): 29–37.

61 앙겔라 페리Angela Perri, 「Hunting Dogs as Environmental Adaptations in Jōmon Japan」《앤티퀴티Antiquity》90, no. 353 (2016년 10월): 1166-80. 앙겔라 페리, 「Global Hunting Adaptations to Early Holocene Temperate Forests: Intentional Dog Burials as Evidence of Hunting Strategies」박사학위 논문, 더럼대학교, 2013.

62 늑대를 의미하는 라틴어 '루푸(lupu)'와 이상하게 비슷하다.

63 미국에서 개와 사냥하는 사냥꾼을 위한 최고의 잡지는《풀 크라이Full Cry》인데, 이 잡지명은 인간-개 사냥 팀의 성공 여부에 개의 짖는 행위가 중심 역할을 한다는 점을 인식하고 지은 것이다. 잡지 표지에는 높은 나뭇가지 위로 도망간 무언가를 향해 나무 아래서 짖고 있는 개의 모습이 정기적으로 등장한다.

64 원래 뼈는 이스라엘 최북단의 키부츠 마얀 바루크에 있는 작은 박물관에 소장되어 있다.

65 L. 라르손L. Larsson, 「Mortuary Practices and Dog Graves in Mesolithic Societies of Southern Scandinavia」,《앤트로폴로지Anthropologie》98, no. 4 (1994): 562-75.

66 L. A. 듀갓킨L. A. Dugatkin과 L. 트루트L. Trut, 『How to Tame a Fox (and Build a Dog): Visionary Scientists and a Siberian Tale of Jump-Started Evolution』(시카고: 시카고 대학교 출판부, 2017).

67 종종 다윈의 진화론과 관련해 언급되는 구절로, 실은 다윈보다 10년 전에 알프레드 테니슨 경(Alfred, Lord Tennyson)이 그의 시「인 메모리엄In Memoriam」(런던: 에드워드 막선, 1850)의 칸토 56에서 사용한 표현이다.

68 듀갓킨과 트루트, 『How to Tame a Fox』50-52.

제6장 개가 사랑에 빠지는 법

69 D. E. 덩컨D. E. Duncan, 〈Inside the Very Big, Very Controversial Business of Dog Cloning〉《배너티 페어Vanity Fair》2018년 9월.

70 B. 스트라이샌드B. Streisand, 〈Barbra Streisand Explains: Why I Cloned My Dog〉《뉴욕 타임스》2018년 3월 2일.

71 저자는 2018년 8월 15일과 16일, 피닉스, 애리조나 주에서 리치 하젤우드Rich Hazelwood와 인터뷰한다.

72 일부 관계자들은 오스트레일리아와 뉴질랜드의 쇠푸른펭귄을 별개의 종으로 간주한다. 이 경우 뉴질랜드 펭귄은 에우딥툴라(쇠푸른펭귄) 마이너 종이고, 오스트레일리아 펭귄은 에우딥툴라 노바이홀란디아이 종이다.

73 오스틴 램지 Austin Ramzy, 〈Australia Deploys Sheepdogs to Save a

Penguin Colony〉《뉴욕 타임스》 2015년 11월 4일, https://www.nytimes.com/2015/11/05/world/australia/australia-penguinssheepdogs-foxes-swampy-marsh-farmer-middle-island.html.

74 리사 제라드 샤프Lisa Gerard-Sharp, 〈Europe's Hidden Coasts: The Maremma, Italy〉《더 가디언The Guardian》 2017년 5월 22일, https://www.theguardian.com/travel/2017/may/22/maremma-tucanny-coastbeaches-italy.

75 14권, http://classics.mit.edu/Homer/ odyssey.14.xiv.html.

76 바버라 쿠퍼Barbara Cooper, 〈더 워킹 켈피 카운실 오브 오스트레일리아The Working Kelpie Council of Australia》 속의 〈History of Sheepdog Trials〉, http://www.wkc.org.au/Historical-Trials/History-of-Sheepdog-Trials.php.

77 찰스 다윈, 『찰스 다윈의 비글호 항해기Voyage of the Beagle』 2판. (런던: 머리, 1845), 75.

78 〈오드볼Oddball〉, 감독 스튜어트 맥도널드Stuart Mc-Donald (모멘텀 픽처스, 2015).

79 데비 루스티히Debbie Lustig, 〈Maremma Sheepdogs Keep Watch over Little Penguins〉《바크: 더 도그 컬처 매거진Bark: The Dog Culture Magazine》 65 (2011년 7월), https://thebark.com/content/maremma-sheepdogs-keepwatch-over-little-penguins. 워넘블 시의회, 〈Maremma Dogs〉, 2018, http://www.warrnamboolpenguins.com.au/maremmadogs. 미국 마렘마 시프도그 클럽, 〈Maremma Sheepdog Breed History〉, 2014 – 2017, http://www.maremmaclub.com/history.html. 저자는 2018년 8월 9일 데이비드 윌리엄스David Williams와 인터뷰한다.

80 다윈, 『찰스 다윈의 비글호 항해기』, 150.

81 〈Eckhard H. Hess Dead at 69; Behavioral Scientist Authority〉《뉴욕 타임스》 1986년 2월 26일, https://www.nytimes.com/1986/02/26/obituaries/eckhard-h-hess-deadat-69-behavioral-science-authority.html. 에크하르트 헤스Eckhard Hess, 『Imprinting』 (뉴욕: 반 노스트란드 라인홀드, 1973).

82 D. G. 프리드먼D. G. Freedman, J. A. 킹J. A. King과 O. 엘리엇O. Elliot, 「Critical Period in the Social Development of Dogs」《사이언스》 133, no. 3457 (1961): 1016 – 17. 존 폴 스콧과 존 L. 풀러, 『Genetics and the Social Behavior of the Dog』 (시카고: 시카고대학교 출판부, 1965), 105. 그 실험의 두 가지 설명은 개들이 얼마나 많은 사람과 접촉했는가에 따라 달라진다. 《사이언스》에 실린 논문은 하루에 90분을 주장한다. 책에서는 하루에 오직 10분이었다고 말한다. 나는 논문이 더 정확하다고 추측하고, 책은 나중에 기억을 떠올려서 썼다고 생각한다.

83 M. 가치M. Gacsi 외, 「Attachment Behavior of Adult Dogs (Canis familiaris) Living at Rescue Centers: Forming New Bonds」《저널 오브 컴패러티브 사이칼러지》 115, no. 4 (2001): 423 – 31.

84 E. N. 포이허바흐와 C.D.L. 윈, 「Dogs Don't Always Prefer Their Owners and Can Quickly Form Strong Preferences for Certain Strangers over Others」《저 널 오브 익스페리멘탈 어낼러시스 오브 비헤이비어》108, no. 3 (2017): 305 – 17.

85 샘 헤이섬Sam Haysom, 〈This Story of a Heroic Dog Who Died Protecting His Owner Will Break Your Heart〉《매셔블Mashable》2018년 2월 13일, https:// mashable.com/2018/02/13/dog-dies-after-protecting-owner-from-black- bear/#o4leySe3ekq0.

86 〈Service Dog Killed Trying to Protect Owner from Alligator in Florida〉《CBS 뉴스CBS News》2016년 6월 24일, https://www.cbsnews.com/news/service-dog- killed-trying-to-protect-owner-fromalligator-in-florida.

87 나디아 모하리브Nadia Moharib, 〈'Hero' Dog Killed Defending Calgary Owner During Violent Home Invasion〉《에드먼턴 선Edmonton Sun》2013년 4월 10일, https://edmontonsun.com/2013/04/10/hero-dogkilled-defending-calgary- owner-during-violent-home-invasion/wcm/14a76ff4-9e1e-4ad8-9bd8- fb91a2245385.

88 에릭 나이트Eric Knight, 『돌아온 래시Lassie Come-Home』 (뉴욕: 그로셋&던랩, 1940).

89 찰스 다윈, 『인간의 유래The Descent of Man, and Selection in Relation to Sex』, 1권, 초판. (런 던: 존 머리, 1871), 45.

90 존 폴 스콧,《Studying Animal Behavior: Autobiographies of the Founders》에 실 린 「Investigative Behavior: Toward a Science of Sociality」, D. A. 듀스베리D. A. Dewsbury 편집, 389 – 429 (시카고: 시카고대학교 출판부, 1985), 416.

제7장 개는 더 나은 대접을 받을 자격이 있다

91 원문의 강조. 뉴스킷 수도사들,《뉴스킷 수도원의 강아지 훈련법How to Be Your Dog's Best Friend: The Classic Training Manual for Dog Owners》 (보스턴: 리틀, 브라운, 2002).

92 나는 슬립 리드에 정당한 목적이 없다고 말하는 것이 아니다.

93 C. 패커C. Packer, A. E. 퓨지A. E. Pusey와 L. E. 에벌리L. E. Eberly, 「Egalitarianism in Female African Lions」《사이언스》293, no. 5530 (2001): 690 – 93.

94 L. D. 메치L. D. Mech, 「Alpha Status, Dominance, and Division of Labor in Wolf Packs」《캐네디언 저널 오브 주올로지Canadian Journal of Zoology》77, no. 8 (1999년 11월 1일): 1196 – 203.

95 F. 레인지F. Range, C. 리터C. Ritter와 Z. 비라니Z. Virányi, 「Testing the Myth: Tolerant Dogs and Aggressive Wolves」《프로시딩스 오브 더 로열 소사이어티:

B. 바이올로지컬 사이언시스Proceedings of the Royal Society: B. Biological Sciences》282 (2015): 20150220.

96 S. 코렌S. Coren, 〈The Data Says 'Don't Hug the Dog!'〉《사이칼러지 투데이: 캐나인 코너Psychology Today: Canine Corner》2016, https://www.psychologytoday. com/blog/canine-corner/201604/the-data-says-dont-hug-the-dog.

97 스벤스카 케널클루벤Svenska Kennelklubben, 〈Dog Owners in the City: Information About Keeping a Dog in Urban Areas〉《스벤스카 케널클루벤 Svenska Kennelklubben》2013, https://www.skk.se/globalassets/dokument/att-aga-hund/ kampanjer/skall-inte-pa-hunden-2013/dogowners-in-the-city_hi20.pdf.

98 D. 반 로이D. van Rooy 외, =「Risk Factors of Separation-Related Behaviours in Australian Retrievers」《어플라이드 애니멀 비헤이비어 사이언스》209 (2018년 12월 1일): 71 - 77. C. V. 스페인C. V. Spain, J. M. 스칼릿J. M. Scarlett과 K. A. 호우프트K. A. Houpt, 「Long-Term Risks and Benefits of Early-Age Gonadectomy in Dogs」《저널 오브 더 아메리칸 베터리네어리 메디컬 어소시에이션Journal of the American Veterinary Medical Association》224, no. 3 (2004년 2월): 380 - 87.

99 이 숫자의 부정확함 그 자체도 문제다. 미국의 누구도 보호소에 얼마나 많은 개가 수용되어 있는지는 기록하는 것은 고사하고, 전국에 얼마나 많은 유기 동물 보호소가 있는지 신경 쓰지 않는다. 결과적으로 추정치의 오차 범위는 상당히 넓다. 이 모든 문제에 관해 쓴, 누구나 자유롭게 접근할 수 있는 훌륭한 기사는 A. 로언A. Rowan과 T. 카르탈T. Kartal이 쓴 「Dog Population and Dog Sheltering Trends in the United States of America」이다.《애니멀스: 언 오픈 액세스 저널Animals: An Open Access Journal》8, no. 5 (2018): 1 - 20.

100 S. 카파조S. Cafazzo외, 「Behavioural and Physiological Indicators of Shelter Dogs' Welfare: Reflections on the No-Kill Policy on Free-Ranging Dogs in Italy Revisited on the Basis of 15 Years of Implementation」《사이칼러지 & 비헤이비어Physiology & Behavior》133 (2014년 6월 4일): 223 - 29.

101 P. D. 샤이플리P. D. Scheifele 외, 「Effect of Kennel Noise on Hearing in Dogs」《아메리칸 저널 오브 베터리네어리 리서치American Journal of Veterinary Research》73, no. 4 (2012): 482 - 89.

102 사샤의 이전 이름은 알렉산드라이다.

103 A. 프로토포포바A. Protopopova 외, 「In-Kennel Behavior Predicts Length of Stay in Shelter Dogs」《플로스 원》9, no. 12 (2014년 12월 31일): e114319.

104 파블로프가 정말로 무엇을 했고, 왜 했는지에 관심이 있는 사람이라면 대니얼 토데스의 전기를 읽어볼 것을 권한다. D. P. 토데스, 『Ivan Pavlov: A Russian Life in Science』(영국 옥스퍼드: 옥스퍼드 대학교 출판부, 2014).

105 L. M. 건터L. M. Gunter, R. T. 바버R. T. Barber와 C.D.L. 윈, 「A Canine Identity

Crisis: Genetic Breed Heritage Testing of Shelter Dogs」《플로스 원》 13, no. 8 (2018년 8월 23일): e0202633.

106 B. 디키 B. Dickey, 『Pit Bull: The Battle over an American Icon』 (뉴욕: 빈티지, 2017).

107 L. M. 건터, R. T. 바버와 C.D.L. 원, 「What's in a Name? Effect of Breed Perceptions and Labeling on Attractiveness, Adoptions, and Length of Stay for Pit-Bull-Type Dogs」《플로스 원》 11, no. 3 (2016년 3월 23일): e0146857.

108 H. G. 파커 외, 「Genomic Analyses Reveal the Influence of Geographic Origin, Migration, and Hybridization on Modern Dog Breed Development」《셀 리포츠 Cell Reports》 19, no. 4 (2017): 697 - 708. B. M. 폰홀트 외, 「Genome-wide SNP and Haplotype Analyses Reveal a Rich History Underlying Dog Domestication」《네이처》 464, no. 7290 (2010): 898 - 902.

109 D. J. 브루어 D. J. Brewer, T. 클라크 T. Clark와 A. 필립스 A. Phillips, 『Dogs in Antiquity: Anubis to Cerberus — The Origins of the Domestic Dog』 (영국 위민스터: 에어리스&필립스, 2001).

110 〈페디그리 도그스 익스포즈드 Pedigree Dogs Exposed〉, 제미마 해리슨 Jemima Harrison 감독,《BBC TV》 2008년 8월.

111 베벌리 쿠디 Beverley Cuddy, 〈Controversy over BBC's Purebred Dog Breeding Documentary: BBC's Pedigree Dogs Exposed Strikes a Chord〉《더 바크 The Bark》 56 (2009년 9월), https://thebark.com/content/controversy-over-bbcs-purebred-dog-breedingdocumentary.

112 패트릭 베이트슨 Patrick Bateson, 『Independent Inquiry into Dog Breeding』 (영국 케임브리지, 2010), https://www.ourdogs.co.uk/special/final-dog-inquiry-120110.pdf.

113 F.C.F. 칼볼리 F.C.F. Calboli 외, 「Population Structure and Inbreeding from Pedigree Analysis of Purebred Dogs」《제네틱스 Genetics》 179, no. 1 (2008년 5월 1일): 593 - 601.

114 데니스 파월 Denise Powell, 〈Overcoming 20th-Century Attitude About Cross Breeding〉《LUC 달마티안스 월드 LUC Dalmatians World》(2016), https://luadalmatians-world.com/enus/dalmatian-articles/crossbreeding. L. L. 패럴 L. L. Farrel 외, 「The Challenges of Pedigree Dog Health: Approaches to Combating Inherited Disease」《캐나인 제네틱스 앤드 에피디미올로지 Canine Genetics and Epidemiology》 2, no. 3 (2015년 2월 11일).

115 밸러리 엘리엇 Valerie Elliott, 〈Fiona the Mongrel and a Spot of Bother at Crufts: 'Impure' Dalmatian Angers Traditionalists at the Elite Pedigree Dog Show〉《데일리 메일》 2011년 3월 6일, https://www.dailymail.co.uk/news/

article-1363354/Fiona-mongrelspot-bother-Crufts-Impure-dalmatian-angers-traditionalists-elite-pedigree-dog-show.html.

116 미국 정부, 『Animal Welfare Act』(워싱턴, DC: 유에스 거버먼트 퍼블리싱 오피스, 2015), https://www.nal.usda.gov/awic/animal-welfare-act.

117 로리 크레스Rory Kress, 『The Doggie in the Window: How One Dog Led Me from the Pet Store to the Factory Farm to Uncover the Truth of Where Puppies Really Come From』(일리노이주 네이퍼빌, : 소스북스, 2018).

결론

118 보험 정보원, 〈Dog-Bite Claims Nationwide Increased 2.2 Percent: California, Florida, and Pennsylvania Lead Nation in Number of Claims〉(뉴욕: 인슈어런스 인포메이션 인스티튜트, 2018), https://www.iii.org/press-release/dog-bite-claims-nationwide-increased-22-percent-california-florida-and-pennsylvania-lead-nation-in-number-of-claims-040518

119 이것은 그저 지급된 보험금일 뿐 아니라, 총비용의 추정치일 뿐이다. H. R. 워터스H. R. Waters 외, 「The Costs of Interpersonal Violence — an International Review」《헬스 팔러시Health Policy》73, no. 3 (2005년 9월 8일): 303-15.

120 「WISQARS Leading Causes of Death Reports」, 1981-2017, 「National Center for Injury Prevention and Control, Centers for Disease Control」, 2019, https://webappa.cdc.gov/sasweb/ncipc/leadcause.html.

개의 특별한 애정에 대한 과학적 탐구

개는 우리를 어떻게 사랑하는가

초판 1쇄 발행 2020년 6월 7일
초판 2쇄 발행 2021년 10월 15일

지은이   클라이브 D. L. 윈
옮긴이   전행선
펴낸이   조미현

책임편집   김솔지 정예인
디자인   정은영

펴낸곳   (주)현암사
등록   1951년 12월 24일 · 제10-126호
주소   04029 서울시 마포구 동교로12안길 35
전화   02-365-5051
팩스   02-313-2729
전자우편   editor@hyeonamsa.com
홈페이지   www.hyeonamsa.com

ISBN 978-89-323-2062-5 03490